道路土工
カルバート工指針

（平成21年度版）

平成 22 年 3 月

公益社団法人　日本道路協会

序

　我が国の道路整備は，昭和29年度に始まる第1次道路整備五箇年計画から本格化し，以来道路特定財源制度と有料道路制度を活用して数次に渡る五箇年計画に基づき，経済の発展・道路交通の急激な伸長に対応して積極的に道路網の整備が進められ整備水準はかなり向上してまいりました。しかし，平成21年度から道路特定財源が一般財源化されることになりましたが，都市部，地方部を問わず道路網の整備には今なお強い要請があり今後ともこれらの要請に着実に応えていくことが必要です。

　経済・社会のIT化やグローバル化，生活環境・地球環境やユニバーサルデザインへの関心の高まり等を背景に，道路の機能や道路空間に対する国民のニーズは多様化し，道路の質の向上についても的確な対応が求められています。

　また，我が国は地形が急峻なうえ，地質・土質が複雑で地震の発生頻度も高く，さらには台風，梅雨，冬期における積雪等の気象上きわめて厳しい条件下におかれています。このため，道路構造物の中でも特に自然の環境に大きな影響を受ける道路土工に属する盛土，切土，あるいは付帯構造物である排水施設，擁壁，カルバート等の分野での合理的な調査，設計，施工及び適切な維持管理の方法の確立とこれら土工構造物の品質の向上は引き続き重要な課題です。

　日本道路協会では，昭和31年に我が国における近代的道路土工技術の最初の啓発書として「道路土工指針」を公刊して以来，技術の進歩や工事の大型化等を踏まえて数回の改訂や分冊化を行ってまいりました。直近の改訂を行った平成11年時点で「道路土工－のり面工・斜面安定工指針」，「道路土工－排水工指針」，「道路土工－土質調査指針」，「道路土工－施工指針」，「道路土工－軟弱地盤対策工指針」，「道路土工－擁壁工指針」，「道路土工－カルバート工指針」，「道路土工－仮設構造物工指針」の8分冊及びこれらを総括した「道路土工要綱」の合計9分冊を刊行しています。また，この間の昭和58年度には「落石対策便覧」を，昭和61年度には「共同溝設計指針」を刊行しました。

しかし，これらの中には長い間改訂されていない指針もあるという状況を踏まえ，道路土工をとりまく情勢の変化と技術の進展に対応したものとすべく，このたび道路土工要綱を含む道路土工指針について全面的に改訂する運びとなりました。

今回の改訂では技術動向を踏まえた改訂と併せて，道路土工指針全体として大きく以下の3点が変わっております。

① 指針の利用者の便を考慮して，分冊化した指針の再体系化を図ることとし，これまでの「道路土工要綱」と8指針から，「道路土工要綱」及び「盛土工指針」，「切土工・斜面安定工指針」，「擁壁工指針」，「カルバート工指針」，「軟弱地盤対策工指針」，「仮設構造物工指針」の6指針に再編した。

② 性能規定型設計の考え方を道路土工指針としてはじめて取り入れた。

③ 各章節の記述内容の要点を枠書きにして，読みやすくするよう努めた。

なお，道路土工要綱をはじめとする道路土工指針は，現在における道路土工の標準を示してはいますが，同時に将来の技術の進歩及び社会的な状況変化に対しても柔軟に適合する土工が今後とも望まれます。これらへの対応と土工技術の発展は道路土工要綱及び道路土工指針を手にする道路技術者自身の努力と創意工夫にかかっていることを忘れてはなりません。

本改訂の趣旨が正しく理解され，今後とも質の高い道路土工構造物の整備及び維持管理がなされることを期待してやみません。

平成22年3月

日本道路協会会長　藤　川　寛　之

まえがき

　我が国の道路においては、その地形、気象並びに社会的条件から、土工区間において道路を横断するカルバート等の構造物が非常に多くなっております。「道路土工－カルバート工指針」については、平成11年3月に前回改訂が行われ、それまで「道路土工－擁壁・カルバート・仮設構造物工指針」であったものが3分冊化され、内容の充実が図られました。

　カルバートに関しては、盛土を横断する道路等の施設の大型化が進んでいること、大規模な盛土に厚い土かぶりで適用される場合も増えていること、工期短縮や施工簡素化の観点から、プレキャスト化が進行していること、材料が多様化し新しい構造形式の提案が活発になっていること等、依然、技術の進展が続いています。

　一方、道路土工指針全体の課題として、近年の土工技術の目覚ましい技術開発を踏まえた、新技術の導入しやすい環境整備や、学会や関連機関等における基準やマニュアル類の整備等、技術水準の向上に伴う対応が必要となってきました。

　このため、道路土工指針検討小委員会の下に6の改訂分科会を組織し、道路土工の体系を踏まえたより利用しやすい指針とすべく、道路土工要綱を含む土工指針の全面的な改訂を行い、新たな枠組みとして、カルバートの構築に関する知識や技術の十分な理解を図ることを目的とした「道路土工－カルバート工指針」の作成に至りました。

　道路土工指針全体に共通する、今回の主な改訂点は以下のとおりです。
① 指針の利用者の便を考慮して、分冊化した指針の再体系化を図ることとし、これまでの「道路土工要綱」と8指針から「道路土工要綱」と6指針に再編しました。
② 各分野での技術基準に性能規定型設計の導入が進められている中、道路土工の分野においても、今後の技術開発の促進と新技術の活用に配慮した指針を目指し、性能規定型設計の考え方を道路土工指針として初めて取り入れました。

③　これまでも，道路土工に際して計画，調査，設計，施工，検査，維持管理の各段階において，技術者が基本的に抱くべき技術理念を明確にすることを目的として記述をしていましたが，要点がよりわかりやすいように考え方や配慮事項等を枠書きとし，各章節の記述内容を読みやすくするよう努めました。

また，「道路土工－カルバート工指針」に関する今回の主な改訂点は以下のとおりです。

①　指針が適用対象とする構造物を明らかにしました。
②　性能規定の枠組みを取り入れた設計法を採用する際に基づくべき，解析手法，設計方法，材料，構造等に関する基本的な考え方を示しました。
③　性能規定に関する基本的な考え方における従前の慣用的な設計法の位置づけを示し，従前の慣用的な設計法によるカルバートとそれ以外の方法により設計するカルバートとを明確化しました。
④　従前の慣用的な設計法を適用するカルバートにおいても，構造物本体，基礎，埋戻し，構造細目等の項目を揃え，各項目で満たすことが必要となる要件や仕様等を整理しました。
⑤　その他，カルバートの構築に関する基礎知識として必要となる，カルバートの変状・損傷の主な発生形態の記述の具体化，カルバートにおける基礎地盤対策の考え方の整理，高耐圧ポリエチレン管等の新材料の追記を行いました。

なお，本指針は，カルバート工における調査，計画，設計，施工，維持管理の考え方や留意事項を記述したものでありますが，「道路土工要綱」，「道路土工－盛土工指針」，「道路土工－切土工・斜面安定工指針」，「道路土工－軟弱地盤対策工指針」等と関連した事項が多々ありますので，これらと併せて活用をしていただくよう希望します。

最後に，本指針の作成に当たられた委員各位の長期に渡る御協力に対し，心から敬意を表するとともに，厚く感謝いたします。

平成22年3月

道路土工委員会委員長　古　賀　泰　之

道路土工委員会

委員長	古賀 泰之	
前委員長	嶋津 晃臣	
委　員	安樂 敏	岩崎 泰彦
	岩立 忠夫	梅山 和成
	運上 茂樹	太田 秀樹
	岡崎 治義	岡原 美知夫
	岡本 博	小口 浩
	梶原 康之	金井 道夫
	河野 広隆	木村 昌司
	桑原 啓三	古賀 泰之
	古関 潤一	後藤 敏行
	佐々木 康	塩井 幸武
	下保 修	鈴木 克宗
	鈴木 穣	関 克己
	田村 敬一	常田 賢一
	徳山 日出男	冨田 耕司
	苗村 正三	長尾 哲
	中西 憲雄	中野 正則
	中村 敏一	中村 俊行
	祢屋 誠	馬場 正敏
	早崎 勉	尾藤 勇伸
	平野 勇志	廣瀬 晴史
	深澤 淳	福田 正博
	松尾 修	三木

久保　孝己
耕　　温信二司
宏　　八彦秀史
重　　一郎一徳

高年　克
雅和　温信
　　　次修将

山田崎　稲垣
村辺　　大川
　　　　後

水宮吉　小輪
吉渡　　佐々木
　　　　塩
　　　　前佛
　　　　玉
　　　　中
　　　　福
　　　　持
　　　　若

窪城崎　藤
貞良　　喜
直和　　

井佛越谷井丸尾
隆昌次修将

雄潔光等
信波松
敏光彦
安弘
猛義志
実毅
俊則也樹
之之久哉一

嶋波松田坂
信田坂辺
三見村吉脇
渡荒井
岩崎下
大川井田
倉重橋
小今佐々木
杉田中尾前居田邊
長中松横渡

幹　事

道路土工指針検討小委員会

小委員長	苗村 正三	
前小委員長	古賀 泰之	
委員	荒井 猛	五十嵐 己寿
	稲垣 孝	岩崎 信義
	岩崎 泰彦	運上 茂樹
	大窪 克己	大下 武志
	大城 温	川井田 実
	川崎 茂信	河野 広隆
	北川 尚	倉重 毅
	桑原 啓三	後藤 貞二
	小橋 秀俊	小輪瀬 良司
	今野 和則	佐々木 喜八
	佐々木 哲也	佐々木 康彦
	佐々木 靖人	塩井 直彦
	島 博保	杉田 秀樹
	鈴木 穣	前佛 和秀
	田中 晴之	玉越 隆史
	田村 敬一	苗村 正三
	長尾 和之	中谷 昌一
	中前 茂之	中村 敏一
	平野 勇	福井 次郎
	福田 正晴	藤沢 和範
	松居 茂久	松尾 修史
	三浦 真紀	三木 博史

　　　　　　　　　　　　　　　　潔　人
　　　　　　　　　　　波　川　義　等
　　　　　　　雄　　　見　森　将　徳一雄
　　　　　嶋　信　一　吉　田　良　広　樹
　　　三　丸　修　哉　若　尾　靖　明　洋　則
　　　持　田　聖　宏　渡　邊　明　直　泰　男
　　　横　村　雅　彦　石　井　靖　一　学
　　　吉　坂　安　司　市　川　佳　宗　弘
　　幹　脇　阿　修　博　小　澤　宗　尚　誠
　　　　　石　南　雅　志　甲　斐　一　裕　幸
　　事　岩　田　辰　一　北　村　山　尚　公　久
　　　　　小野寺　誠　二　神　山　木　肥　裕
　　　　　加　藤　俊　幸　高　木　肥　口　公
　　　　　倉　橋　稔　寿　土　樋　口　野
　　　　　澤　松　俊　弘　樋　星　山
　　　　　竹　口　昌　洋　星　松　野
　　　　　浜　崎　智　頼　松　矢
　　　　　藤　岡　一　三郎　矢
　　　　　堀　内　浩　昭
　　　　　宮　武　裕　行
　　　　　藪　　　雅

カルバート工指針改訂分科会

分科会長　　小　橋　秀　俊

委　員　　　荒　井　　　猛　　　稲　垣　　　孝
　　　　　　大　窪　克　己　　　大　下　武　志
　　　　　　大　城　　　温　　　大　西　博　志
　　　　　　緒　方　紀　夫　　　小　山　信　夫
　　　　　　小　山　浩　徳　　　近　藤　　　淳
　　　　　　先　本　　　勉　　　佐々木　喜八夫
　　　　　　佐々木　哲　也　　　沢　田　康　久
　　　　　　塩　井　直　彦　　　清　水　和　樹
　　　　　　杉　崎　光　義　　　杉　田　秀　樹
　　　　　　炭　山　宜　英　　　田　口　定　一
　　　　　　田　中　晴　之　　　問　屋　淳　二
　　　　　　長　尾　和　之　　　中　前　茂　之
　　　　　　西　田　礼二郎　　　橋　本　拓　己
　　　　　　日　向　宣　雄　　　辺　見　和　俊
　　　　　　本　荘　清　司　　　水　谷　和　彦
　　　　　　室　井　智　文　　　室　田　好　治
　　　　　　持　丸　修　一　　　矢　野　博　彦
　　　　　　湯　原　幸市郎　　　横　田　聖　哉
　　　　　　横　塚　泰　弘　　　吉　村　雅　宏
　　　　　　若　尾　将　徳　　　渡　辺　博　志
　　　　　　渡　邊　良　一

幹　事　　　市　村　靖　光　　　稲　垣　太　浩

岩下 治　　岩城 賢正　　和田 正久
大澤 直喜　　和樹 浩志
加藤 章浩　　則泰 史丈
神山 悟　　浩志 洋剛
高橋 洋智　　史丈 司正
堤 一和　　洋剛 久靖
戸本 公　　司正

稲垣 由紀子
岩崎 辰志
長田 光司
甲斐 一洋
桑野 玲子
近藤 益央
谷口 泰雄
土肥 学
中島 伸一郎
西堀 洋史
樋口 尚弘
藤本 昭彦
桝谷 有吾
八木 一也
吉田 康雄

目　　次

第1章　総　説……………………………………………………………… 1
1－1　適用範囲……………………………………………………………… 1
1－2　用語の定義…………………………………………………………… 4
1－3　カルバートの概要…………………………………………………… 5
　　1－3－1　カルバートの種類と適用………………………………… 5
　　1－3－2　カルバートの変状・損傷の主な発生形態……………… 13

第2章　カルバート工の基本方針………………………………………… 20
2－1　カルバートの目的…………………………………………………… 20
2－2　カルバート工の基本………………………………………………… 20

第3章　調査・計画………………………………………………………… 25
3－1　調査の基本的考え方………………………………………………… 25
3－2　調査事項……………………………………………………………… 26
3－3　カルバートの計画…………………………………………………… 30
　　3－3－1　カルバートの構造形式及び基礎地盤対策の選定……… 30
　　3－3－2　道路横断排水カルバートの計画上の留意事項………… 42

第4章　設計に関する一般事項…………………………………………… 48
4－1　基本方針……………………………………………………………… 48
　　4－1－1　設計の基本…………………………………………………… 48
　　4－1－2　想定する作用……………………………………………… 50
　　4－1－3　カルバートの要求性能…………………………………… 51
　　4－1－4　性能の照査………………………………………………… 54
　　4－1－5　カルバートの限界状態…………………………………… 55
　　4－1－6　照査方法…………………………………………………… 58
4－2　設計に用いる荷重…………………………………………………… 60

4－2－1	一般	60
4－2－2	死荷重	61
4－2－3	活荷重・衝撃	62
4－2－4	土圧	63
4－2－5	水圧及び浮力	66
4－2－6	コンクリートの乾燥収縮の影響	67
4－2－7	温度変化の影響	67
4－2－8	地震の影響	68
4－2－9	地盤変位の影響	70
4－3	土の設計諸定数	70
4－4	使用材料	77
4－4－1	一般	77
4－4－2	コンクリート	78
4－4－3	鋼材	78
4－4－4	裏込め・埋戻し材料	79
4－4－5	設計計算に用いるヤング係数	81
4－5	許容応力度	82
4－5－1	一般	82
4－5－2	コンクリートの許容応力度	83
4－5－3	鉄筋の許容応力度	89
4－5－4	ＰＣ鋼材の許容応力度	90
第5章	剛性ボックスカルバートの設計	91
5－1	基本方針	91
5－2	荷重	95
5－3	剛性ボックスカルバートの安定性の照査	105
5－4	部材の安全性の照査	108
5－4－1	一般	108
5－4－2	曲げモーメント及び軸方向力が作用するコンクリート部材	114
5－4－3	せん断力が作用するコンクリート部材	114

5－5	耐久性の検討	117
5－5－1	一般	117
5－5－2	塩害に対する検討	119
5－6	鉄筋コンクリート部材の構造細目	122
5－6－1	一般	122
5－6－2	最小鉄筋量	122
5－6－3	最大鉄筋量	123
5－6－4	鉄筋のかぶり	123
5－6－5	鉄筋のあき	124
5－6－6	鉄筋の定着	124
5－6－7	鉄筋のフック及び曲げ形状	124
5－6－8	鉄筋の継手	124
5－6－9	せん断補強鉄筋	125
5－6－10	配力鉄筋及び圧縮鉄筋	125
5－7	場所打ちボックスカルバートの設計	126
5－8	プレキャストボックスカルバートの設計	142
5－9	門形カルバートの設計	153
5－10	場所打ちアーチカルバートの設計	159
5－11	プレキャストアーチカルバートの設計	162

第6章 パイプカルバートの設計 ……… 168

6－1	基本方針	168
6－1－1	一般	168
6－1－2	荷重	172
6－2	剛性パイプカルバートの設計	175
6－2－1	一般	175
6－2－2	剛性パイプカルバートの設計	183
6－3	たわみ性パイプカルバートの設計	211
6－3－1	一般	211
6－3－2	コルゲートメタルカルバートの設計	214

	6-3-3	硬質塩化ビニルパイプカルバートの設計	229
	6-3-4	強化プラスチック複合パイプカルバートの設計	241
	6-3-5	高耐圧ポリエチレンパイプカルバートの設計	252

第7章　施　工　263
7-1　基本方針　263
7-2　剛性ボックスカルバートの施工　265
7-3　剛性パイプカルバートの施工　275
7-4　たわみ性パイプカルバートの施工　278

第8章　維持管理　286
8-1　基本方針　286
8-2　記録の保存　287
8-3　点検・保守　289
8-4　補修・補強対策　290
　　8-4-1　基本方針　290
　　8-4-2　剛性ボックスカルバートの補修　293
　　8-4-3　剛性パイプカルバートの補修　296
　　8-4-4　たわみ性パイプカルバートの補修　297

第9章　道路占用等　305
9-1　基本方針　305
9-2　設置位置　306
9-3　施工　312
9-4　維持管理　317

巻末資料
資　料-1　標準設計の利用　321
資　料-2　コルゲートメタルカルバートの板厚の計算と粗度係数　322
資　料-3　道路横断排水カルバート内空断面の設計計算法　328

第1章　総　説

1−1　適用範囲

> カルバート工指針（以下，本指針）は，道路土工におけるカルバートの計画，調査，設計，施工及び維持管理に適用する。

(1) 本指針の適用範囲

　本指針は，主に道路や水路としての用途を有するカルバートの計画・調査・設計上の基本的な考え方や設計・施工・維持管理に関する手法，留意事項について示したものである。本指針でいうカルバートとは，道路の下を横断する道路や水路等の空間を得るために盛土あるいは地盤内に設けられる構造物であり，橋，高架の道路，非開削で施工される構造物等以外のものとする。また，本指針ではこれらの中で「1-3-1　カルバートの種類と適用」に述べる従来型カルバートと同程度の規模のものについて述べており，それらを特に大きく超える大規模なカルバートについては取り扱わない。

　なお，道路下の地盤に埋設される上・下水道，共同溝等の道路占用物件は，本指針でいうカルバートに属するものではない。しかし，これらは道路下に埋設された構造物としてはカルバートと同類のものであるため，本指針で「第9章　道路占用等」として章立てし，道路下を占用する埋設管等の望ましい設置位置・施工方法・維持管理方法を述べているので，参考にされたい。ただし，共同溝に関しては，「共同溝設計指針」を参照されたい。

　本指針の適用にあたっては，以下の指針も併せて適用する。
1）　道路土工要綱
2）　道路土工−切土工・斜面安定工指針
3）　道路土工−盛土工指針
4）　道路土工−軟弱地盤対策工指針
5）　道路土工−擁壁工指針

6) 道路土工-仮設構造物工指針

(2) 指針の構成
本指針の構成を以下に示す。

第1章 総説
本指針の適用範囲，本指針で扱う用語及びカルバートの定義，カルバートの基本特性と種類，カルバートの変状・損傷の発生形態を示した。

第2章 カルバート工の基本方針
カルバートの目的，カルバート工を実施するに当たって留意すべき基本的な事項，計画・調査・設計・施工・維持管理の各段階での基本的考え方を示した。

第3章 調査・計画
カルバートの設計・施工に先立って行う調査について，その基本方針と手順，検討すべき事項を示した。また，内空断面の設定，構造型式や基礎地盤対策の選定等計画に関わる事項を示した。

第4章 設計に関する一般事項
カルバートの設計に当たって要求される性能及び性能照査に関する基本的な考え方を示した。

第5章 剛性ボックスカルバートの設計
従来型剛性ボックスカルバートに適用することのできる慣用的な設計法を示した。

第6章 パイプカルバートの設計
従来型パイプカルバート（剛性パイプカルバート及びたわみ性パイプカルバート）に適用することのできる慣用的な設計法を示した。

第7章 施工
カルバートの施工の基本的考え方及びカルバートの工種毎に特有の施工方法を示した。

第8章 維持管理
カルバートの維持管理の基本的考え方及びカルバートの工種毎に特有の維持管理の方法を示した。

第9章　道路占用等

道路下を占用する埋設管等について，望ましい設置位置・施工方法・維持管理方法を示した。

(3)　関係する法令，基準，指針等

カルバートの計画，調査，設計，施工及び維持管理に当たっては，「道路土工要綱基本編　第1章　総説」に掲げられた関連する法令等を遵守する必要がある。また，本指針及び(1)で述べた指針，以下の基準・指針類を参考に行うものとする。

「道路構造令の解説と運用」（平成16年日本道路協会）
「道路橋示方書・同解説　Ⅰ共通編」（平成14年，日本道路協会）
「道路橋示方書・同解説　Ⅲコンクリート橋編」（平成14年，日本道路協会）
「道路橋示方書・同解説　Ⅳ下部構造編」（平成14年，日本道路協会）
「道路橋示方書・同解説　Ⅴ耐震設計編」（平成14年，日本道路協会）
「舗装の構造に関する技術基準・同解説」（平成13年，日本道路協会）
「駐車場設計施工指針」（平成4年，日本道路協会）
「共同溝設計指針」（昭和61年，日本道路協会）
「地盤調査の方法と解説」（平成16年，地盤工学会）
「地盤材料試験の方法と解説」（平成21年，地盤工学会）

なお，これら準拠する基準・指針類が改訂され，参照される事項について変更がある場合は，新旧の内容を十分に比較したうえで適切に準拠するものとする。

1-2 用語の定義

本指針で用いる用語の意味は次のとおりとする。
(1) カルバート，カルバート工
　道路の下を横断する道路や水路等の空間を得るために盛土あるいは地盤内に設けられる構造物をカルバートといい，カルバートを構築する一連の行為をカルバート工という。
(2) 裏込め
　カルバートの側面を土砂あるいはその他の材料で充填すること。また，その材料を裏込め土または裏込め材という。
(3) 埋戻し
　カルバートを設置するために掘削した部分（主に，カルバート頂部から地表面または盛土表面まで）を土砂で埋めて，盛土または原地盤として本来の状態に戻すこと。また，その材料を埋戻し土または埋戻し材という。
(4) 内空断面
　カルバートの内部空間の形状及び寸法。
(5) 土かぶり
　カルバートの上面から路面までの厚さ。
(6) レベル1地震動
　道路土工構造物の供用期間中に発生する確率が高い地震動。
(7) レベル2地震動
　道路土工構造物の供用期間中に発生する確率は低いが大きな強度をもつ地震動。

1-3 カルバートの概要

1-3-1 カルバートの種類と適用

> カルバート工の実施に当たっては，構造形式や使用される材料，規模によるカルバートの種類の違い，及びその適用性について十分認識しておく必要がある。

(1) カルバートの種類

　カルバートは，構造形式や使用される材料の違い等から多くの種類に分類される。本指針で対象とするカルバートの定義は「1-2　用語の定義」に示したとおりである。ただし，上部道路の下を横断する構造物であっても，道路構造令に規定される橋，高架の道路，非開削で施工される構造物等については，構造形式や材料，規模等に関係なく本指針では取り扱わないこととし，それぞれの技術基準等によるものとする。しかし，盛土内に設けるカルバートと橋梁の違い，あるいは地盤内に設けるカルバートと開削工法で施工される道路トンネルとの違い等，設計対象の構造物について，機能的ないし構造的特性及び規模から厳密に定義し区分することが難しい場合もある。このような場合には，関係する法令，基準，指針等を総合的に勘案し，設計対象の構造物の要求性能を適切に設定するとともに，要求性能が満足されることを適切に照査することが望ましい。これをカルバートとして設計する場合には，原則として「第4章　設計に関する一般事項」に従ってカルバートの要求性能が満足されることを照査することが求められる。

　従来より多数構築されてきたカルバートについては，慣用されてきた固有の設計・施工法があり，これにより設計した場合は，長年の経験の蓄積により，所定の構造形式や材料・規模の範囲内であれば「第4章　設計に関する一般事項」に示すような所定の性能を確保するとみなせる。このことから，本指針では便宜上このようなカルバートを「従来型カルバート」と呼ぶこととし，「第3章　調査・設計」に述べるカルバートの構造形式の選定を経て，「第5章　剛性ボックスカルバートの設計」あるいは「第6章　パイプカルバートの設計」に述べる慣用設計法により設計すれば，所定の性能を確保するとみなすことができることとした。

従来型カルバートと構造形式や材料が大きく異なるカルバートや，規模，土かぶり等が従来型カルバートの適用範囲を大きく超えるカルバートについては，原則として「第4章　設計に関する一般事項」に示す性能規定的な考え方に基づき，適切な方法で設計を行うこととする。

ただし，従来の経験に基づいて一定の性能が担保されるとみなせる従来型カルバートの適用範囲は必ずしも明確ではなく，従来型カルバートの適用範囲と大きく異ならない範囲で従来型カルバートと同様の材料特性や構造特性を有すると認められる場合には，慣用設計法の適用を妨げるものではない。

(2)　従来型カルバート

従来型カルバートの種類を**解図1-1**に示す。従来型カルバートは，その構造形式から剛性ボックスカルバート，剛性パイプカルバート及びたわみ性パイプカルバートに大別される。

剛性ボックスカルバートは，矩形（ボックス型）ないし頂部が半円形の内空断面を有する比較的剛性の高い構造のカルバートである。パイプカルバートは一般に円形の内空断面を有するもので，剛性パイプカルバートは鉛直土圧に対するたわみ量が小さい構造体である。これに対し，たわみ性パイプカルバートは，薄肉でたわみ性に富む構造体であり，鉛直土圧によってたわむことによりカルバートの両側の土砂を圧縮し，そのとき反力として生じる水平土圧を受けることによってカルバートに加わる外圧を全周に渡り均等化して抵抗するものである（**解図1-2参照**）。この違いは特にパイプカルバートの設計において反映される。

さらに，**解図1-1**に示すように，従来型カルバートは使用される材料の違い等からも多くの種類に分類される。

```
                              ┌ 鉄筋コンクリートによるもの
                ┌ 使用材料に  ├ プレストレストコンクリートによるもの
                │ よる分類    ├ コルゲートメタルによるもの
                │              ├ 硬質塩化ビニルによるもの
                │              ├ 強化プラスチック複合材（FRPM）によるもの
                │              └ 高密度ポリエチレンによるもの
                │
                │              ┌ 剛性ボックス     ┌ ボックスカルバート[1)]
                │              │ カルバート       │   ・場所打ちコンクリートによる場合
                │              │                   │   ・プレキャスト部材による場合
                │ 構造形式に  │                   ├ 門形カルバート[2)]
 対象とする ──┤ よる分類    │                   ├ アーチカルバート[3)]
 カルバート     │              │                   │   ・場所打ちコンクリートによる場合
                │              │                   └   ・プレキャスト部材による場合
                │              │
                │              │ パイプ           ┌ 剛性パイプカルバート
                │              └ カルバート[4)]   │   ・遠心力鉄筋コンクリート管
                │                                   │   ・プレストレストコンクリート管
                │                                   └ たわみ性パイプカルバート
                │                                       ・コルゲートメタルカルバート
                │                                       ・硬質塩化ビニルパイプカルバート
                │                                       ・強化プラスチック複合パイプカルバート
                │                                       ・高耐圧ポリエチレンパイプカルバート
                │
                │ 使用目的に  ┌ 道路用
                └ よる分類    └ 水路用
```

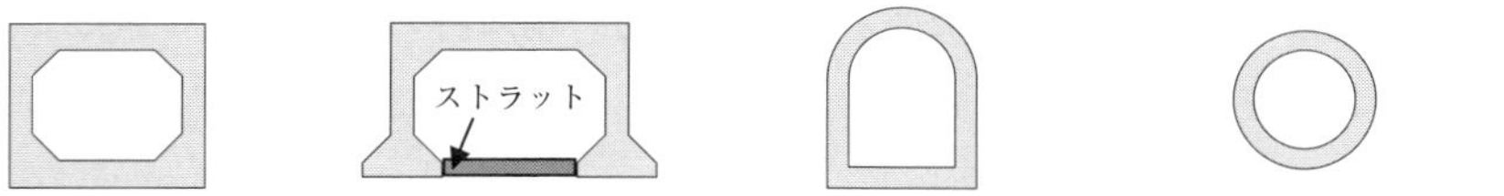

1) ボックスカルバート　2) 門形カルバート（ストラット）　3) アーチカルバート　4) パイプカルバート

解図 1－1 従来型カルバートの種類

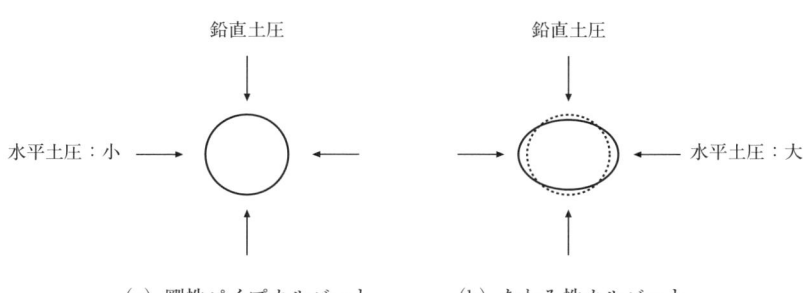

(a) 剛性パイプカルバート　　(b) たわみ性カルバート

解図 1－2 剛性パイプカルバートとたわみ性パイプカルバートの特性の違い

― 7 ―

解図1-1に示した各種従来型カルバートの概要は以下のとおりである。

なお，各種従来型カルバートの適用性等については，「3-3-1　カルバートの構造形式及び基礎地盤対策の選定」において述べる。

1) 剛性ボックスカルバート

一般に閉断面形状を有し，剛構造であるものをいう。

① ボックスカルバート

底版，頂版，側壁からなる矩形・剛結構造のカルバートである。

場所打ちコンクリートによるものと，プレキャスト製品によるものがある。

② 門形カルバート

場所打ちコンクリートによるもので，側壁の下端にフーチングを設置した構造である。門形カルバートは底版がなく閉構造ではないが，側壁と頂版は剛結されているため，剛性ボックスカルバートに含める。

③ アーチカルバート

アーチカルバートはコンクリート製で，頂版が曲面となっていて，上載土圧をアーチ効果により支持するカルバートである。場所打ちコンクリートによるものと，プレキャスト製品によるものがある。

2) 剛性パイプカルバート

剛性パイプカルバートは，一般に円形の断面形状を有し，剛構造であるものをいう。材料や強度，管径，継手の構造等の異なる管種が工場で製作されている。

3) たわみ性パイプカルバート

たわみ性パイプカルバートは，薄肉の部材からなり，たわみ性を有したカルバートである。金属，硬質塩化ビニル，強化プラスチック，高密度ポリエチレン等を材料として，工場で製作されている。材料特性や断面形状，製造方法，規模により，以下のようなものがある。

① コルゲートメタルカルバート

コルゲートメタルカルバートの種類は，断面形状，波形及び継手構造により分類されるが，断面としては円形，エロンゲーション形及びパイプアーチ形がよく用いられている。

② 硬質塩化ビニルパイプカルバート
　硬質塩化ビニルパイプカルバートには，円形管，リブ付円形管等がある。
③ 強化プラスチック複合パイプカルバート
　強化プラスチック複合パイプカルバートは，ポリエステル樹脂と細骨材によるプラスチックモルタルを高強度のガラス繊維強化プラスチック（FRP）で補強したパイプである。
④ 高耐圧ポリエチレンパイプカルバート
　高耐圧ポリエチレンパイプカルバートは，高密度ポリエチレン樹脂を用い，異形壁を形成して芯金に巻き付けて成形するスパイラルワインディング押出成形法を応用したパイプである。

(3) **従来型カルバートの適用範囲**
　本指針では，(1)に示したとおり，所定の構造形式や材料，規模の範囲内にある従来型カルバートについては，長年の経験の蓄積により「第5章　剛性ボックスカルバートの設計」または「第6章　パイプカルバートの設計」に述べる慣用設計法を適用できるものとしている。従来型カルバートの適用範囲を**解表1-1**に示す。慣用設計法を適用するに当たっては，原則として，**解表1-1**に示す適用範囲内であるとともに，以下の条件1)～7)に適合している必要がある。

解表 1—1　従来型カルバートの適用範囲

カルバートの種類		項　目	適用土かぶり (m) 注1)	断面の大きさ (m)
剛性ボックスカルバート	ボックスカルバート	場所打ちコンクリートによる場合	0.5～20	内空幅 B：6.5まで 内空高 H：5まで
		プレキャスト部材による場合	0.5～6 注2)	内空幅 B：5まで 内空高 H：2.5まで
	門形カルバート		0.5～10	内空幅 B：8まで
	アーチカルバート	場所打ちコンクリートによる場合	10以上	内空幅 B：8まで
		プレキャスト部材による場合	0.5～14 注2)	内空幅 B：3まで 内空高 H：3.2まで
剛性パイプカルバート	遠心力鉄筋コンクリート管		0.5～20 注2)	3まで
	プレストレストコンクリート管		0.5～31 注2)	3まで
たわみ性パイプカルバート	コルゲートメタルカルバート		（舗装厚＋0.3）または0.6の大きい方～60 注2)	4.5まで
	硬質塩化ビニルパイプカルバート（円形管（VU）の場合）注3)		（舗装厚＋0.3）または0.5の大きい方～7 注2)	0.7まで
	強化プラスチック複合パイプカルバート		（舗装厚＋0.3）または0.5の大きい方～10 注2)	3まで
	高耐圧ポリエチレンパイプカルバート		（舗装厚＋0.3）または0.5の大きい方～26 注2)	2.4まで

注1)　断面の大きさ等により，適用土かぶりの大きさは異なる場合もある。
注2)　規格化されている製品の最大土かぶり。
注3)　硬質塩化ビニルパイカルバートには，円形管（VU，VP，VM），リブ付き円形管（PRP）があるが，主として円形管（VU）が用いられる。

1)　裏込め・埋戻し材料は土であること

　裏込めや埋戻しに土以外の材料を使用した場合，土圧等の作用，地震時の応答特性，締固め管理等設計の前提条件となる施工管理方法，損傷した場合の修復性等が，従来型カルバートと異なる場合がある。

2)　カルバートの縦断方向勾配が10％程度以内であること

　カルバートが縦断方向（構造物軸方向）に急勾配で傾斜していると，従来型カ

ルバートの設計では考慮していない縦断方向の継手部の抜け出しや，縦断方向に対し斜めに横断する断面での断面力，縦断方向の軸圧縮応力等について，検討を加える必要がある。

3) 本体断面にヒンジがないこと

不静定次数の高い従来型カルバート，あるいはプレキャストカルバートにおいて輸送条件，施工条件等によって分割接合部を設けても，機械継手による接合やPC鋼材による圧着接合等，分割接合部に十分な剛性を与える構造が採用されていれば，部分的な破壊がカルバート全体の崩壊につながる可能性は低い。一方，カルバートの分割接合部にヒンジを有する構造では，カルバートの変位及び変形が大きくなり，また，部分的な破壊がカルバート全体の崩壊につながる可能性があるため，基礎地盤の不同沈下や地震動の作用に対する検討が必要である。

4) 単独で設置されること

複数のカルバートが近接して連続的に設置されると，裏込めの幅が狭く隣接するカルバート同士の相互作用が生じ，作用土圧や変形のモードが，単独で設置される従来型カルバートと異なる可能性がある。また，一般にカルバートは周辺地盤と比較して見かけの単位体積重量が小さく，単独で設置された場合には地震時に周辺地盤の挙動に支配されるため，地震の影響は比較的小さいが，多連で使用した場合にはカルバート及び上載土の応答が増幅する可能性があるため，地震動の作用に対して別途検討が必要である。

5) 直接基礎により支持されること

杭で支持される場合については，杭と構造体の接合部について検討を加える必要がある。

6) 中柱によって多連構造になっていないこと

ボックスカルバートに中柱がある場合については，地震時に構造上の弱点になるおそれがあるため，地震時の挙動について検討を加える必要がある。

7) 土かぶり50cmを確保すること

土かぶりが薄いカルバートの場合には，裏込め土の沈下等による本体への影響や舗装面の不陸が生じるおそれがあるため，少なくとも50cm以上の土かぶりを確保することが望ましい。

(4) 従来型以外のカルバート等

解表1-1に示す従来型カルバートの適用範囲外である場合や，構造形式や規模，材料，土かぶりが全て解表1-1に示す適用範囲内であっても(3)に示す各条件を満たしていない場合は，原則として「第4章　設計に関する一般事項」に従い，カルバートの要求性能が満足されることを照査することとする。ただし，適用範囲と大きく異ならない範囲で従来型カルバートと同様の材料特性や構造特性を有すると認められる場合には，慣用設計法の適用を妨げるものではない。なお，従来型カルバートの適用範囲を特に大きく超える大規模なカルバートについては本指針の適用範囲外とする。

カルバートの技術には，施工の省力化や工期短縮，経済性の向上，性能の高度化，環境への配慮等，社会の動向や時代の要請に応じた変遷が見られる。最近の動向としては，以下に示すようなものがある。

これらのカルバートの適用に当たっては，カルバートが設置される現地条件も多様化していることを踏まえて，現地条件への適用性等について十分検討するとともに，他の工法と比較検討のうえで採用する必要がある。

1) プレキャスト製品の大型化

プレキャスト製品で，内空断面が解表1-1に示す従来型カルバートの適用範囲を超える規模の，大型のボックスカルバートやアーチカルバートが開発されている。また，ヒンジ式アーチ構造，剛性カルバートとたわみ性カルバートの中間的な構造形式のカルバートも開発されている。

2) プレキャスト製品の長尺化

ボックスカルバートでは，縦断方向の長さを従来製品の2倍程度とした4m長尺ボックスカルバートが開発され，施工スピードの向上と接合工数の軽減が図られている。

3) 材料の多様化

土かぶりの増加に対応して，剛性パイプカルバートにおいて薄肉鋼管に膨張性コンクリートを遠心力製法によってライニングした高耐圧の複合管が開発されている。また，新たな材料として，剛性パイプカルバートや剛性ボックスカルバートにおいて，防菌材を混入し硫化水素環境中でも耐用年数を向上させたコンク

リートや，廃棄物の焼却灰等を利用したコンクリート，レジンを混入し耐酸性を向上させたレジンコンクリートを用いたもの等がある。

4) 継手部の耐震性の向上

ボックスカルバート，アーチカルバート，鉄筋コンクリートパイプカルバート等では，本体や継手部に伸縮・耐久性の高いゴムを内蔵あるいは後付けし，可とう性を持たせることで耐震性能を高めた構造も開発されている。

5) 大きな土かぶりに対する対応

土かぶりが数十mに及ぶ場合等で，ソイルセメントを用いて部分的に人工地山を築き，その後内部を掘削して必要な内空断面を完成させる工法や無筋コンクリートを用いた工法が開発されている。ただし，これらの工法については，非開削で掘進する施工法であるため，本指針では取り扱わない。

1－3－2　カルバートの変状・損傷の主な発生形態

> カルバートの変状・損傷としては，主に以下のものがあり，カルバート工の実施に当たって留意しなければならない。
> (1) 常時の変状・損傷
> (2) 異常降雨による変状・損傷
> (3) 地震による変状・損傷
> (4) 特殊な環境による変状・損傷

過去の被災事例からカルバートの変状・損傷の主な発生形態，メカニズム，原因等を理解しておくことは，カルバート工実施の各段階において的確な判断と対応をする上で極めて大切である。以下に，カルバートの変状・損傷の主な発生形態を誘因別に示す。

(1) 常時の変状・損傷

1) 隣接区間との段差の発生

カルバートの設置区間と隣接する盛土区間との境界部において，段差が生じることがある（**解図1－3**参照）。段差は，裏込め材の締固めが不足する場合に，長

期に渡る活荷重の作用による裏込め材の体積圧縮，あるいは，軟弱地盤の圧密沈下により隣接する盛土区間が沈下することによって誘発される。段差は，カルバートを杭基礎で支持しているような場合にも多く見られ，杭が破壊することもある。さらに，杭基礎で支持されている場合，カルバートとその下部の地盤の間に空洞ができ，その空洞を水が流れる場合もある。地震によっても段差が発生することがある（**解図1-7**参照）。

段差が大きくなると，走行性等，上部道路の機能が低下するため，裏込め材を十分に締め固めることが重要である。また，カルバートの頂部と隣接する盛土区間の間の不同沈下に伴う段差が生じるのを避けるため，カルバートと隣接する盛土区間が一体として挙動する直接基礎が望ましい。やむを得ず杭基礎とする場合は，盛土区間とのすり付け対策についても配慮する必要がある。

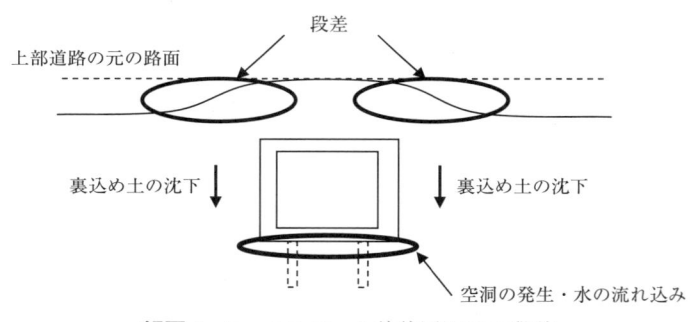

解図1-3 カルバート前後区間での段差

2) カルバートの沈下

軟弱地盤上のカルバートについては，常時でもカルバートと前後の盛土の間の不同沈下に伴う隣接する盛土区間との段差，隣接する盛土区間の沈下に伴うカルバートの沈下，継手部の開きやそこからカルバート内部へ地下水の浸入，カルバートの滞水が発生することがある（**解図1-4**参照）。カルバートが滞水すると，道路用カルバートでは交通機能に支障をきたし，水路用カルバートでは通水機能が保持できなくなる可能性がある。

このような沈下に対処するため，一般にプレロードによりあらかじめカルバート及び隣接する盛土区間の基礎地盤を圧密沈下させる方法や上げ越し施工が行わ

れる。

解図1−4 カルバートの沈下による滞水

(2) 異常降雨による変状・損傷

　沢，渓流等においては，異常な豪雨の際に水だけでなく多量の土砂及び流木が流下し，あるいは土石流が発生して，これがカルバート流入口を閉塞して，盛土や原地盤の大規模な被害や水路カルバートの通水阻害に至ることがあるので注意を要する（**解図1−5**，**解図1−6**参照）。

　その他，地下横断道路において，異常な集中豪雨時に滞水して交通に支障をきたす場合もある。これは主に排水ポンプ能力の問題であり，流量の算定については，「道路土工要綱共通編　第2章　排水」によるものとする。

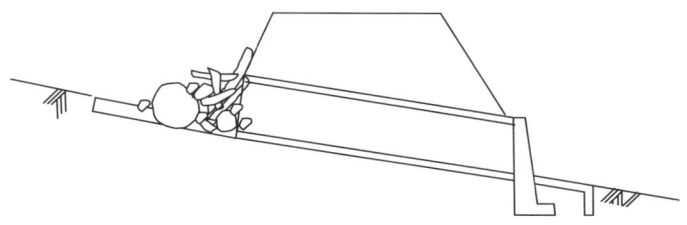

解図1−5　カルバートの閉塞状況

解図1−6　土砂流入による水路カルバートの通水阻害

(3) 地震による変状・損傷

カルバートに関連する既往地震被害の特徴を整理すると以下のとおりである。

1) 段差の発生

基礎地盤が軟弱粘性土地盤またはゆるい飽和砂質地盤の場合，カルバートの変形が軽微であっても，盛土や原地盤の側方流動やすべり破壊等により生じる不同沈下により，カルバートの前後で路面の段差が生じる場合がある。また，盛土区間のすべりや崩壊は見られなくても裏込め材の体積圧縮により，カルバートの前後で路面の段差が生じる場合がある。**解図1−7**に地震により段差が生じた例を示す。

2) 継手部の開き

ゆるい飽和砂質地盤上に構築されたカルバートは，基礎地盤の液状化に伴って大きな変形を生じる場合がある。また，軟弱地盤上のカルバートで地下水位が高い場合には，地下水以下の基礎地盤の置換え砂や埋戻し部が液状化し，カルバートに過大な沈下や，浮上がりが生じる場合がある。この際，カルバートの変形や継手部の開きに伴う土砂の流入により盛土本体や原地盤に変形が及ぶことがある。**解図1−8**に地震によってカルバートの継手が開いた例を示す。

解図1-7　地震によりカルバート区間で発生した段差

解図1-8　継手部の開き

(4) **特殊な環境による変状・損傷**

1) 凍上による変状・損傷

低温下では，裏込め土の凍上により側壁部に過大な力が作用してクラックを発生させる等，カルバートが損傷する場合がある（**解図1-9**参照）。

また，寒冷地において土かぶりが薄い場合，路面とカルバート内部の両方からの冷却により，路盤や路床の凍上が起き，カルバート直上の路面が押し上げられて舗装面のクラックが発生しやすくなる（**解図1-10**参照）。特に最近は土かぶ

りの薄いボックスカルバートが増えているので注意が必要である。

凍上対策については，「道路土工要綱共通編　第3章　凍上対策」によるものとする。

解図1-9　凍上によりボックスカルバート側壁に発生したクラック

解図1-10　凍上によるボックスカルバート上の舗装の押上げと亀裂

2)　化学的環境による腐食

　カルバートが強酸性土壌，強アルカリ性土壌や汚水にさらされる場合は，その影響を受けて本体が腐食することがある（解図1-11）。このような環境の影響

を受ける可能性がある場所にカルバートを設置する場合は，対策として，本体の表面にめっきや塗装を施す。

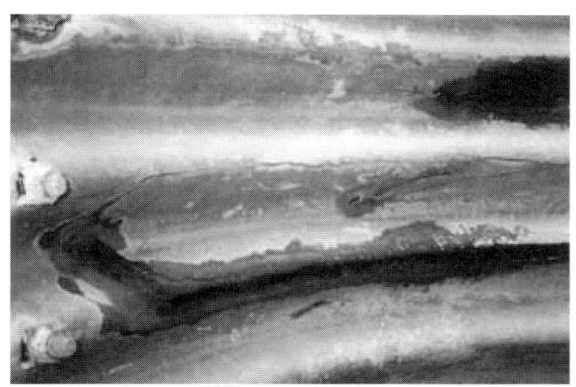

解図1-11　コルゲートメタルカルバートの腐食

第2章　カルバート工の基本方針

2－1　カルバートの目的

> カルバートは，供用開始後の長期間に渡り，道路の下を横断する道路や水路等のための空間及び機能を確保するとともに，上部道路の交通の安全かつ円滑な状態を確保することを基本的な目的とする。

　カルバートは，道路の下を横断する道路や水路等の空間及び機能並びに上部道路の交通の安全かつ円滑な状態を確保するための機能を供用開始後の長期間に渡り果たすという基本的な目的を達成するとともに，常時の作用による変状，損傷のみならず，降雨，地震動の作用等の自然現象によって生じる大小の災害による被害を最小限にとどめなければならない。

2－2　カルバート工の基本

> (1)　カルバート工の実施に当たっては，使用目的との適合性，構造物の安全性，耐久性，施工品質の確保，維持管理の容易さ，環境との調和，経済性を考慮しなければならない。
> (2)　カルバート工の実施に当たっては，カルバートの特性を踏まえて計画・調査・設計・施工・維持管理を適切に実施しなければならない。

(1)　**カルバート工における留意事項**

　カルバート工を実施するに当たり常に留意しなければならない基本的な事項を示したものである。

1)　使用目的との適合性

　使用目的との適合性とは，カルバートが計画どおりに利用できる機能のことで

あり，利用者が安全かつ快適に使用できる供用性等を含む。
2) 構造物の安全性
　構造物の安全性とは，常時の作用，降雨の作用，地震動の作用等に対し，カルバートが適切な安全性を有していることである。
3) 耐久性
　耐久性とは，カルバートに経年的な劣化が生じたとしても使用目的との適合性や構造物の安全性が大きく低下することなく，所要の性能が確保できることである。例えば，繰返し荷重による沈下や磨耗，腐食等に対して耐久性を有していなければならない。
4) 施工品質の確保
　施工品質の確保とは，使用目的との適合性や構造物の安全性を確保するために確実な施工が行える性能を有することであり，施工中の安全性も有していなければならない。このためには構造細目への配慮を設計時に行うとともに，施工の良し悪しが耐久性に及ぼす影響が大きいことを認識し，品質の確保に努めなければならない。
5) 維持管理の容易さ
　維持管理の容易さとは，供用中の日常点検，材料の状態の調査，補修作業等が容易に行えることであり，これは耐久性や経済性にも関連するものである。
6) 環境との調和
　環境との調和とは，カルバートが建設地点周辺の社会環境や自然環境に及ぼす影響を軽減あるいは調和させること，及び周辺環境にふさわしい景観性を有すること等である。
7) 経済性
　経済性に関しては，ライフサイクルコストを最小化する観点から，単に建設費を最小にするのではなく，点検管理や補修等の維持管理費を含めた費用がより小さくなるよう心がけることが大切である。

(2) カルバート工の基本的考え方

　カルバートの構築に当たっては，まず，カルバートの設置目的を明確にしたう

えで,「第3章 調査・計画」に示すような必要な調査を行い,調査結果やカルバート内部空間の機能に応じて必要な内空断面,土かぶり,平面形状,縦断勾配を設定するとともに,カルバートの構造形式及び基礎地盤対策を選定する。道路土工全般の流れについては,「道路土工要綱基本編 第2章 道路土工の基本的考え方」に記述されているので,併せて参照されたい。**解図2-1**にカルバート工の計画・調査・設計の流れを示す。

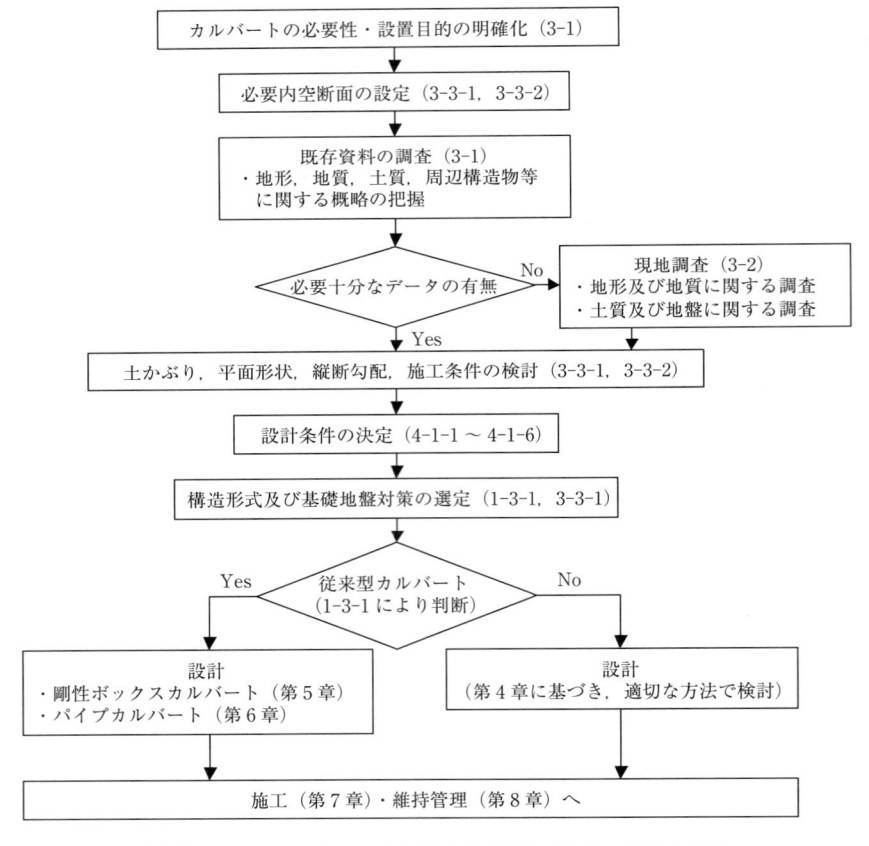

```
┌─────────────────────────────┐
│ カルバートの必要性・設置目的の明確化（3-1）│
└─────────────────────────────┘
              ↓
┌─────────────────────────────┐
│ 必要内空断面の設定（3-3-1, 3-3-2）│
└─────────────────────────────┘
              ↓
┌─────────────────────────────┐
│ 既存資料の調査（3-1）           │
│ ・地形，地質，土質，周辺構造物等  │
│   に関する概略の把握            │
└─────────────────────────────┘
              ↓
     ◇必要十分なデータの有無◇ ──No──→ ┌──────────────────┐
              │Yes                        │ 現地調査（3-2）    │
              ↓                           │ ・地形及び地質に関する調査│
                                          │ ・土質及び地盤に関する調査│
                                          └──────────────────┘
┌─────────────────────────────┐
│ 土かぶり，平面形状，縦断勾配，施工条件の検討（3-3-1, 3-3-2）│
└─────────────────────────────┘
              ↓
┌─────────────────────────────┐
│ 設計条件の決定（4-1-1 ～ 4-1-6）│
└─────────────────────────────┘
              ↓
┌─────────────────────────────┐
│ 構造形式及び基礎地盤対策の選定（1-3-1, 3-3-1）│
└─────────────────────────────┘
              ↓
   Yes ←──◇従来型カルバート（1-3-1により判断）◇──→ No
    ↓                                                ↓
┌──────────────────┐              ┌──────────────────┐
│ 設計                │              │ 設計                │
│ ・剛性ボックスカルバート（第5章）│  │ （第4章に基づき，適切な方法で検討）│
│ ・パイプカルバート（第6章）│      └──────────────────┘
└──────────────────┘                      ↓
              ↓                           │
              └───────→┌──────────────────┐←─────┘
                       │ 施工（第7章）・維持管理（第8章）へ│
                       └──────────────────┘
```

解図2-1 カルバート工に関する計画・調査・設計の流れ

カルバート工の実施に当たっては,「1-3 カルバートの概要」に述べたカルバートの一般的特性,及びカルバートに生じる変状・損傷等を十分に踏まえたう

えで，計画・調査・設計・施工・維持管理を適切に行わなければならない。

カルバート工の各段階で留意すべき諸事項を列挙すると次のとおりである。

1) 計画段階での留意事項

カルバートの目的を明確にし，上部道路に交差する既存の道路や水路の機能を把握し，交差施設の必要有効空間，及び上部道路の機能が確保されるよう，適切に計画することが重要である。

その際，地形，地質，気象，環境に加え，周辺構造物等現地の状況を十分に調査・検討し，これらを総合的に勘案したうえで，土かぶり，平面形状，縦断勾配，施工条件等を設定する。また，橋梁等カルバート以外の構造形式と比較検討することが必要となる場合もある。

2) 調査段階での留意事項

カルバートの構造形式・基礎形式を適切に選定し，必要な設計ができるよう，地形・地質・地盤条件，立地条件等について十分に調査することが重要である。

3) 設計段階での留意事項

調査結果に基づき，想定する外力に対し必要とされる性能を満足するよう，構造形式，基礎形式を選定し，カルバートの主構造や必要な構造細目について設計を行う。その際，カルバートに作用する荷重はカルバートの構造形式，設置条件によって左右されるため，カルバートが設置される条件を適切に評価することが重要である。

構造形式や規模，材料等から判断して「1-3-1 カルバートの種類と適用」に示す従来型カルバートである場合は「第5章 剛性ボックスカルバートの設計」または「第6章 パイプカルバートの設計」に示す手法で設計を行ってよい。それ以外のカルバートについては，原則として「第4章 設計に関する一般事項」に示す性能規定的な考え方に基づき，適切な方法で設計を行うが，従来型カルバートの適用範囲と大きく異ならない範囲で，従来型カルバートと同様の応答特性や破壊特性を有すると認められる場合には，慣用設計法の適用を妨げるものではない。

さらに，降雨，地下水等の流入についても，カルバートの滞水等のおそれがあるため注意し，必要に応じてポンプ施設等の排水設備を設ける。排水設備については，「道路土工要綱共通編 第2章 排水」を参照されたい。

4) 施工段階での留意事項

　設計で想定した条件を満足するよう適切に施工を行う。特に，基礎地盤の処理が十分でない場合，施工後に基礎地盤の沈下やそれに伴うカルバートの不同沈下等が生じるおそれがあるため，基礎地盤の処理は重要である。また，カルバートは裏込めや埋戻しの施工の良否によって上部道路の性能が左右されるため，適切な締固めを実施する。さらに，地下水位以下での施工の場合，裏込め材の含水比上昇による締固め不足等が生じるおそれがあるため，施工時の排水処理も重要である。

　なお，裏込めや埋戻しに土以外の材料を使用した場合，締固め管理ないしは施工管理については，土を用いた場合と同等以上の管理を行う必要がある。

5) 維持管理段階での留意事項

　カルバートと盛土との境界の段差，継手のずれ，漏水等の異常を早期に発見できるよう適切に点検し，必要に応じて早期の補修を行う。

6) 構造形式・基礎形式の選定に当たっての留意事項

　(1)に示した配慮事項に留意して，新技術・新工法を含めた各種工法を比較検討の上，適切な構造の選定及び合理的な設計を行うことが望ましい。新技術情報については，国土交通省の新技術情報提供システム（NETIS）等が参考にできる。ただし，新技術の適用にあたっては，その適用性が検証されている範囲を確認の上，対象とする箇所への適用性を十分に検討する必要がある。

　コストの縮減は重要な課題であり，その際には初期建設費の縮減のみにとらわれることなく，長期的な耐久性の確保（性能の維持）及び維持管理の容易さについても十分配慮し，維持管理費も含めたライフサイクルコストを縮減できる構造とすることも重要である。

　すなわち，供用開始後の維持管理上問題となりやすいカルバートや基礎地盤の長期沈下，上部道路の不同沈下等が生じないよう配慮するとともに，損傷が生じた場合，容易に補修できる構造とすることが大切である。しかしながら，精度よくカルバートのライフサイクルコストを算定するために必要なデータが十分蓄積されていないのが現状である。今後，ライフサイクルコスト算定の精度を向上していくためにも，維持管理，補修，補強等に関するデータの蓄積が重要である。

第3章 調査・計画

3-1 調査の基本的考え方

> カルバート工の実施に当たっては，地形，地質，土質，地盤，周辺構造物，施工条件等について必要な調査を実施しなければならない。

　カルバート工を合理的かつ経済的に実施するためには，地形及び地質，土質，周辺構造物，施工条件等について調査を行い，必要な資料を得なければならない。カルバートは道路建設に付帯して計画されるため，道路建設の進捗状況に応じて必要な調査を進める必要がある。道路建設の計画から調査，設計，施工，維持管理段階の関連する項目は「道路土工要綱基本編　第2章　道路土工の基本的考え方」を参考にされたい。

　調査の一般的な手順としては，まず，カルバートの設置目的，設置位置や規模等を明確にする必要がある。次に計画予定区域の近傍で行われた地形・地質調査，ボーリング等の既存資料を収集・検討して概略の地層構成を把握し，地盤調査を行う際の参考資料とする。また，周辺構造物の調査を行い，その基礎形式や変状の有無を調べることにより，地層，地盤の支持力及び基礎地盤の対策に関するある程度の検討が可能となる。同時にその施工記録を調べることにより，施工方法，施工時期，使用材料の検討を行うことができる。

　これらの既存資料の調査と併せて，次の事項について調査を行い，さらに詳細な資料を得たうえで，それらを総合的に勘案のうえカルバートの計画，設計，施工を進めるとよい。

① 　地層の性状及び傾斜
② 　地表水の状況，地下水の有無，伏流水の系統，方向，水量等
③ 　基礎地盤の支持力
④ 　カルバートの設置が計画される原地盤または盛土を構成する土の性質
⑤ 　裏込めに用いる盛土材の特性

なお，一般的な地盤調査等の調査方法については，「地盤材料試験の方法と解説」（平成21年，（社）地盤工学会）等を参考にするとよい。本章では，設計時の調査について示し，施工段階の調査は「第7章 施工」，維持管理段階での調査については「第8章 維持管理」に示す。

3-2 調査事項

> (1) 地形・地質及び地表水・地下水に関し，以下の項目について調査を行う。
>   1) 地層の性状及び傾斜
>   2) 地表水の状況，地下水の有無，伏流水の系統，方向，水量等
> (2) 土質及び地盤に関し，以下の項目について調査を行う。
>   1) 土圧の計算及び土質特性の確認に必要な設計定数
>   2) 基礎地盤の支持力の計算に必要な設計定数
>   3) 圧密沈下の検討に必要な設計定数
> (3) 周辺構造物がある場合には，周辺構造物の構造形式・健全度等の状況，設計図書・施工記録等の資料について調査を行う。

(1) 地形及び地質に関する調査

　カルバートの設置位置における地形・地質及び地表水・地下水については，基礎地盤対策等に影響するため，以下の調査を行う必要がある。

1) 地層の性状及び傾斜に関する調査

　支持層及び地盤の性状，傾斜を確認するための調査である。

2) 地表水の状況，地下水の有無，伏流水の系統，方向，水量に関する調査

　水圧・浮力等の地下水の影響，基礎材料，排水施設等を検討するための調査である。

(2) 土質及び地盤に関する調査

　カルバートの構造，形状，寸法及び基礎地盤対策を検討するため，地盤調査を

行わなければならない。

地盤調査の項目は，次のとおりである。
1) 土圧の計算及び土質特性の確認に必要な設計定数に関する調査

裏込め材・埋戻し材または盛土に使用する土質材料に対し，鉛直土圧及び水平土圧の計算に用いる土の単位体積重量，強度定数（粘着力，せん断抵抗角）等を求める調査である。また，これらの土質特性として，土の締固め特性や粒度分布，液性・塑性限界等を確認するための調査が行われる。

2) 基礎地盤の支持力の計算に必要な設計定数に関する調査

基礎地盤の支持力の検討に必要な定数を求めるための調査である。

門形カルバート等の底版を有さないカルバート，大規模なカルバート，特殊な構造形式のカルバート，特殊な施工条件となるカルバート，重機等により供用開始後に比べて施工時に大きな上載荷重が加わるようなカルバートについては，地盤の支持力度を室内試験，原位置試験等の結果に基づいて慎重に検討する必要がある。なお，大規模なカルバート，重要度の高いカルバートあるいは，ゆるい砂質地盤，軟らかい粘土地盤上のカルバートで，変位制限が厳しい場合には別途カルバートの沈下や変位の影響についても慎重な検討が必要である。

基礎地盤が軟弱であることに起因してカルバートが沈下・変形するのは主としてその前後の盛土荷重によるものであるが，カルバートの場合，ある程度の沈下は許容される場合が多い。このため，原位置の調査は支持力の絶対値よりも位置によるばらつきを確認することに主眼をおいて実施するのがよい。

なお，カルバートを地中に埋設する場合は基礎地盤に作用する鉛直荷重が施工前の先行荷重よりも小さく，また，盛土内に設置する場合でも周囲の盛土と比較して増加荷重は小さいため，盛土の変位に比べてカルバートの変位が大きくなることはない。このため，上記に示した以外のカルバートでは一般的にカルバート基礎地盤の支持力やカルバートの沈下量について室内試験や原位置試験により調べる必要はなく，「4-3　土の設計諸定数」に示す**解表4-7**により判断してよい。

3) 圧密沈下の検討に必要な設計定数に関する調査

地盤が粘性土層で軟弱な場合は，上記2)の検討と併せ，圧密沈下に対する検討が必要である。

圧密沈下の計算に当たっては，圧密試験結果の上載圧と間隙比の関係$e-\log p$曲線，圧縮指数C_cまたは体積圧縮係数m_v，さらに，沈下速度を予測する場合には，圧密係数C_vを求める。

　なお，沈下量の計算等詳細については，「道路土工－軟弱地盤対策工指針」によるものとする。

　上述の地盤調査の各項目に対応して一般的に行われる試験項目を**解表3－1**に示すが，特殊な構造及び施工に際しては，必要に応じて他の試験項目も適宜追加して検討を加えるものとする。

　ボーリングやサンプリングにより以下に述べる試験のための試料採取をする調査位置及び深さについては現地の状況に応じて適切に選定するものとする。調査すべき深さは，支持力，沈下等に影響する範囲とするが，支持層下に圧密沈下を生じる地層がないと予想される場合には，一般に支持層となる良質な地盤が連続して存在することが確認できればよい。得られたデータは土質柱状図等に整理するとともに，ばらつきを踏まえて設計に用いる定数を決める。

　土質・地盤調査で実施する試験は，土の工学的な分類や力学的性質等を求めるための室内試験と，地盤のN値，支持力等を求めるための原位置試験に大きく分類することができる。

　室内試験を**解表3－1**に示すが，粒度試験，液性・塑性限界試験等は基礎地盤並びに裏込め材，埋戻し材，盛土材としての土を試験により工学的に分類して概略の土の性質を把握するものである。三軸圧縮試験等のせん断試験や圧密試験等は，土の力学的性質を求めるためのものであり，具体的な設計計算に用いる土の定数を求める目的で行われる。

　原位置試験には，N値を求めるための標準貫入試験，地盤の支持力を求めるための平板載荷試験や土の湿潤密度試験等の原位置試験等が含まれ，設計計算に必要な諸定数，施工基面における支持力等の現地条件を把握するための試験である。

　なお，地盤の沈下や安定，液状化が懸念される軟弱地盤での具体的な調査手法については「道路土工－軟弱地盤対策工指針」によるものとする。

解表3-1 地盤調査の種類

試験の項目\調査の目的	試料採取		室内試験								原位置試験			サウンディング			得られる定数	調査頻度
	ボーリング	サンプリング	土粒子の密度試験	含水比試験	粒度試験	土の締固め試験	液性・塑性限界試験	一軸圧縮試験	三軸圧縮試験	圧密試験	土の湿潤密度試験	平板載荷試験	横方向K値測定	標準貫入試験	静的コーン貫入試験	スウェーデン式サウンディング		
土圧の計算及び土質特性の確認			○	○	○		○	○	○		◎						$\gamma, c, \phi, w, w_L, w_P$	両端で各1箇所程度
基礎地盤の支持力の計算	◎	◎						○	○			◎	◎	◎	△	△	$c, \phi, q_u,$ N値	
圧密沈下の検討	◎	◎	○	○			○			◎					△	△	C_c, C_v, m_v	
試料の種類			乱した	乱した	乱した	乱した・粘性土	乱した・粘性土	粘性土		粘性土								

注) ◎：特に有効な調査方法
　　○：有効な調査方法
　　△：場合によっては用いられる調査方法

(3) 周辺構造物に関する調査

　周辺構造物が存在する場合は，周辺構造物の構造形式・健全度等の状況や設計図書・施工記録等の資料調査を行う。これらの結果は，地層・地盤の支持力及び基礎構造形式に関する検討，施工方法，施工時期等の施工条件の検討に反映することができる。

3-3 カルバートの計画

3-3-1 カルバートの構造形式及び基礎地盤対策の選定

> カルバートの計画では，カルバートの目的，地盤条件，施工条件に応じて，必要な内空断面，土かぶり，平面形状，縦断勾配を設定するとともに，カルバートの構造形式及び基礎地盤対策を選定する。

(1) 内空断面等の設定

1) 内空断面

① 道路用カルバート

(i) 所要の建築限界以上の空間の確保

　舗装及び排水工等を施工した後に，その道路の所要の建築限界を満足する空間を確保することが必要である。また，将来的に道路の拡幅や舗装のオーバレイが予想される場合等は，その影響も加味しておく必要がある。また，照明，通信等の添架物や，上下水道等の埋設管を設置する必要がある場合には，そのための空間を確保することも必要となる。

(ii) 視距の確保

　道路用カルバートの場合，「道路構造令」に準じて必要な視距を確保する。

(iii) 路面排水への配慮

　都市部における道路用カルバート（例えばアンダーパス等）は，カルバート内部の路面がその前後の路面より低く，強制排水を必要とする場合が多いことから，内空断面の設定においてもその影響を加味しておく必要がある。

② 水路用カルバート

　一般に，水路あるいは渓流地点にカルバートを設置して流水断面がカルバートとその前後で変化する場合，流れの状況がカルバート及びその上下流部で急激に変化することがあるので，内空断面の設定は慎重に行う必要がある。

(i) 計画流量を安全に通水し得る断面の確保

　水路の所要の計画流量を安全に通水し得る空間を確保することが必要である。計画流量は，「道路土工要綱共通編　第2章　排水」によって算定するものとする。

(ⅱ) 所要の余裕高を確保する

　カルバートの設置地点，種類，形状寸法及び水路の性状等により，管理者の定めた余裕高を確保するよう内空高を決定しなければならない。

　カルバートの通水断面については，「3-3-2　道路横断排水カルバートの計画上の留意事項」を参考に，「道路土工要綱共通編　第2章　排水」もしくは水路管理者の定めた設計計算法によって計算するものとする。

　また，維持管理や保守点検に必要な内空高を確保することが望ましい。清掃その他の保守点検のため人が入る必要がある場合は，1.8m以上の内空高さを確保することが望ましい。延長が短いこと等から人が入る必要がない場合であっても，土砂堆積等により予想される断面減少分を考慮して60cm以上の内空高さを確保するのが望ましい。

③　軟弱地盤上のカルバート

　カルバートが軟弱地盤上に設置される場合，プレロードによりあらかじめ地盤を沈下させ，圧密を図った場合でも，供用開始後も含めた長期に渡り沈下が発生することが少なくない。このため，機能的に支障が生じてはならないようなカルバートでは，沈下が生じても対処できるように内空断面の余裕を確保したり（**解図3-1**），上げ越し施工をするのが望ましい。

　なお，上げ越し量の設定，プレロードとの併用の有無や土かぶりに応じた上げ越し方法等，詳細については「道路土工-軟弱地盤対策工指針」を参考にされたい。

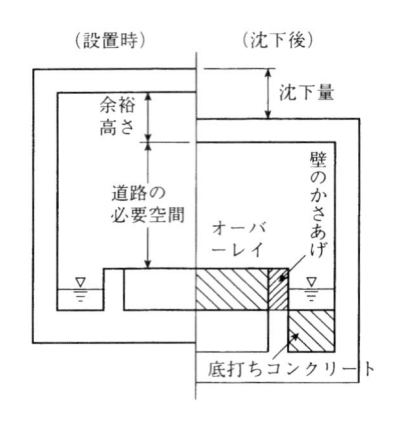

解図3-1 内空断面の余裕確保による沈下対策

2) 土かぶり

　一般にカルバートの土かぶりは，上部道路の線形条件や，縦断勾配も考慮の上，道路地下占用物（地下電線，水道管，ガス管，下水道管，石油管等）の埋設空間を確保できるように検討する。

　土かぶりは，裏込め土の沈下等によるカルバートへの影響や舗装面の不陸を防ぐため50cm以上を確保するのが望ましい。ただし，土かぶりの確保がこれによりがたい場合には，舗装及びカルバートに対する影響について検討を行う。

　寒冷地においては，土かぶりが薄い場合，路面とカルバート内側の両方から冷却されて，凍上が起きやすくなるので予防対策を行うのが望ましい。凍上対策の詳細は，「道路土工要綱共通編　第3章　凍上対策」による。

　一方，当初の地形や盛土形状に合わせると土かぶりが大きくなると予想される場合については，カルバートの構造形式，盛土取付部の構造変更の難易，維持管理の難易等を考慮した総合的な検討（**解図3-2**）を行い，適切な土かぶりを検討することが必要である。検討の結果，適切な土かぶりの設定が困難な場合は，橋梁等，他の構造物を計画する。

　盛土高さが大きく，盛土中段にカルバートを構築する場合には，盛土の残留沈下も考慮した検討を行う。

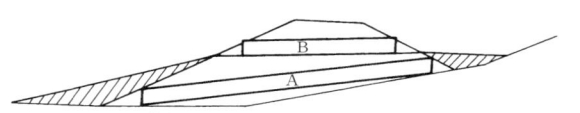

A：当初の地形，盛土形状に合わせたカルバート
B：土かぶりを薄くしたカルバート
斜線部：Bのために必要な取付部の変更

解図3－2　土かぶりの検討例

3) 平面形状及び縦断勾配
① 平面形状
　カルバートの平面形状は，内部空間の機能を満足し，かつ上部道路との平面交差角が大きく（直角に近く）なるように形状及び交差位置を選定する。カルバートが道路に対して斜交すると，長さが増大して不経済であるばかりでなく，この部分が上部道路の弱点になりやすいので，可能な限り上部道路に直角方向とするのが望ましい。その他，道路用カルバート及び水路用カルバートの平面形状の検討に当たり配慮すべき事項は以下に示すとおりである。
(i) 道路用カルバート
　道路用カルバートの場合は，道路構造令に準じて必要な視距が確保される平面形状とする。
(ii) 水路用カルバート
　水路の流速が大きい場合には，水路の方向の急変も避けなければならない。水路用カルバートの勾配，底面の高さ及び幅は，土砂の堆積や浸食を防止するため，なるべく既設の水路と一致させるのが原則である。
　また，沢部を埋めた盛土を横断する水路カルバートの場合，既設の水路であった旧沢筋に沿って地下排水工を設置する必要がある。
② 縦断勾配
　道路用カルバート及び水路カルバートの縦断勾配の検討に当たっては，以下に示す事項に配慮する。

(i) 道路用カルバート

道路構造令に定める勾配以下でかつ排水勾配を有する必要がある。

(ii) 水路用カルバート

カルバートの流出入口は，なるべく水路の底部と同一高さとし，かつ勾配は入口と出口の勾配になるべく近づけて勾配の急変を避ける。射流が発生する限界勾配以上になる場合は，カルバートの流出入口の洗掘を防ぐよう配慮する必要がある。

また，維持管理上安全で，かつ多量の土砂堆積を生じないような勾配を有することが望ましい。渓流のような勾配が極めて急な地点にカルバートを設置するに当たり，施工上の問題，すべりの問題，土砂による摩耗の問題等が生じるおそれのある場合には，カルバートの勾配を10%程度以内にするのが望ましい。

以上を考慮した結果，カルバートの幅が，上流側水路の幅に比べて小さくなるようなときには，水路幅の急縮によりカルバート直上流の水位をせき上げるので，カルバート全体あるいは流入口の幅をできるだけ広くし，上流側水路に滑らかにすり付かせるものとする。

4) 施工条件

カルバートの構造形式，基礎地盤対策の選定に際しては，以下に示すような施工条件も考慮する必要がある。

① 既設の構造物及び埋設物による制約条件
② 水路，道路の切廻しの条件
③ 施工中の仮排水の条件，方法
④ カルバートの施工時期，工程，使用機材
⑤ 作業空間，作業足場
⑥ 資材の搬入，搬出
⑦ 騒音，振動等周辺環境への影響

5) その他

地下水位以下に設置する道路用カルバートには，原則として防水工を施し，地下水の浸透を防止する。なお，詳細は「共同溝設計指針」によるものとする。

(2) 構造形式の選定

カルバートの構造形式の選定に当たっては，その特徴を理解し，使用目的，内空断面や土かぶりの他，設置箇所の地形・地質，土質・地盤，施工条件等を考慮のうえ，合理的かつ経済的となるよう選定するものとする。

各構造形式の特徴と一般的な使用方法は以下のとおりである。

1) 剛性ボックスカルバート

① 場所打ちボックスカルバート

場所打ちボックスカルバートは，大きさによっては数か月の施工期間が必要になるが，任意の断面形状が施工でき，設計荷重や縦断勾配等の現地条件に応じた設計・施工が可能である。なお，内型枠の脱型の施工性を考えると，内空断面の大きさは1m程度以上が望ましい。

② プレキャストボックスカルバート

プレスキャストボックスカルバートは，現場施工期間を短縮することができるとともに，工場製品であるため品質が安定している特長がある。現場で工場製品を敷設，連結する方法には，継手部の凹凸を利用して接合する方法や，PC鋼材または高力ボルト等で連結する方法があり，設置条件に適した方法を用いる。

③ 門形カルバート

門形カルバートは，現地の状況から底版の設置が困難な場合や，内空幅が大きい場合に有利となる。ただし，他の形式のカルバートと比較して地盤反力度が大きくなることと，閉合断面でないため全体剛性が低く変形しやすいので，基礎地盤の良好な場所に設置するのが一般的である。また，設計時には規模に関係なく地震時の影響を考慮する必要がある。

④ アーチカルバート

アーチカルバートは，頂版が曲面となっており，上載土による土圧をアーチ効果によりカルバートの曲げモーメントと軸力で支持することから，カルバートの土かぶりが大きくなると，ボックスカルバートよりも経済性において有利となる傾向にある。

その反面，地盤の傾斜等による不同沈下や，地形及び盛土の材料や施工の相違による偏土圧を生じさせないこと，設計上十分と考えられる水平土圧を確保する

ことが条件となる。また，頂版が曲面であり，アーチ部分の型枠及びコンクリートの施工が難しくなるので，選定に当たっては十分な検討を行わなければならない。

アーチカルバートについてもボックスカルバートと同様に，場所打ちアーチカルバートとプレキャストアーチカルバートがある。場所打ちアーチカルバートは，プレキャスト製品で対応ができないような大断面の場合や高土かぶりの場合に用いられる。

2) 剛性パイプカルバート

剛性パイプカルバートは，材料や強度，管径，継手の構造等の異なる管種があるため，土かぶりや荷重の作用状況により，適切なものを選定する必要がある。一般に，プレストレストコンクリートパイプカルバートは主に土かぶりの大きい場合に用いられる。

3) たわみ性パイプカルバート

たわみ性パイプカルバートの採用に当たっては，管が鉛直土圧によってたわみ，管両側の土砂を圧縮する際の反力として生じる水平土圧を受けて，管に加わる外圧を全周にわたり均等化して抵抗するという特性から，十分な側方受働土圧抵抗を発揮できる施工を行うことが前提となる。具体的には，側方受働土圧抵抗を妨げない掘削幅を確保することや，裏込め材や埋戻し材の締固めを十分に行うこと等が必要となる。

① コルゲートメタルカルバート

コルゲートメタルカルバートは，これを構成する板状のコルゲートセクションが軽量であるため，運搬や施工が容易である。このため，山間部の高盛土や軟弱地盤上に用いられることが多い。しかし，強酸性や強アルカリ性等の環境で用いる際は，亜鉛めっきが腐食しやすくなるため，耐食性を向上させる対策が必要となる。

② 硬質塩化ビニルパイプカルバート

硬質塩化ビニルパイプカルバートには，円形管，リブ付円形管等がある。硬質塩化ビニルパイプカルバートは，軽量であるため長尺で扱うことができるとともに，酸やアルカリに強い性質をもっている。ただし，寒冷地で使用する場合は，

剛性が上がるため，施工中に衝撃が加わらないようにするなど，取扱いに注意する必要がある。

③　強化プラスチック複合パイプカルバート

強化プラスチック複合パイプカルバートは，ポリエステル樹脂と細骨材によるプラスチックモルタルを高強度のガラス繊維強化プラスチック（FRP）で補強したパイプであり，その成形法には，フィラメントワインディング成形法と遠心力成形法がある。

強化プラスチック複合パイプカルバートは，硬質塩化ビニルパイプカルバートとほぼ同様の性質を持つが，内径が大きく，かつ高強度が求められる用途に適する。

④　高耐圧ポリエチレンパイプカルバート

高耐圧ポリエチレンパイプカルバートは，高密度ポリエチレン樹脂を用い，異形壁を形成して芯金に巻き付けて成形するスパイラルワインディング押出成形法を応用したパイプである。

高耐圧ポリエチレンパイプカルバートは，硬質塩化ビニルパイプカルバートとほぼ同様の性質を持つが，耐摩耗性が求められる用途に適する。

(3)　基礎地盤対策の選定

カルバートの基礎形式は「1-3-2　カルバートの変状・損傷の主な発生形態」で述べたように，カルバート頂部と裏込め部の間に不同沈下が生じるのを避けるため，カルバートと周辺地盤が一体として挙動する直接基礎とするのが望ましい。対策をせずに直接基礎を適用するのが困難な場合は，設置箇所の地形や地盤条件，環境条件，施工条件，及びカルバートの構造形式等を総合的に検討し，最適な基礎地盤対策を選定する。解図3-3に選定フローの例を示す。これは，文献1)を参考に示した例である。

軟弱地盤等の特殊な条件下においては次に示す事項に留意する必要がある。

1)　軟弱地盤にカルバートを設置する場合は，盛土各部の沈下量を計算によって推定し，それにより上げ越し量を決めて，施工時以降の沈下に対応する。もしくは，プレロード工法により，残留沈下量がカルバートの機能上支障とならない沈

下量となってからカルバートの施工を行う。なお，プレロード工法や上げ越しとの併用時の留意点等，詳細については「道路土工－軟弱地盤対策工指針」を参考にされたい。

2)　地表近くに軟弱層がある場合は，不同沈下が生じるおそれがあるので，良質材料での置換えや土質安定処理により改良地盤を形成して，これを支持地盤とする。その形状は**解図3-4**または**解図3-5**を標準とする。ただし，**解図3-4**または**解図3-5**における(a)または(b)の形状については，改良地盤下の地盤の支持力を照査して選定する。こうした地盤改良を行った場合，盛土荷重を含む安定の検討を行うとともに，改良地盤自体についても支持力の照査が必要である。

地下水位が高い場合には，周辺地盤とともに，置換え材が液状化しないよう，注意を払う必要がある。

なお，水路カルバート等で機能面から沈下が許されない場合や，軟弱地盤で残留沈下が大きくプレロードの効果があまり期待できない等の理由で，やむを得ず杭基礎のような大きな沈下量を許容しない構造を用いた場合には，周辺盛土及び地盤の沈下に伴う鉛直土圧の増加と道路面の不同沈下について十分な検討を行い，対策を講じておく必要がある。

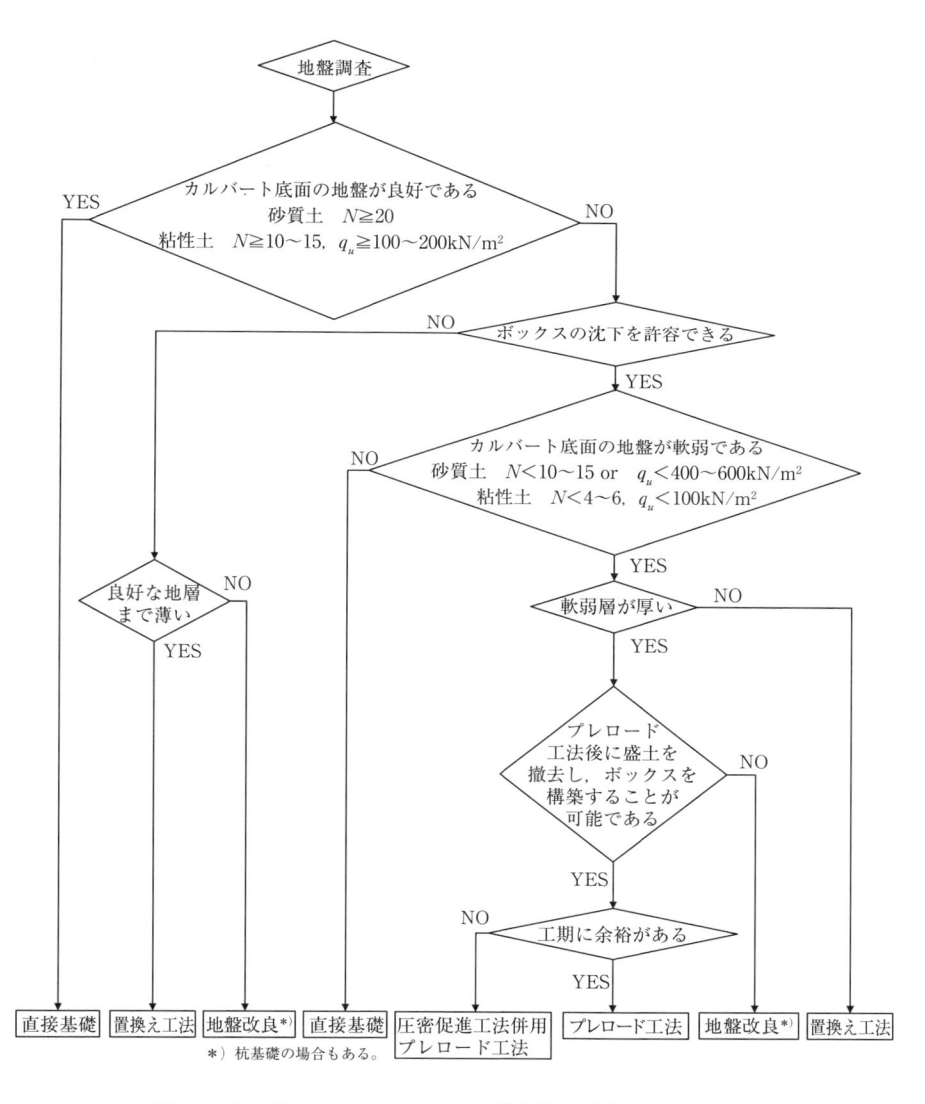

```
                        ┌─────────────┐
                        │  地盤調査    │
                        └──────┬──────┘
                               ▼
              ┌────────────────────────────────┐
      YES     │ カルバート底面の地盤が良好である │    NO
    ┌─────────┤ 砂質土  N≧20                    ├─────────┐
    │         │ 粘性土  N≧10〜15, q_u≧100〜200kN/m² │         │
    │         └────────────────────────────────┘         │
    │                                                      ▼
    │                NO  ┌──────────────────────┐
    │         ┌──────────┤ ボックスの沈下を許容できる │
    │         │          └──────────┬───────────┘
    │         │                     │ YES
    │         │                     ▼
    │         │         ┌────────────────────────────────┐
    │         │   NO    │ カルバート底面の地盤が軟弱である │
    │         │  ┌──────┤ 砂質土  N<10〜15 or q_u<400〜600kN/m² │
    │         │  │      │ 粘性土  N<4〜6, q_u<100kN/m²     │
    │         │  │      └──────────────┬─────────────────┘
    │         │  │                     │ YES
    │         │  │                     ▼
    │         │  │          ┌──────────────────┐  NO
    │         │  │          │  軟弱層が厚い     ├──────┐
    │         │  │          └────────┬─────────┘      │
    │         │  │                   │ YES            │
    │         │  │                   ▼                │
    │         │  │         ┌──────────────────┐       │
    │         │  │         │ プレロード        │       │
    │         │  │         │ 工法後に盛土を    │  NO   │
    │         │  │         │ 撤去し,ボックスを ├────┐  │
    │         │  │         │ 構築することが    │    │  │
    │         │  │         │ 可能である        │    │  │
    │         │  │         └────────┬─────────┘    │  │
    │         │  │                  │ YES          │  │
    │         │  │                  ▼              │  │
    │         │  │        NO ┌──────────────┐      │  │
    │         │  │     ┌─────┤ 工期に余裕がある │   │  │
    │   ┌─────┤  │     │     └──────┬───────┘      │  │
    │   │ 良好な地層 │  │            │ YES          │  │
    │   │ まで薄い   ├──┘            │              │  │
    │   └──┬────┘ NO                │              │  │
    │      │ YES                    │              │  │
    ▼      ▼       ▼      ▼         ▼      ▼       ▼  ▼
┌──────┐┌──────┐┌────────┐┌──────┐┌──────────┐┌────────┐┌──────┐┌──────┐
│直接基礎││置換え工法││地盤改良*)││直接基礎││圧密促進工法併用││プレロード工法││地盤改良*)││置換え工法│
└──────┘└──────┘└────────┘└──────┘│プレロード工法 │└────────┘└──────┘└──────┘
             *)杭基礎の場合もある。   └──────────┘
```

解図3—3 ボックスカルバート基礎地盤対策選定フローの例

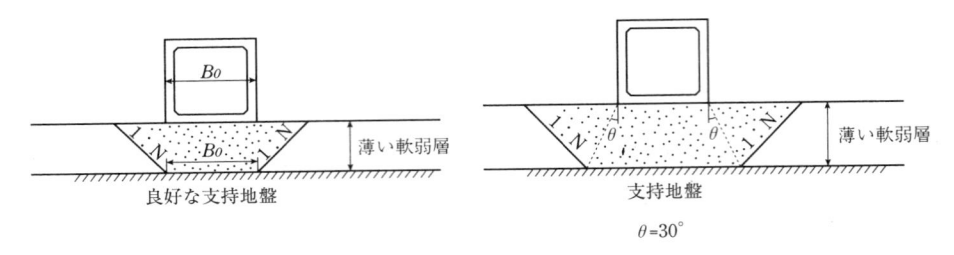

N：土質条件により算出

(a) 軟弱層の下に底版面積と同面積で支持できる地盤がある場合

(b) 荷重の分散を考えた方が妥当な場合

解図 3－4　置換え基礎の形状

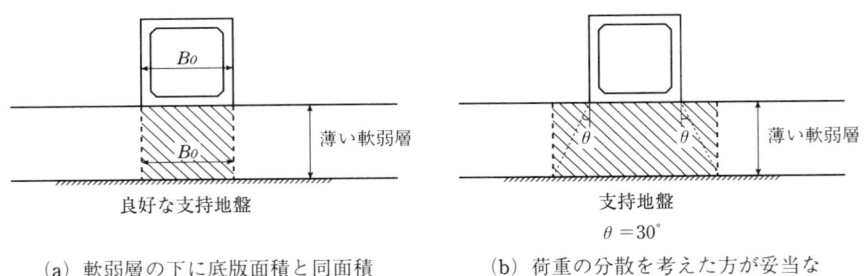

(a) 軟弱層の下に底版面積と同面積で支持できる地盤がある場合

(b) 荷重の分散を考えた方が妥当な場合

解図 3－5　改良地盤の形状

3) 支持層が傾斜している場合や，カルバートの横断方向及び縦断方向（構造物軸方向）で極端に支持力の異なる地盤がある場合は，不同沈下を生じカルバートに大きな力が作用することがあるので，**解図 3－6** 及び**解図 3－7** に示すように置換えコンクリートを施すか，硬い地盤を一部かきほぐすなどして緩和区間を設け，地盤全体がほぼ均一な支持力を持つようにするのがよい。

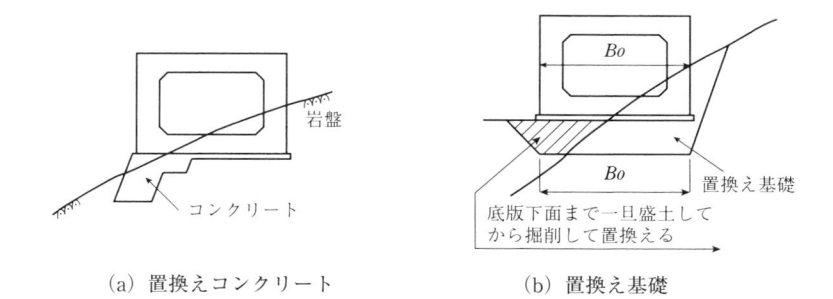

(a) 置換えコンクリート　　(b) 置換え基礎

解図 3-6　横断方向に地盤が変化している場合の対策

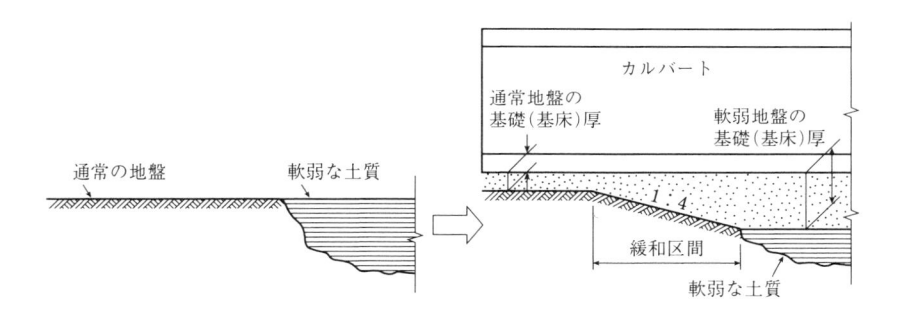

(a) 緩和区間を設置する場合

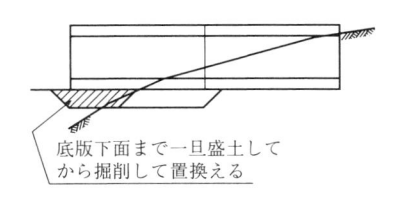

(b) 置換え基礎の場合

解図 3-7　縦断方向に地盤が変化している場合の対策

3-3-2　道路横断排水カルバートの計画上の留意事項

> 道路横断排水としてカルバートの適用を計画する場合，適切に設計流量を計算し，必要な内空断面を確保する。

　道路が既設の水路あるいは渓流等を横断する場合には，道路横断排水施設が設けられる。通常，これにはカルバートが用いられる。なお，内空断面が大きくなる場合や，渓流等でこれによりがたいと判断される場合等においては橋梁が用いられる。

　ここでは，特に道路横断排水用に用いるカルバートの計画・調査・設計上の留意事項を述べる。その他の留意事項は，「3-3-1　カルバートの構造形式及び基礎地盤対策の選定」に準じる。

(1)　カルバートの種類

　道路横断排水施設として用いられるカルバートにはパイプカルバート，ボックスカルバート，門形カルバート，アーチカルバート等がある。一般にパイプカルバートは流量が比較的小さい場合に，ボックスカルバート，門形カルバートは流量が大きい場合に用いるのが経済的である。アーチカルバートは高盛土で大きな盛土荷重が作用するような場合に用いられる。

(2)　カルバート断面の決定

　カルバートの通水断面は設計流量を道路盛土等に悪影響を与えることなく通水させ得る大きさでなければならない。

　一般に，カルバートを既設の水路あるいは渓流地点に設置した場合，流れの状況はカルバート及びその上下流部で急激に変化することがある。このような変化は，粗度，水路幅，勾配等の水理条件がカルバートとその上下流部の間で変化する場合に生じる。このとき，カルバート断面の設計には等流条件を前提としたマニング式が適用できず，不等流理論式により設計を行うことが望ましい。

1)　水路カルバート設計の原則

　カルバートの勾配，底面の高さ及び幅は，土砂の堆積や浸食を防止するため，

なるべく既設の水路と一致させるのが原則である。ただし，渓流のような河床勾配が極めて急な地点にカルバートを設置する場合において，施工上の問題，すべりの問題，土砂による磨耗の問題等が生じるおそれのある場合には，カルバートの勾配を10%程度以内にするのが望ましい。また，カルバートの幅が上流側水路の幅に比べて小さくなるようなときは，水路幅の急縮によりカルバートの直上流の水位をせき上げるので，カルバート全体あるいは流入口の幅でできるだけ広くして上流側に滑らかにすり付かせるものとする。その他，小口径カルバートの場合，その計算上の流量が小さくても，清掃その他の保守を考慮して直径60cm以上とすることが望ましい。また，維持管理上特に必要とされる場合は，それに応じて内空断面を確保することもある。

2) 設計流量Q

カルバートの設計流量は，式（解3－1）から与えられる値を用いる。ただし，設計流量には既設の水路の流量を用いることも多いが，道路盛土を新しく設けたためにそれまでの水の流れが変わる場合や，近隣の開発により流出係数や集水面積が一時的あるいは恒久的に変わる場合もあるので，式（解3－1）に用いる流出係数C，集水面積aの値の決定には十分に慎重を期さなければならない。また，同式に用いる降雨強度Iの値は式（解3－2）を用いて決定すればよい。

$$Q = \{1/(3.6\times10^6)\}\cdot C\cdot I\cdot a \quad \cdots\cdots（解3-1）$$

ここに，Q：雨量流出量（m³/sec）
C：流出係数
I：流達時間内の降雨強度（mm/h）
a：集水面積（m²）

$$I = a/(t+b) \quad \cdots\cdots（解3-2）$$

ここに，I：降雨強度（mm/h）
a, b：対象とする地域によって異なる定数
t：降雨継続時間（min）

これらの詳細は，「道路土工要綱共通編 第2章 排水」を参照されたい。

3) カルバート部の流れの形態

カルバート部における流れの状況は，流量及びカルバートの条件だけでなく上

下流水路条件によっても変化する。これは一般に，**解図3-8**に示す6タイプに分類される。

このうち，タイプ4～6は水理学的に不利であるばかりでなく，道路盛土上流側に湛水することにより，洗掘，浸透，跳水等盛土への重大な悪影響が生じるので，設計上は避けなければならない。

4) カルバート内空断面の設計

カルバートは，流れの形態が**解図3-8**に示すタイプ1～3のいずれかに属するような水理条件を満たしたうえで，それぞれのタイプに対応した設計計算式により断面の大きさを設計する。このとき，カルバートの内空高さ（あるいは内径）Dは次の条件を満たすように決定する。

① 水面がカルバート上面に接しない。
② カルバート上流側の水深がカルバートの高さの1.5倍を超えない。
$$D > (h_1 + z_1 - z_2)/1.5$$
③ カルバート上流側の水位が盛土高さを超えない。
$$h_1 + z_1 < （盛土高さ）$$

ここに，h_1：上流側水深
　　　　z_1：基準線から測った上流側河床高さ
　　　　z_2：基準線から測ったカルバート底面の高さ

条件①，②は，タイプ1～3が成立するための必要条件であり，条件③は上流側せき上げ水位が盛土を越水しないための条件である。

道路横断排水カルバート内空断面の設計計算に関する具体的な方法及び設計計算例は，「資料-3 道路横断排水カルバート内空断面の設計計算法」に一括して示しているので参照されたい。

タイプ	水理条件	流れの形態	備考
1	流入口で限界水深が発生 $D > (h_1 + z_1 - z_2)/1.5$ $h_4 < h_c$ $S_0 > S_c$		出口付近で跳水が生じることが考えられるので，洗堀防止策を講じねばならない。
2	流出口で限界水深が発生 $D > (h_1 + z_1 - z_2)/1.5$ $h_4 < h_c$ $S_0 < S_c$		出口での洗堀防止策を講じるのが望ましい。
3	全体を通して緩やかな流れ（常流） $D > (h_1 + z_1 - z_2)/1.5$ $h_c < h_4 \leq D$		計画として最も望ましい条件である。
4	全体を通して満流 （流出口が水没） $D < h_4$		異常事態としては起こる可能性があるが，計画としては用いてはならない。
5	流出口で射流 $h_4 \leq D \leq (h_1 + z_1 - z_2)/1.5$		〃
6	全体を通して満流 （流出口は自由放水） $h_4 \leq D \leq (h_1 + z_1 - z_2)/1.5$		〃

注）記号の説明
　　D：カルバートの高さ，h：水深，z：河床高，S：河床勾配，h_c：限界水深，
　　S_c：限界勾配，L：流入口長さ

解図 3-8　カルバートにおける流れの状況

5) 土石流等に対する配慮

　沢，渓流等においては，異常な豪雨の際に水だけでなく多量の土砂及び流木が流下し，あるいは土石流が発生して，これがカルバート流入口を閉塞して大規模な被害に至ることがあるので注意を要する。したがって，このような地点では土石流や流木等が発生する危険性が高いかどうかを判断し，その危険度が高いと判断される場合には，カルバートを含めた各種の対策を検討しなければならない。その具体的な方法については「道路土工－切土工・斜面安定対策工指針」に記述されているので参照されたい。

(3) カルバートの設置上の注意事項

　カルバートの流出入口は，前述したようになるべく水路の底部と同一高さとし，勾配は入口と出口の勾配になるべく近づけて勾配の急変を避け，射流が発生するような限界勾配以上になる場合は，カルバート流出口の洗掘を防ぐよう配慮しなければならない。既設の水路からカルバートへ断面が変化する場合は，ウイングによって通水断面を円滑にすり付かせるものとする。

　流入出口近くの自然地盤及び盛土を異常水位から保護するために頂板，ウイングの高さの決定には十分配慮する必要があり，ウイングの巻込みを十分行うことが必要である。カルバートとウイングの巻込み部は施工を入念に行い，水が盛土に浸透しないようにする。可能な限り止水壁を設け，水路には護床工を設けて水路及び構造物下部の侵食を防止する処置を講ずる。

　カルバート下流の水路及びその周辺が侵食されるおそれがある場合には，カルバートと同様に既設水路の流れの状態に復するまでの区間，水路側面及び底面を護岸及び護床工により保護する必要がある。

　既設水路が道路に対して斜交する場合には，カルバートの長さが増大して不経済であるばかりではなく，この部分が上部道路の弱点になりやすいので，カルバートは可能な限り上部道路に直角方向とするのが望ましい。しかし，水路の流速が大きい場合には，水路の方向の急変も避けなければならない。

参考文献

1）冨澤，林：北海道開発土木研究所月報No.602，2003

第4章　設計に関する一般事項

4-1　基本方針

4-1-1　設計の基本

> (1) カルバートの設計に当たっては，使用目的との適合性，構造物の安全性，耐久性，施工品質の確保，維持管理の容易さ，環境との調和，経済性を考慮しなければならない。
> (2) カルバートの設計に当たっては，原則として，想定する作用に対して要求性能を設定し，それを満足することを照査する。
> (3) カルバートの設計は，論理的な妥当性を有する方法や実験等による検証がなされた手法，これまでの経験・実績から妥当とみなせる手法等，適切な知見に基づいて行うものとする。

(1)　設計における留意事項

　カルバートの設計に当たって常に留意しなければならない基本的な事項を示したものである。カルバートの設計では，「2-2　カルバート工の基本」に示したカルバート工における留意事項を十分に考慮するものとする。

(2)　要求性能と照査

　カルバートの設計に当たっては，原則として，(1)に示した留意事項のうち，使用目的との適合性，構造物の安全性について，4-1-2に示す想定する作用に対する安全性，供用性，修復性の観点から要求性能を設定し，カルバートがそれらの要求性能を満足することを照査する。

(3)　設計手法

　今回の改訂では，性能設計の枠組みを導入したことにより，本章は性能照査による方法を主体とした記述構成にしている。これに伴い，要求する事項を満足す

る範囲で従来の方法によらない解析手法，設計方法，材料，構造等を採用する際の基本的な考え方を整理して示した。この場合には，要求する事項を満足するか否かの判断が必要となるが，本指針では，その判断として，論理的な妥当性を有する方法や実験等による検証がなされた手法，これまでの経験・実績から妥当とみなせる手法等，適切な知見に基づいて行うことを基本とした。

　従来から多数構築されてきた従来型カルバートについては，慣用的に使用されてきた設計・施工法があり，長年の経験の蓄積により，所定の構造形式や規模の範囲内であれば所定の性能を確保するとみなせる。例えば，カルバートの設計に当たっては，これまで一般に地震の影響を考慮してこなかった。これは，従来型カルバートではこれまでの実績から，特に地震の影響を考慮しなくても過去の地震において目立った損傷が生じなかったためである。今回の改訂に当たってもこの考え方を踏襲し，「第5章　剛性ボックスカルバートの設計」あるいは「第6章　パイプカルバートの設計」にこれまでの経験・実績から妥当とみなせる手法を示しており，一般にこれに従い常時の作用に対する照査を行えば，地震の影響を考慮した解析を行わなくても地震動の作用に対する所定の性能を満たしているとみなせるものとした。

　また，従来型カルバートの適用範囲を大きく超える規模のカルバート，異なる構造形式のカルバートや異なる材料で構成されるカルバート等，従来型カルバートと規模や力学特性が異なると想定される構造形式のカルバートについては，従来型カルバートとの各作用に対する挙動の相違を検討したうえで，適切かつ総合的な検討を加えて設計を行う必要がある。この場合には，工学的計算を適用し，要求性能を満足するかどうかを照査するのが妥当であるが，計算のみに依存するのではなく，従来型カルバートとの相違や被災事例等を考慮して総合的な工学的判断を下すことが必要である。計算による方法においても，**解表1-1**に示す適用範囲を大きく超えない範囲で，従来型カルバートと同様の応答特性や破壊特性を有すると認められる場合には，慣用設計法の適用を妨げるものではない。

　なお，カルバートの設計には大別して内空断面の設計と構造設計とがあるが，内空断面の設計については，「3-3　カルバートの計画」で示し，本章以降では構造設計について述べることとする。

カルバートの構造設計は、「3-3-1　カルバートの構造形式及び基礎地盤対策の選定」に示す基礎地盤対策も踏まえて行う。

4-1-2　想定する作用

> カルバートの設計に当たって、想定する作用は、以下に示すものを基本とする。
> (1)　常時の作用
> (2)　地震動の作用
> (3)　その他

　カルバートの設計に当たって想定する作用の種類を列挙した。カルバートの設置箇所等の諸条件によって適宜選定するものとする。

(1)　常時の作用

　常時の作用としては、死荷重、活荷重・衝撃、土圧、水圧及び浮力等、カルバートに常に作用すると想定される作用を考慮する。また、著しい降雨による地下水位上昇が想定される場合には、その影響を考慮する。

(2)　地震動の作用

　地震動の作用としては、レベル1地震動及びレベル2地震動の2種類の地震動を想定する。ここに、レベル1地震動とは供用期間中に発生する確率が高い地震動、また、レベル2地震動とは供用期間中に発生する確率は低いが大きな強度を持つ地震動をいう。さらに、レベル2地震動としては、プレート境界型の大規模な地震を想定したタイプⅠの地震動、及び、内陸直下型地震を想定したタイプⅡの地震動の2種類を考慮することとする。

　レベル1地震動及びレベル2地震動としては、「道路橋示方書・同解説　Ⅴ耐震設計編」に規定される地震動を考慮するものとし、その詳細は「道路土工要綱　巻末資料」を参照するのがよい。

　ただし、設計で想定する地震動の設定に際して、対象地点周辺における過去の

地震情報，活断層情報，プレート境界で発生する地震の情報，地下構造に関する情報，表層の地盤条件に関する情報，既往の強震観測記録等を考慮して対象地点における地震動を適切に推定できる場合には，これらの情報に基づいて地震動を設定してもよい。

(3) その他の作用

その他の作用としては，凍上，塩害の影響，酸性土壌中での腐食等の特殊な環境により耐久性に影響する作用等があり，カルバートの設置条件により適宜考慮する。

カルバート内空断面の設計（「3-3　カルバートの計画」参照），及び排水工の設計（「資料-3　道路横断排水カルバート内空断面の設計計算法」参照）に当たっては，降雨の作用を考慮する。この場合の降雨の作用は，「道路土工要綱共通編　第2章　排水」を参照されたい。

4-1-3　カルバートの要求性能

(1) カルバートの設計に当たっては，使用目的との適合性，構造物の安全性について，安全性，供用性，修復性の観点から，次の(2)～(4)に従って要求性能を設定することを基本とする。
(2) カルバートの要求性能の水準は，以下を基本とする。
　性能1：想定する作用によってカルバートとしての健全性を損なわない性能
　性能2：想定する作用による損傷が限定的なものにとどまり，カルバートとしての機能の回復を速やかに行い得る性能
　性能3：想定する作用による損傷がカルバートとして致命的とならない性能
(3) カルバートの重要度の区分は，以下を基本とする。
　重要度1：万一損傷すると交通機能に著しい影響を与える場合，あるいは隣接する施設に重大な影響を与える場合
　重要度2：上記以外の場合

> (4) カルバートの要求性能は，想定する作用とカルバートの重要度に応じて，上記(2)に示す要求性能の水準から適切に選定する。

(1) カルバートに必要とされる性能

本指針では，想定する作用に対して，使用目的との適合性，構造物の安全性について，安全性，供用性，修復性の観点から，要求性能を設定することを基本とした。ここで，安全性とは，想定する作用による変状によって人命を損なうことのないようにするための性能をいう。供用性とは，想定する作用による変形や損傷に対して，カルバートや上部道路が本来有すべき通行機能，及び避難路や救助・救急・医療・消火活動・緊急物資の輸送路としての機能，あるいは水路としての機能を維持できる性能をいう。修復性とは，想定する作用によって生じた損傷を修復できる性能をいう。

(2) カルバートの要求性能の水準

カルバートの設計で考慮する性能の水準は以下を基本とした。

性能1は，想定する作用によってカルバートとしての健全性を損なわない性能と定義した。性能1は安全性，供用性，修復性全てを満たすものである。カルバートの場合，長期的な沈下や変形，降雨や地震動の作用による軽微な変形を全く許容しないことは現実的ではない。このため，性能1には，通常の維持管理程度の補修でカルバートとしての機能を確保できることも含まれている。

性能2は，想定する作用による損傷が限定的なものにとどまり，カルバートとしての機能の回復を速やかに行い得る性能と定義した。性能2は安全性及び修復性を満たすものであり，カルバートとしての機能が応急復旧程度の作業により速やかに回復できることを意図している。

性能3は，想定する作用による損傷がカルバートとして致命的とならない性能と定義した。性能3は，供用性・修復性は満足できないが，安全性を満たすものであり，カルバートに大きな変状が生じても，カルバートの崩壊により内部空間及び隣接する施設等に致命的な影響を与えないことを意図している。

(3) カルバートの重要度

重要度の区分は，カルバートが損傷した場合のカルバート内部の道路の交通機能や水路の機能及び上部道路の交通機能への影響と，隣接する施設等に及ぼす影響の重要性を総合的に勘案して定めることとした。

カルバートが損傷した場合の道路の交通機能への影響は，必ずしも道路の規格による区分を指すものではなく，カルバートの設置条件，迂回の有無や緊急輸送路であるか否か等，万一損傷した場合に道路のネットワークとしての機能に与える影響の大きさを考慮して判断することが望ましい。

(4) カルバートの要求性能

カルバートの設計で考慮する要求性能は，想定する作用とカルバートの重要度に応じて，(2)に示す性能の水準から適切に選定する。一般的には，カルバートの要求性能は**解表 4-1** を目安とするのがよい。以下に，**解表 4-1** に例示した個々の作用に対する要求性能の内容を示す。

解表 4-1 カルバートの要求性能の例

想定する作用		重要度1	重要度2
常時の作用		性能1	性能1
地震動の作用	レベル1地震動	性能1	性能2
	レベル2地震動	性能2	性能3

1) 常時の作用に対するカルバートの要求性能

死荷重，活荷重，土圧等の常時の作用による沈下や変形は，カルバート構築中や構築直後に生じるもの，及び供用中に生じるものがある。

カルバートの構築中や構築直後においては，カルバートや付帯構造物等の荷重によりカルバート，継手，及び基礎地盤に施工性や構築後の供用性に著しい支障をきたすような損傷が生じず安定している必要があるため重要度にかかわらず性能1を要求することとした。

供用中には，時間の経過とともに，基礎地盤あるいは盛土の圧縮（圧密）変形が生じるが，これにより供用性に著しい支障を与えることを防止する必要がある。このため，軟弱地盤の場合においても，計画的な補修等を前提として性能1を要求することとした。

2) 地震動の作用に対するカルバートの要求性能

地震動の大きさと重要度に応じて性能1〜性能3を要求することとした。これは，地震動の作用に対するカルバートの要求性能を一律に設定することは困難な面があること，カルバートを含めて膨大なストックを有する土工構造物の耐震化対策には相応のコストを要すること等を考慮したものである。

なお，カルバートの性能2や性能3の照査では，カルバートに許容する損傷の程度の評価が必要となる。カルバートが地震時にどの程度損傷するかについては，カルバートが設置される盛土や地盤を構成する材料特性の不確実性や不均一性，カルバートを構成する材料の材料特性の経年変化，カルバートの被災パターンや被災程度を精度よく予測するための解析手法の不確実性等から，現状の技術水準では未だ定量的な照査が困難である場合も多い。このため，カルバートに性能2や性能3を要求する場合には，震前対策と震後対応等の総合的な危機管理を通じて必要な性能の確保が可能となるように努める視点も重要である。なお，道路震災対策の考え方については「道路震災対策便覧」に示されているので参考にするとよい。

4−1−4　性能の照査

(1) カルバートの設計に当たっては，原則として，要求性能に応じて限界状態を設定し，想定する作用に対するカルバートの状態が限界状態を超えないことを照査する。
(2) 設計に当たっては，設計で前提とする施工，施工管理，維持管理の条件を定めなければならない。
(3) 従来型カルバートについては，第5章及び第6章に従って設計し，第7章以降に基づいて施工，維持管理を行えば，(1)，(2)を行ったとみなしてよい。

(1) カルバートの照査の原則

　カルバートの照査の原則を示したものである。カルバートの設計に当たっては，原則として，想定する作用とカルバートの重要度に応じて定めた要求性能に対して適切に限界状態を設定し，想定する作用に対するカルバートの状態が限界状態を超えないことを照査する。

　カルバートの限界状態の一般的な考え方は4−1−5に示しているが，限界状態は，構造条件，施工条件，維持管理の容易性等の諸条件によって様々な考え方がある。このため，限界状態の設定に当たっては，構造条件，施工条件，日常点検，異常時の緊急点検と緊急復旧体制を含めた維持管理の容易さ等を考慮して定めることが重要である。

(2) 設計の前提条件

　カルバートの安定性，耐久性は，設計のみならず施工の善し悪し，維持管理の程度により大きく依存する。このため，設計に当たっては，設計で前提とする施工，施工管理，維持管理の条件を定めなければならない。

(3) 従来型カルバートの照査

　従来型カルバート（「第5章　剛性ボックスカルバートの設計」あるいは「第6章　パイプカルバートの設計」に示す構造形式で，かつ**解表1−1**に示す適用範囲内のカルバート）の設計に当たっては，これまでの経験・実績等を踏まえて，第5章あるいは第6章に従って設計し，「第7章　施工」以降に基づいて施工，維持管理を行えば，(1)，(2)を行ったとみなしてよい。

4−1−5　カルバートの限界状態

(1) 性能1に対するカルバートの限界状態は，想定する作用によって生じる変形・損傷がカルバートの機能を確保でき得る範囲内で適切に定めるものとする。

(2) 性能2に対するカルバートの限界状態は，想定する作用によって生じる

カルバートの変形・損傷が修復を容易に行い得る範囲内で適切に定めるものとする。
(3) 性能3に対するカルバートの限界状態は，想定する作用によって生じるカルバートの変形・損傷が内部空間及び隣接する施設等への甚大な影響を防止し得る範囲内で適切に定めるものとする。

カルバートの要求性能に応じた限界状態の考え方を例示すると**解表4－2**及び以下のとおりである。

解表4－2　カルバートの限界状態と照査項目（例）

要求性能	カルバートの限界状態	構成要素	構成要素の限界状態	照査項目	照査手法
性能1	カルバートの機能を確保でき得る限界の状態	カルバート及び基礎地盤	カルバートが安定であるとともに，基礎地盤の力学特性に大きな変化が生じず，かつ基礎地盤の変形がカルバート本体及び上部道路に悪影響を与えない限界の状態	変形	変形照査
				安定性	安定性照査・支持力照査
		カルバートを構成する部材	力学特性が弾性域を超えない限界の状態	強度	断面力照査
		継手	損傷が生じない限界の状態	変位	変位照査
性能2	カルバートに損傷が生じるが，損傷の修復を容易に行い得る限界の状態	カルバート及び基礎地盤	復旧に支障となるような過大な変形や損傷が生じない限界の状態	変形	変形照査
				安定性	支持力照査
		カルバートを構成する部材	損傷の修復を容易に行い得る限界の状態	強度・変形	断面力照査・変形照査
		継手	損傷の修復を容易に行い得る限界の状態	変位	変位照査

性能3	カルバートの変形・損傷が内部空間及び隣接する施設等への甚大な影響を防止し得る限界の状態	カルバート及び基礎地盤	隣接する施設等へ甚大な影響を与えるような過大な変形や損傷が生じない限界の状態	変形	変形照査
				安定性	支持力照査
		カルバートを構成する部材	カルバートの耐力が大きく低下し始める限界の状態	強度・変形	断面力照査・変形照査
		継手	継手としての機能を失い始める限界の状態	変位	変位照査

(1) **性能1に対するカルバートの限界状態**

性能1に対するカルバートの限界状態は，想定する作用によってカルバートとしての健全性を損なわないように定めたものである。カルバートの長期的な沈下や変形，地震動の作用等による軽微な損傷を完全に防止することは現実的でない。このため，性能1に対するカルバートの限界状態は，カルバートの安全性，供用性，修復性を全て満足する観点から，カルバートや上部道路に軽微な亀裂や段差が生じた場合でも，平常時においては点検と補修，また地震時においては緊急点検と緊急措置によりカルバートとしての機能を確保できる限界の状態として設定すればよい。

この場合，カルバート及び基礎地盤の限界状態は，カルバートが安定であるとともに，基礎地盤の力学特性に大きな変化が生じず，かつ，上げ越し量や内空断面の余裕高等を勘案して基礎地盤の変形がカルバート及び上部道路から要求される変位にとどまる限界の状態と設定してよい。カルバートを構成する部材については，力学特性が弾性域を超えない限界の状態としてよい。継手については，損傷が生じない限界の状態と設定してよい。また，裏込め・埋戻し部についても，上部道路に悪影響を与えるような沈下等が生じない構造とする必要がある。

(2) **性能2に対するカルバートの限界状態**

性能2に対するカルバートの限界状態は，想定する作用に対する損傷が限定的なものにとどまり，カルバートとしての機能の回復を速やかに行えるように定め

たものである．カルバートの安全性及び修復性を満足する観点から，カルバートに損傷が生じて通行止めの措置を要する場合でも，応急復旧等により，カルバートとしての機能を回復できる限界の状態を限界状態として設定すればよい．

　この場合，カルバート及び基礎地盤の限界状態については，復旧に支障となるような過大な変形や損傷が生じない限界の状態を設定すればよい．また，カルバートを構成する部材及び継手の限界状態は，想定する作用に対する損傷の修復を容易に行い得る限界の状態として設定すればよい．この際，損傷した場合の修復方法等を考慮する必要がある．

(3) 性能3に対するカルバートの限界状態

　性能3に対するカルバートの限界状態は，想定する作用による損傷がカルバートとして致命的にならないように定めたものである．カルバートの供用性及び修復性は失われても，安全性を満足する観点から，カルバートの崩壊に伴う内部空間の閉塞を防止できる限界の状態として設定すればよい．

　この場合，カルバート及び基礎地盤の限界状態は，隣接する施設等へ甚大な影響を与えるような過大な変形や損傷が生じない限界の状態を設定すればよい．また，カルバートを構成する部材については，部材の耐力が大きく低下し始める限界の状態を設定すればよい．継手については継手としての機能を失い始める限界の状態として設定すればよい．

4－1－6　照査方法

> 　照査は，カルバートの種類，想定する作用，限界状態に応じて適切な方法に基づいて行うものとする．

　カルバートの照査では，照査手法とカルバートを構成する要素の限界状態に応じて応力度，断面力，安全率，残留変位等の照査指標並びにその許容値を適切に設定し，想定する作用に対して照査指標が許容値以下となることを照査する．性能1に対する照査では，カルバート及び基礎地盤に生じる地盤反力度，変位等が，それぞれ許容支持力度，カルバート及び上部道路に悪影響を与えない変位量以下

となること，カルバートを構成する部材に生じる応力度が許容応力度以下となることを照査する。継手については，カルバートに悪影響を与えない範囲の変位量以下となることを照査すればよい。

　照査に際しては，カルバートの種類，想定する作用及び限界状態，必要となる地盤調査，必要とされる精度等を考慮して，適切な照査方法を選定する必要がある。照査に当たっては，カルバートは盛土あるいは地盤によって囲まれているため，カルバートと地盤の関係，カルバート周辺及び基礎地盤の条件等を考慮した手法を用いる。

　地震動の作用に対する照査方法としては，大きく分けて，構造物の地震時挙動を動力学的に解析する動的照査法と，地震の影響を静力学的に解析する静的照査法に大別される。一般に，動的照査法は地震時の現象を精緻にモデル化し，詳細な地盤調査に基づく入力データと高度な技術的判断を必要とする。一方，静的照査法は現象を簡略化して，比較的簡易に実施することが可能であるが，静的荷重へのモデル化や地震時挙動の推定法等については適用条件があり，全ての形式のカルバートや地盤条件に対して適用できるものではない。また，カルバートのような盛土または地盤中に設けられる地中構造物では，一般に，カルバート周辺の盛土・地盤の慣性力や挙動が影響する。周辺の盛土・地盤の影響の考え方として地震時土圧を考慮する手法と盛土・地盤の変位を考慮した手法がある。後者については，「共同溝設計指針」や「駐車場設計施工指針」に示される地盤の変形を考慮した応答変位法や近年地下構造物の耐震設計への適用事例が多い応答震度法を始めとするFEM系静的解析手法等がある。ただし，地盤定数の設定や適用条件について，十分な検討を行うことが重要である。また，性能2，性能3に対する照査で，カルバートの塑性化を考慮する場合には，「道路橋示方書・同解説」を参考に塑性化を考慮した手法により照査を行うのがよい。

4－2　設計に用いる荷重

4－2－1　一般

> (1)　カルバートの構造設計に当たっては，以下の荷重から，カルバートの設置地点の諸条件，構造形式等によって適宜選定するものとする。
>
> 　　　主荷重　　死荷重
> 　　　　　　　　活荷重・衝撃
> 　　　　　　　　土圧
> 　　　　　　　　水圧及び浮力
> 　　　　　　　　コンクリートの乾燥収縮の影響
> 　　　従荷重　　温度変化の影響
> 　　　　　　　　地震の影響
> 　　　主荷重に相当する特殊荷重　地盤変位の影響
>
> (2)　カルバートの構造設計に当たって考慮する荷重の組合せは，同時に作用する可能性が高い荷重の組合せのうち，最も不利となる条件を考慮して設定するものとする。
>
> (3)　荷重は，想定する範囲内でカルバートに最も不利な断面力あるいは変位が生じるように作用させるものとする。

(1)　考慮すべき荷重

「4－1－2　想定する作用」を踏まえ，カルバートの構造設計を行う際に考慮する主な荷重の種類を列挙したものであり，カルバートの設置地点の諸条件，構造形式等によって適宜選定し，必ずしも全部採用する必要はない。

(2)　荷重の組合せ

カルバートの構造設計は，同時に作用する可能性が高い荷重の組合せのうち，カルバートに最も不利となる条件を考慮して行わなければならない。カルバートの構造設計における一般的な荷重の組合せは次のとおりである。

　　1)　死荷重＋活荷重・衝撃＋土圧（＋水圧及び浮力）

2) 死荷重+土圧（+水圧及び浮力）
3) 死荷重+土圧+地震の影響（+水圧及び浮力）

　常時の作用に対しては1）及び2），地震動の作用に対しては3）の組合せについて設計を行えばよい場合が多い。また，その他の荷重の組合せについては，カルバートの設置地点の状況に応じて設定するが，荷重の組合せについては，「道路橋示方書・同解説Ⅳ下部構造編」を参考に設定するとよい。

(3) 荷重の作用方法

　荷重は，想定する範囲内でカルバートに最も不利となる断面力あるいは変位が生じるように作用させるものとする。地震動の作用に対する照査については，一般にカルバートの延長は短く，また縦断方向（構造物軸方向）に適切な間隔で継手を設けるため，横断方向についてのみ行えばよい場合が多い。

4-2-2　死荷重

> 死荷重は，材料の単位体積重量を適切に評価して設定するものとする。

　カルバートの構造設計に用いる死荷重は，構造物の種類を考慮して適切に設定しなければならない。

　死荷重を算定する際に用いる単位体積重量は，次の値を用いてもよい。ただし，実際の単位体積重量の明らかなものはその値を用いるものとする。

鋼・鋳鋼・鍛鋼	77　kN/m^3
鉄筋コンクリート	24.5kN/m^3
プレストレストコンクリート	24.5kN/m^3
コンクリート	23　kN/m^3
アスファルト舗装	22.5kN/m^3
コンクリート舗装	23　kN/m^3

4−2−3 活荷重・衝撃

> 上部道路を走行する自動車からの載荷重として，活荷重を考慮する。活荷重の載荷に際しては，衝撃を考慮するものとする。

上部道路を走行する自動車からの載荷重として，活荷重を考慮し，その際には衝撃を考慮する。

活荷重としては車両制限令を基に，後輪の影響を考慮するほか，必要に応じて前輪の影響を考慮するものとする（以下，T'荷重という）。

活荷重は，カルバート縦断方向には範囲を限定せず載荷させるものとして，カルバート縦断方向単位長さ当りの活荷重は次式により計算してよい。

$$後輪：P_{l1}(\text{kN/m}) = \frac{2 \times 輪荷重}{車両1組の占有幅} \times (1+i)$$

$$= \frac{2 \times 100(\text{kN})}{2.75(\text{m})} \times (1+i) \quad \cdots\cdots\cdots\cdots\cdots\cdots (解4-1)$$

$$前輪：P_{l2}(\text{kN/m}) = \frac{2 \times 輪荷重(\text{kN})}{車両1組の占有幅(\text{m})} \times (1+i)$$

$$= \frac{2 \times 25(\text{kN})}{2.75(\text{m})} \times (1+i) \quad \cdots\cdots\cdots\cdots\cdots\cdots (解4-2)$$

ここに，i：衝撃係数で，カルバートの種類及び土かぶりに応じて，**解表4−3**に示す値を用いてよい。

解表4-3　衝撃係数

カルバートの種類	土かぶり（h）	衝撃係数
・ボックスカルバート ・アーチカルバート ・門形カルバート ・コルゲートメタルカルバート	$h < 4\mathrm{m}$	0.3
	$4\mathrm{m} \leq h$	0
・コンクリート製パイプカルバート ・硬質塩化ビニルパイプカルバート ・強化プラスチック複合パイプカルバート ・高耐圧ポリエチレンパイプカルバート	$h < 1.5\mathrm{m}$	0.5
	$1.5\mathrm{m} \leq h < 6.5\mathrm{m}$	$0.65 - 0.1h$
	$6.5\mathrm{m} \leq h$	0

また，活荷重の分布は，**解図4-1**に示すように接地幅0.2mで車両進行方向にのみ45°分布するものとしてよい。

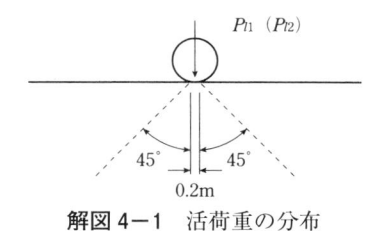

解図4-1　活荷重の分布

4-2-4　土圧

> 土圧は，カルバートの構造や土質条件，施工条件を考慮して適切に設定するものとする。

カルバートは土と接して築造される構造物であり，土圧の作用を受ける。カルバートに作用する土圧には，カルバート上面に作用する鉛直土圧とカルバート側壁に作用する水平土圧があり，構造物の種類や土質条件，施工条件を考慮して適

切に設定しなければならない。

(1) 土圧の分類と適用

1) 水平土圧

解図 4-2 に示すように，水平土圧にはカルバートの水平変位に応じて主働土圧，静止土圧，受働土圧の状態がある。

剛性ボックスカルバート側壁のように，水平変位がほとんどない場合には静止土圧が作用すると考えて土圧の計算を行う。

たわみ性パイプカルバートでは，管体が鉛直土圧によってたわみ，側方に受働土圧が生じることにより，カルバートに加わる外圧に対し，管全周で抵抗する状態となっている。このため，たわみ性パイプカルバートの管体の設計では，水平土圧を考慮する必要はないが，基礎部や埋戻し部で十分な受働土圧抵抗を発揮できるような設計や施工を行う必要がある。

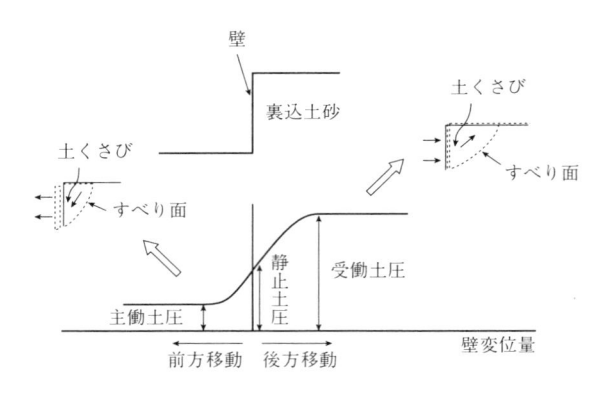

解図 4-2 壁の移動と土圧

2) 鉛直土圧

単位体積重量 γ が一様な盛土中の土かぶり h の点における鉛直土圧は $\gamma \cdot h$ とされるが，カルバート等の地中構造物の上部に作用する鉛直土圧は，構造物や周辺地盤の沈下，変形特性や埋設方法等によって異なったものとなる。すなわち，剛性ボックスカルバートや剛性パイプカルバートのように，比較的剛性が高い場合や杭基礎を用いている場合には，周囲の土の沈下に伴うせん断力により，鉛直

土圧は増大する（**解図4－3**(b)及び(c)）。

また，コルゲートメタルカルバートのようにたわみ性が大きく，鉛直方向のたわみが周囲の土の圧縮量よりも大きければ，鉛直土圧は相対的に小さくなる（**解図4－3**(a)）。

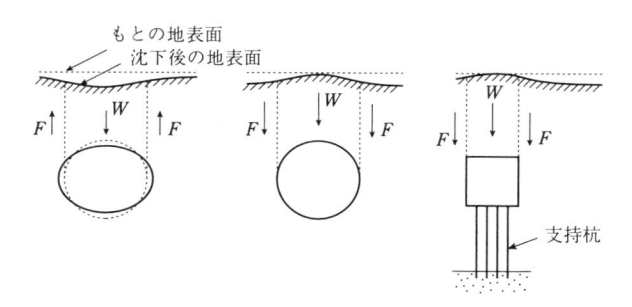

(a) たわみ性カルバート　(b) 剛性カルバート　(c) 杭で支持された場合

W：カルバート直上の土柱の重量
F：土柱に対する周囲の土からのせん断力

解図4－3　構造物の変形，沈下特性の違いによる鉛直土圧の変化

あらかじめ掘られた溝の中に構造物が埋設される場合には，構造物直上の埋め戻した土塊が沈下する際に，逆に周辺の地盤から上向きのせん断力を受け土圧は減少することになる（**解図4－4**(a)）。このように構造物の材質や沈下特性と周囲との相対沈下量によって鉛直土圧は変化するため，特に，基礎に支持杭を採用した場合や，特殊な構造形式のカルバート等で土圧が大きくなる，あるいは土圧が集中すると考えられる場合にはこれらの影響を考慮して設定する必要がある。

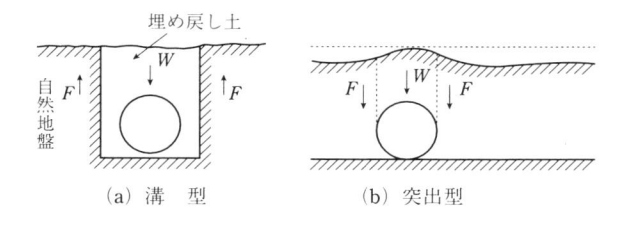

(a) 溝　型　　　　(b) 突出型

W：カルバート直上の土柱の重量
F：土柱に対する周囲の土からのせん断力

解図4－4　埋設方法の違いによる鉛直土圧の変化

(2) 土の単位体積重量

　土圧の計算に用いる土の単位体積重量は実際の施工に用いる盛土材料を用いて求めるべきであるが，設計段階で盛土の性質を明らかにできない場合は18kN/m³としてよい。ただし，これは一般的な土砂の場合であり，土質に応じて**解表4-5**に示す値としてよい。これらの土質や単位体積重量の値と大きく異なる盛土材，裏込め材，埋戻し材を用いる場合は締固め試験等によって定めなければならない。なお，地下水位以下にある土の有効単位体積重量は9kN/m³を差し引いた値とする。

(3) 舗装の単位体積重量

　土圧の計算で上部道路の舗装の重量を考慮する場合において，舗装の単位体積重量は，次の値を用いてもよい。

　　アスファルト舗装　22.5kN/m³
　　コンクリート舗装　23kN/m³

4-2-5　水圧及び浮力

> (1) 水圧は，地盤条件や地下水位の変動等を考慮して適切に設定するものとする。
>
> (2) 浮力は，間隙水や地下水位の変動等を考慮して適切に設定するものとする。浮力は上向きに作用するものとし，カルバートに最も不利になるように載荷しなければならない。

(1) 水圧

　水圧は，地盤条件や降雨の影響等による地下水位の変動等を考慮して適切に設定しなければならない。

　カルバートが地下水位以下に設置される場合には，断面設計に当たり水圧を考慮しなければならない。例えば，カルバートや管体の設計計算で土圧を求める場合に考慮する。

　ただし，円形のカルバートで全周面に水圧が作用する場合はそれによる曲げ応

力の増加が小さいため省略してよい。

(2) 浮力

カルバートが地下水位以下に設置される場合には，カルバートの浮上がりに対する安定照査において，浮力を考慮しなければならない。浮力は，間隙水や降雨の影響等による地下水位の上昇等を考慮して適切に設定しなければならない。例えば，「5-3 剛性ボックスカルバートの安定性の照査」に示すようなカルバートの浮上がりに対する照査で考慮する。浮力は，鉛直方向に作用するものとし，カルバートに最も不利になるように作用させるものとする。

4-2-6 コンクリートの乾燥収縮の影響

> コンクリート部材から構成されるカルバートの設計に当たっては，カルバートの構造や施工条件等に応じて，コンクリートの乾燥収縮の影響を適切に考慮するものとする。

コンクリート部材から構成されるカルバートで，乾燥収縮の影響によりカルバートの健全性に影響を与えるおそれがある場合には，必要に応じて，コンクリートの乾燥収縮の影響を適切に考慮するものとする。この場合，「道路橋示方書・同解説 Ⅰ共通編」に準じてよい。

従来型剛性ボックスカルバートでは，コンクリートの乾燥収縮の影響について考慮する場合，「第5章 剛性ボックスカルバートの設計」の「5-1 基本方針」に示すとおり適切に考慮する。

4-2-7 温度変化の影響

> カルバートの設計に当たっては，カルバートの種類や設置地点の条件等に応じて，温度変化の影響を適切に考慮するものとする。

寒冷地で土かぶりが薄く，「1-3-2 カルバートの変状・損傷の主な発生形態」に示すような路盤や路床の凍上による変状・損傷が懸念される場合には，温度変

化の影響を考慮する。温度変化を考慮する場合には，「道路橋示方書・同解説Ⅰ共通編」に準じて基準温度及び温度変化の範囲を設定してもよい。

従来型剛性ボックスカルバートでは，温度変化の影響については，「第5章 剛性ボックスカルバートの設計」の「5-2　荷重」に準じて考慮する。

従来型パイプカルバートでは，「第6章　パイプカルバートの設計」の「6-1-2　荷重」に示すとおり，一般に土かぶりが50cm以上となり，パイプカルバートの温度変化は無視できる程度に小さくなるため，考慮しなくてもよい。

4-2-8　地震の影響

> 地震の影響として，次のものを考慮するものとする。
> (1)　カルバートの自重に起因する地震時慣性力（以下，慣性力という）
> (2)　地震時土圧
> (3)　地震時の周辺地盤の変位または変形
> (4)　地盤の液状化の影響

カルバートの照査で考慮すべき地震の影響の種類を示したものである。カルバートの地震動の作用に対する照査において考慮する地震の影響の種類は，以下に示す中から地盤条件，構造条件，解析モデルに応じて適切に選定するものとする。

(1)　慣性力

慣性力は水平方向のみ考慮し，一般に鉛直方向の慣性力の影響は考慮しなくてよい。

静的照査法により照査する場合のカルバートの慣性力は，カルバートの重量に設計水平震度を乗じた水平力とする。設計水平震度の値については，地震動レベル，構造形式，カルバート設置地点の諸条件に応じて適切に設定する。従来型カルバートのうち門型カルバートの設計に用いる設計水平震度については，「5-9　門形カルバートの設計」に示している。

動的解析により照査を行う場合には時刻歴で与えられる入力地震動が必要とな

り，この場合には，「道路橋示方書・同解説 Ⅴ耐震設計編」を参考に，目標とする加速度応答スペクトルに近似したスペクトル特性を有する加速度波形を用いるのがよい。なお，地震動の入力位置を耐震設計上の基盤面とする場合には，地盤の影響を適切に考慮して設計地震動波形を設定する。

(2) 地震時土圧 及び (3) 地震時の周辺地盤の変位または変形

カルバートの地震時挙動は周辺地盤との相互作用に支配されるため，解析モデルにおいてこれらの影響を適切に考慮する必要がある。

静的照査法による地震動の作用に対する照査方法として，大きく分けて周辺地盤からの地震動による作用を地震時土圧として構造物に作用させる方法と，地震時の周辺地盤の変位として考慮する方法がある。

地震時土圧として考慮する場合，地震時土圧の大きさは，構造物の種類，土質条件，設計地震動のレベル，地盤の動的挙動を考慮して適切に設定するものとする。一般には，地震時土圧は，「道路橋示方書・同解説 Ⅴ耐震設計編」に示される地震時土圧を参考に設定してよい。

カルバートのような地中構造物は，一般に見かけの単位体積重量が周辺地盤に比べて小さく，地上構造物のように慣性力によって振動特性が支配されず，周辺地盤の変形によってその挙動が支配されるため，地震動による作用を地震時の周辺地盤の変位あるいは変形として与える方法もある。この場合には，地震動レベル，地盤条件，解析手法に応じてその影響を適切に設定する。その際，「共同溝設計指針」や「駐車場設計施工指針」等を参考にするとよい。

(4) 地盤の液状化の影響

カルバートが地下水位以下に埋設される場合で，カルバートが埋設されている周辺地盤が液状化した場合には，液状化した地盤の単位体積重量がカルバートの見かけの単位体積重量よりも大きいため，カルバートが浮き上がる可能性がある。よって，カルバートが地下水位以下に埋設される場合で，周辺地盤が液状化する可能性がある場合には，過剰間隙水圧による浮力を考慮して浮上がりに対するカルバートの安定性を検討する。周辺地盤の液状化の可能性の判定は，「道路土工

-軟弱地盤対策工指針」に従えばよい。

また，液状化後の過剰間隙水圧の消散に伴う基礎地盤の沈下の影響が，カルバート本体の安全性や内空断面の確保に影響を与えるおそれのある場合には，必要に応じてこれらの影響を考慮するのがよい。特に，軟弱地盤上のカルバートで地下水位が高い場合には，地下水以下の基礎地盤の置換え砂や埋戻し部が液状化し，カルバートに過大な沈下や，浮上がりが生じる場合がある。このため，軟弱地盤で地下水位が高い場合には，置換え砂や埋戻し土の安定処理を行う，砕石等の透水性の高い材料を用いる，十分な締固めを行うなどの液状化が生じないような処理を施すことを原則とする。

4-2-9　地盤変位の影響

> 供用中の地盤の圧密沈下等による地盤変位がカルバートの健全性に影響を与えるおそれがある場合には，この影響を適切に考慮するものとする。

供用中の地盤の圧密沈下等による地盤変位がカルバートの健全性に影響を与えるおそれがある場合には，この影響を適切に考慮する。

4-3　土の設計諸定数

> 土の設計諸定数は，原則として土質試験及び原位置試験等の結果を総合的に判断し，施工条件等も十分に考慮して設定するものとする。

カルバートの設計に用いる土の設計諸定数は，原則として「第3章　調査・計画」の土質及び地盤に関する調査で実施する土質試験及び原位置試験等の結果を総合的に判断し，施工条件等も十分に考慮して設定するものとする。

(1)　土の強度定数

カルバートの設計で検討する土圧や基礎地盤の支持力を算定する際，土の強度

定数(粘着力c,せん断抵抗角ϕ)が必要となる。ここでは特に,裏込め土及び基礎地盤材料の強度定数について示す。

　土質試験や原位置試験等を行って強度定数を求める場合,対象となる土がカルバート設置の現場において受けると予想される影響,例えば含水比,密度,飽和度,乱れの程度等を十分に考慮する必要がある。特に裏込め土の粘着力cを考慮する場合は,施工時のばらつきの影響や雨水の浸透による強度低下,長期にわたる強度変化等を考慮し,過大評価にならないよう低減を行い適切に評価する必要がある。安定処理した土を裏込め土として用いる場合には,施工方法によるばらつき,室内試験結果と現地強度の違い等も十分考慮し,適切に強度定数を設定する必要がある。

　なお,近年,建設発生土の有効利用の観点から,発生土をセメント等で固化してカルバートの裏込め材や埋戻し材に使用する例も見られるが,改良土については改良方法や改良材,材令,固化後の粉砕処理の有無等によって,その土質性状,強度,耐久性等が大きく異なるため,室内あるいは現場での配合試験や土質試験等を実施し,施工中の締固め条件や降雨時の強度低下等の影響を考慮した上で,土の強度定数を適切に定める必要がある。

　土の強度定数を求める方法には次のようなものがある。

1) 三軸圧縮試験

　裏込め土については突き固めた試料,基礎地盤材料については乱さない試料を基に三軸圧縮試験を行い,c,ϕを求めるのが望ましい。

　このときのせん断強さは式(解4-3)で示される。

$$s = c + \sigma \tan \phi \quad \cdots\cdots\cdots\cdots\cdots\cdots\cdots\cdots\cdots\cdots\cdots\cdots\cdots\cdots\cdots\cdots\cdots\cdots (解4-3)$$

ここに　s：せん断強さ(kN/m^2)

　　　　σ：せん断面に作用する全垂直応力(kN/m^2)

　　　　c：土の粘着力(kN/m^2)

　　　　ϕ：土のせん断抵抗角(°)

2) 一軸圧縮試験

　基礎地盤が粘性土の場合,一軸圧縮試験によって粘着力cを求めてもよい。

$$c = \frac{1}{2} q_u \quad \cdots\cdots\cdots\cdots\cdots\cdots\cdots\cdots\cdots\cdots\cdots\cdots\cdots\cdots\cdots\cdots\cdots\cdots (解4-4)$$

ここに c : 粘着力（kN/m²）

　　　q_u : 一軸圧縮強さ（kN/m²）

3) 標準貫入試験によるＮ値から推定する方法

標準貫入試験によるＮ値から強度定数を推定する方法は各種提案されている（「地盤調査の方法と解説」（（社）地盤工学会）が，式（解4-5），式（解4-6）～（解4-8）によって，経験的に推定した値を用いてもよい。ただし，Ｎ値から強度定数を推定する方法は，土質試験による方法に比べて信頼性が劣るため，三軸圧縮試験や一軸圧縮試験により強度定数を求めるのが望ましい。

粘性土の粘着力 c

$$c = 6N \sim 10N \text{（kN/m}^2\text{）} \quad \cdots\cdots\cdots\cdots\cdots\cdots\cdots\cdots\cdots\cdots (解4-5)$$

砂質土のせん断抵抗角 ϕ

$$\phi = 4.8 \log N_1 + 21 \quad ただし，N > 5 \quad \log は自然対数 \quad \cdots\cdots\cdots (解4-6)$$

$$N_1 = \frac{170N}{\sigma'_v + 70} \quad \cdots\cdots\cdots\cdots\cdots\cdots\cdots\cdots\cdots\cdots\cdots\cdots\cdots\cdots\cdots\cdots (解4-7)$$

$$\sigma'_v = \gamma_{t1} h_w + \gamma'_{t2}(x - h_w) \quad \cdots\cdots\cdots\cdots\cdots\cdots\cdots\cdots\cdots\cdots\cdots\cdots (解4-8)$$

ここに c : 粘着力（kN/m²）

　　　ϕ : せん断抵抗角（°）

　　　σ'_v : 有効上載圧（kN/m²）で，標準貫入試験を実施した地点の値

　　　N_1 : 有効上載圧100kN/m²相当に換算したＮ値。ただし，原位置の σ'_v が $\sigma'_v < 50$ kN/m²である場合には，$\sigma'_v = 50$ kN/m²として算出する。

　　　N : 標準貫入試験から得られるＮ値

　　　γ_{t1} : 地下水位面より浅い位置での土の単位体積重量（kN/m³）

　　　γ'_{t2} : 地下水位面より深い位置での土の単位体積重量（kN/m³）

　　　x : 地表面からの深さ（m）

　　　h_w : 地下水位の深さ（m）

4) 土質分類別に強度定数を推定する方法

裏込め土について，土質試験を行うことが困難な場合は，経験的に推定した**解表4-4**の値を用いてもよい。

解表4-4　裏込め土のせん断強さ定数

裏込め土の種類	せん断抵抗角（ϕ）	粘着力（c）[注2]
礫　　質　　土[注1]	35°	—
砂　　質　　土	30°	—
粘土土（ただし $w_L < 50\%$）	25°	—

注1）　細粒分が少ない砂は礫質土の値を用いてもよい。
注2）　土質定数をこの表から推定する場合，粘着力 c を無視する。

(2) 土の単位体積重量

土圧の計算に用いる土の単位体積重量 γ（kN/m³）は，裏込め・埋戻し土，盛土に使用する土質試料を用いて求める。土質試験を行うことが困難な場合は，**解表4-5**の値を用いてもよい。

解表4-5　土の単位体積重量　　（kN/m³）

地　　盤	裏込め土の種類	緩いもの	密なもの
自　然　地　盤	砂　お　よ　び　砂　礫	18	20
	砂　　質　　土	17	19
	粘　　性　　土	14	18
盛　　　土	砂　お　よ　び　砂　礫	20	
	砂　　質　　土	19	
	粘　　性　　土	18	

注）地下水位以下にある土の単位体積重量は，それぞれ表中の値から9kN/m³ を差し引いた値としてよい。

(3) 地盤の支持力

　カルバートは，直接基礎で設置される場合が多く，「3-2　調査事項」でも示すとおり，カルバートを地中に埋設する場合は基礎地盤に作用する鉛直荷重が施工前の先行荷重よりも小さく，盛土内に設置する場合でも周囲の盛土と比較して増加荷重は小さいため，盛土の沈下に比べてカルバートの沈下が大きくなることは一般的にはない。このため，カルバートの支持力の検討を行う場合は，一般的には基礎地盤の支持力について室内試験や原位置試験により調べる必要はなく，**解表4-7**に示す許容鉛直支持力度を使用してよい。なお，**解表4-7**の値は常時のものであり，地震時にはこの1.5倍の値としてよい。

　ただし，門型カルバート等の底版を有さないカルバートで規模の大きいもの，大規模なカルバート，特殊な構造形式のカルバート，特殊な施工条件となるカルバート，重機等により供用後に比べて施工時に大きな上載荷重が加わるようなカルバート，ゆるい砂質地盤上あるいは軟らかい粘性地盤上のカルバートで変位の制限が厳しい場合については，地盤の支持力について原位置試験等により慎重に検討する必要がある。

　この場合の地盤の許容鉛直支持力度は，カルバート基礎地盤の極限支持力及びカルバートの沈下量を考慮して求めるものとする。静力学公式で求められる荷重の偏心傾斜及び支持力係数の寸法効果を考慮した基礎底面地盤の極限支持力は，(1)に示すような標準貫入試験によるＮ値，一軸圧縮試験，三軸圧縮試験等の結果から得られたせん断抵抗角ϕ，粘着力cを用いて求める場合と，平板載荷試験の結果により確認した地盤の粘着力c，せん断抵抗角ϕを用いて求める場合があり，それぞれ，「道路橋示方書・同解説　Ⅳ下部構造編」の「10.3.1　基礎底面地盤の許容鉛直支持力」に従って求めるものとする。地盤の許容鉛直支持力度は，上記で求めたカルバート底面地盤の極限支持力を，限界状態に応じた安全率及び基礎底面の有効載荷面積で除した値とする。一般には，**解表4-6**の安全率を用いてよい。なお，支持力の照査に用いる鉛直荷重は，基礎底面に作用する全鉛直力を有効載荷面積で除した値とすることに注意しなければならない。有効載荷面積については，「道路橋示方書・同解説　Ⅳ下部構造編」に準じる。

　また，カルバート底面地盤の極限支持力は剛塑性理論に基づき得られるため，

沈下量と関係付けられたものではない。したがって，カルバートに生じる沈下に対する制限が厳しい場合には，沈下の照査を行う必要があるが，常時の最大地盤反力度を**解表4-7**に示す値程度に抑えれば，沈下の照査を省略してもよい。なお，沈下の照査が必要となるのは，(5)にも示すとおり，ほとんどが軟弱地盤における圧密沈下に関するものであり，これについては「道路土工－軟弱地盤対策工指針」を参照されたい。

施工において基礎底面地盤の状況が設計時と異なる場合は，平板載荷試験の結果から得られる極限支持力を載荷面積及び**解表4-6**の安全率で除した値を，地盤の許容鉛直支持力度としてもよい。この場合も上記と同様に，カルバートと周辺盛土の不同沈下によりカルバートや上部道路の機能上支障をきたす可能性が高い等，カルバートに生じる沈下に対する制限が厳しい場合には，常時の最大地盤反力度を**解表4-7**に示す許容鉛直支持力度程度に抑えるのがよい。

なお，現地の試験を行うことが困難な場合には，**解表4-7**に示す許容鉛直支持力度を使用してもよい。**解表4-7**の値は常時のものであり，地震時にはこの1.5倍の値としてよい。

解表4-6 安全率

常時	地震時
3	2

解表4-7 支持地盤の種類と許容支持力度（常時値）

支持地盤の種類		許容鉛直支持力度 qa (kN/m^2)	目安とする値	
			一軸圧縮強度 qu (kN/m^2)	N 値
岩　　盤	亀裂の少ない均一な硬岩	1000	10000 以上	―――
	亀裂の多い硬岩	600	10000 以上	―――
	軟岩・土丹	300	1000 以上	―――
礫　　層	密なもの	600	―――	―――
	密でないもの	300	―――	―――
砂質地盤	密なもの	300	―――	30～50
	中位なもの	200	―――	20～30
粘性土地盤	非常に堅いもの	200	200～400	15～30
	堅いもの	100	100～200	10～15

(4) 基礎底面と地盤との間の摩擦角 ϕ_B と付着力 c_B

　カルバートに常時または地震時に偏荷重が作用するとみなされる場合には，底面におけるせん断抵抗力が必要となる。

　カルバートの底版と基礎地盤の間のせん断抵抗力は，地盤条件とともに施工条件等に支配されるので，これらの条件を十分に考慮して決めることが望ましい。

　基礎底面の摩擦角 ϕ_B 及び底版と地盤の付着力 c_B を求める際，土質試験や原位置試験により得られる基礎地盤の強度定数 c，ϕ に対し，施工条件等を考慮した補正をする。

　基礎底面の摩擦角 ϕ_B は，場所打ちコンクリートカルバートでは $\phi_B = \phi$，プレキャストコンクリートカルバートでは $\phi_B = 2\phi/3$ としてよい。ここで，プレキャストコンクリートカルバートは基礎コンクリート及び敷きモルタルを設置して施工されていることを前提とするが，基礎コンクリート及び敷きモルタルが良質な材料で適切に施工されている場合には，$\phi_B = \phi$ としてよい。なお，基礎地盤が土の場合及びプレキャストコンクリートでは，摩擦係数 $\mu (= \tan\phi_B)$ の値は0.6を超えないものとする。

　また，土質試験等を行うことが困難な場合には，**解表4－8**の値を用いてもよい。基礎底面の摩擦角 ϕ_B は，地震時と常時で同じであると考えてよい。

解表4－8　基礎底面と地盤との間の摩擦係数と付着力

せん断面の条件	支持地盤の種類	摩擦係数 $\mu = \tan\phi_B$	付着力 c_B
岩または礫とコンクリート	岩　盤 礫　層	0.7 0.6	考慮しない 考慮しない
土と基礎のコンクリートの間に割り栗石または砕石を敷く場合	砂質土 粘性土	0.6 0.5	考慮しない 考慮しない

注) プレキャストコンクリートでは，基礎底面が岩盤であっても摩擦係数は0.6を越えないものとする。

(5) 軟弱地盤における圧密沈下の検討に用いる定数

　カルバートの沈下は，ほとんどの場合軟弱粘性土地盤におけるカルバート周辺の盛土荷重による圧密沈下に伴うものである。軟弱地盤における圧密沈下の検討

に用いる地盤定数の設定方法は,「道路土工－軟弱地盤対策工指針」によるものとする。

4－4 使用材料

4－4－1 一般

> 使用材料は,設計・施工並びに維持管理等,使用目的に応じて要求される強度,施工性,耐久性,環境適合性等の性能を満足するための品質を有し,その性状が明らかなものでなければならない。

　使用材料に要求される性能は,設計によって決まる用途や施工法により異なるが,使用材料は個々の要求性能を満足するための品質を有しているとともに,カルバートの材料として用いられた場合にどのような性状を発揮できるかが明確にされている必要がある。したがって,これまでの実績からその材料の性状が明らかなものを除き,試験,検査によってその性状を確認し,カルバートを構成する材料として要求性能を満足することを確認したうえで使用しなければならない。
　カルバートに用いる材料は,JIS等の公の品質規格に適合するものが望ましく,その適用範囲が明らかな用途に限り使用することができるものとした。
　なお,材料特性がカルバートの性能に及ぼす影響を試験等によって確認するとともに,品質についてもJIS等の規格と同等であることを確認しなければならない。
　従来型パイプカルバートに用いる材料については,「6－2　剛性パイプカルバートの設計」,「6－3　たわみ性パイプカルバートの設計」に示した。
　裏込め・埋戻しに用いる土質材料は,現場条件に適合した良質な材料を使用する。土質材料が現場条件に適合していることは,「3－2　調査事項」,「4－3　土の設計諸定数」に従い確認する。

4-4-2 コンクリート

> コンクリートは，カルバートの要求性能を満足するための強度，施工性，耐久性等の性能を有していなければならない。そのためには材料の選定，配合及び施工の各段階において十分な配慮をしなければならない。

カルバートを構成する材料のコンクリートについて，一般事項を示した。

カルバートに用いるコンクリートは，原則として次に示す最低設計基準強度以上のものを用いるものとする。

  無筋コンクリート部材　　　　　　　　$18N/mm^2$
  鉄筋コンクリート部材　　　　　　　　$21N/mm^2$
  プレキャスト鉄筋コンクリート部材　　$30N/mm^2$

コンクリートの耐久性は，水セメント比W/Cに関係する。このため，劣悪なコンクリートを排除する趣旨から，水セメント比W/Cと直接的に関係するコンクリートの設計基準強度について，少なくとも上記の最低設計基準強度以上としなければならないこととした。

また，耐久性確保の観点から水セメント比W/Cの最大値が別途指定される場合では，水セメント比W/Cの最大値が満たされるように，使用するコンクリートの呼び強度の値を定めなければならない。

4-4-3 鋼材

> カルバートに使用する鋼材は，強度，伸び，じん性等の機械的性質，化学組成，有害成分の制限，厚さやそり等の形状寸法等の特性や品質が確かなものでなければならない。

カルバートに使用する鋼材は，製造時に材料としての特性や品質が決定されるため，その特性や品質が確認されていることが使用上の前提条件である。したがって，個々の材料についてあらかじめJIS等の公の規格に適合するように製造され，かつ当該規格で要求する品質が保証されることが重要である。

鉄筋コンクリート用棒鋼は，「JIS G 3112」の規格に適合するものについて

は、品質を満足するものとみなしてよい。これを使用する場合には、異形棒鋼SD295A、SD295B及びSD345を標準とする。

「JIS G 3112」に規定されている異形棒鋼の寸法及び質量は、**解表4－9**に示すとおりである。

解表4－9　異形棒鋼の寸法及び質量

呼び名	単位質量 (kg/m)	公称直径 (d) (mm)	公称断面積 (S) (mm^2)	公称周長 (l) (mm)
D6	0.249	6.35	31.67	20
D10	0.560	9.53	71.33	30
D13	0.995	12.7	126.7	40
D16	1.56	15.9	198.6	50
D19	2.25	19.1	286.5	60
D22	3.04	22.2	387.1	70
D25	3.98	25.4	506.7	80
D29	5.04	28.6	642.4	90
D32	6.23	31.8	794.2	100
D35	7.51	34.9	956.6	110
D38	8.95	38.1	1,140	120
D41	10.5	41.3	1,340	130
D51	15.9	50.8	2,027	160

4－4－4　裏込め・埋戻し材料

(1) カルバートの裏込め・埋戻しに用いる土質材料は良質の材料を使用し、入念な施工を行わなければならない。
(2) カルバートの裏込め土に軽量盛土材を用いる場合には、比重や強度等を検討し、現場条件に適した材料を選定する必要がある。

(1) 裏込め・埋戻し土に用いる材料

カルバートの裏込め・埋戻しに用いる土質材料は、施工の難易、完成後のカルバートの安定に大きな影響を与えるので、「4－3　土の設計諸定数」に従い良質な材料であることを確認のうえで使用し、入念に施工を行わなければならない。

一般的に裏込め・埋戻し土としての材料は、敷均し・締固めの施工が容易で、

締固め後の強度が大きく，圧縮性が少なく，透水性が良く雨水等の浸透に対して強度低下が生じない材料が望ましい。これらの条件を考えると良質な裏込め土としては粒度の良い粗粒土が挙げられる。

その一方で，土工は切土と盛土のバランスを考慮して行うので，経済性または環境への配慮から現地発生土を使用することが求められている。

このため現地発生土の中から裏込め・埋戻し土に適した材料を選定する。現地発生土がそのままでは良好な裏込め・埋戻し材とならない場合には安定処理を行うなどにより，できるだけ現地発生土を利用するように検討を行うことが望ましい。ただし，安定処理材を用いる際には，変形特性，土圧作用力の変化やセメント分の流出の可能性があることに留意が必要である。

(2) **軽量材**

カルバート及び地盤に作用する土圧の軽減を図るため軽量材を用いる場合には，「4-3　土の設計諸定数」に従い軽量盛土材の比重や強度等を検討し，現場条件に適合した材料を選定する必要がある。

軽量盛土材には，発泡スチロールや気泡混合土等があるが，材料の選定に当たっては，材料の特性を十分に把握した上で，安全性，地震時の挙動，施工性，耐久性，経済性等を十分に考慮する必要がある。

4−4−5 設計計算に用いるヤング係数

> (1) 鋼材のヤング係数は，$2.0 \times 10^5 \text{N/mm}^2$ としてよい。
>
> (2) コンクリートのヤング係数は，表4−1に示す値としてよい。
>
> 表4−1 コンクリートのヤング係数（N/mm^2）
>
> | 設計基準強度 | 21 | 24 | 27 | 30 | 40 | 50 |
> |---|---|---|---|---|---|---|
> | ヤング係数 | 2.35×10^4 | 2.5×10^4 | 2.65×10^4 | 2.8×10^4 | 3.1×10^4 | 3.3×10^4 |
>
> (3) 許容応力度法による設計を行う場合の，鉄筋コンクリート部材の応力度の計算に用いるヤング係数比nは15とする。

設計計算に用いるヤング係数は，「道路橋示方書・同解説 Ⅰ共通編」の「3.3 設計計算に用いる物理定数」に準拠する。

(1) 鋼材のヤング係数

鋼材のヤング係数は，$2.0 \times 10^5 \text{N/mm}^2$ としてよい。

(2) コンクリートのヤング係数

表4−1の値は，全国のコンクリートのヤング係数調査結果の平均値であり，これを用いてよい。設計基準強度が表4−1に示す各値の中間にある場合には，ヤング係数は直線補間による値としてよい。

(3) ヤング係数比

許容応力度法による設計を行う場合の，鉄筋コンクリート部材の応力度の計算に用いるヤング係数比nは15とする。

4-5 許容応力度

4-5-1 一般

(1) 許容応力度設計法に用いる許容応力度は,使用する材料の基準強度や力学的特性を考慮して,適切な安全度が確保できるように設定するものとする。
(2) 許容応力度は,4-5-2から4-5-4までに示す値とする。
(3) 温度変化の影響,地震の影響を考慮する場合の許容応力度は上記(2)の許容応力度に,**表4-2**に示す割増し係数を乗じた値とする。

表4-2 許容応力度の割増し係数

荷重の組合せ	割増し係数
温度変化の影響を考慮する場合	1.15
地震の影響を考慮する場合	1.50

(1) **許容応力度**

許容応力度設計法による設計を行う場合に用いる許容応力度の設定方法について示したものである。

(2) **許容応力度の設定方法**

「4-5-2 コンクリートの許容応力度」から「4-5-4 PC鋼材の許容応力度」までに示していない材料の許容応力度は,(1)を踏まえ,4-5-2から4-5-4までに示す材料の許容応力度と同等以上の安全度を確保するように設定しなければならない。

(3) **許容応力度の割増し**

荷重の組合せは,それぞれの発生頻度やカルバートに与える影響度が異なるので,本指針では**表4-2**に示すように,荷重の組合せに応じて許容応力度の割増し係数を示した。なお,上記以外の荷重の組合せによる許容応力度の割増し係数

を考慮する場合は，「道路橋示方書・同解説　Ⅳ下部構造編」に準じてよい。

4-5-2　コンクリートの許容応力度

(1) 鉄筋コンクリート部材
1) 鉄筋コンクリート部材におけるコンクリートの許容圧縮応力度及び許容せん断応力度は，**表4-3**の値とする。

表4-3　コンクリートの許容圧縮応力度及び許容せん断応力度　(N/mm^2)

応力度の種類		コンクリートの設計基準強度(σ_{ck}) 21	24	27	30	36	40	50
曲げ圧縮応力度		7.0	8.0	9.0	10.0	12.0	14.0	16.0
せん断応力度	コンクリートのみでせん断力を負担する場合 τ_{a1}	0.22	0.23	0.24	0.25	0.26	0.27	0.27
	斜引張鉄筋と協働して負担する場合 τ_{a2}	1.6	1.7	1.8	1.9	2.2	2.4	2.4

コンクリートのみでせん断力を負担する場合の許容せん断応力度τ_{a1}は，次の影響を考慮して補正を行う。

① 部材断面の有効高dの影響

表4-4に示す部材断面の有効高dに関する補正係数c_eをτ_{a1}に乗じる。

表4-4　部材断面の有効高dに関する補正係数C_e

有効高 d(mm)	300以下	1,000	3,000	5,000	10,000以上
C_e	1.4	1.0	0.7	0.6	0.5

② 軸方向引張鉄筋比p_tの影響

表4-5に示す軸方向引張鉄筋比p_tに関する補正係数c_{pt}をτ_{a1}に乗じる。

ここで，p_tは中立軸よりも引張側にある軸方向鉄筋の断面積の総和をbdで除して求める。

表 4-5　軸方向引張鉄筋比 p_t に関する補正係数 c_{pt}

軸方向引張鉄筋比 pt（%）	0.1	0.2	0.3	0.5	1.0 以上
C_{pt}	0.7	0.9	1.0	1.2	1.5

③　軸方向圧縮力が大きな部材の場合，式（4-1）により計算される軸方向圧縮力による補正係数 c_N を τ_{a1} に乗じる。

$$c_N = 1 + M_0/M \quad \text{ただし，} 1 \leq c_N \leq 2 \quad \cdots\cdots\cdots\cdots\cdots (4-1)$$

ここに，

　　c_N：軸方向圧縮力による補正係数

　　M_0：軸方向圧縮力によりコンクリートの応力度が部材引張縁で零となる曲げモーメント（N・mm）

$$M_0 = \frac{N}{A_c} \cdot \frac{I_c}{y} \quad \cdots\cdots\cdots\cdots\cdots\cdots\cdots\cdots\cdots\cdots\cdots\cdots\cdots\cdots (4-2)$$

　　M：部材断面に作用する曲げモーメント（N・mm）

　　N：部材断面に作用する軸方向圧縮力（N）

　　I_c：部材断面の図心軸に関する断面二次モーメント（mm^4）

　　A_c：部材断面積（mm^2）

　　y：部材断面の図心より部材引張縁までの距離（mm）

2）　コンクリートの許容付着応力度は，直径51mm以下の鉄筋に対して**表4-6**の値とする。

表 4-6　コンクリートの許容付着応力度（N/mm^2）

鉄筋の種類＼コンクリートの設計基準強度（σ_{ck}）	21	24	27	30	40	50
異形棒鋼	1.4	1.6	1.7	1.8	2.0	2.0

3）　コンクリートの許容支圧応力度

　コンクリートの許容支圧応力度は，式（4-3）を用いて算出するものとするが，その際の支圧面積の取り方については，次の事項に注意しなければならない（**図4-1**参照）。

① A_cとA_bの重心は一致すること。
② A_cの幅,長さはそれぞれA_bの幅,長さの5倍以下とする。
③ A_bが多数ある場合,各々のA_cは重複してはならない。
④ A_bの背面は,支圧力作用方向に直角な方向に生じる引張力に対し,格子状の鉄筋等で補強しなければならない。

$$\sigma_{ba} = \left(0.25 + 0.05\frac{A_c}{A_b}\right)\sigma_{ck} \quad \cdots\cdots\cdots\cdots\cdots\cdots (4-3)$$

ただし,$\sigma_{ba} \leq 0.5\sigma_{ck}$
ここに,
　　σ_{ba}:コンクリートの許容支圧応力度(N/mm^2)
　　A_c:局部載荷の場合のコンクリート面の全面積(mm^2)
　　A_b:局部載荷の場合の支圧を受けるコンクリート面の面積(mm^2)
　　σ_{ck}:コンクリートの設計基準強度(N/mm^2)

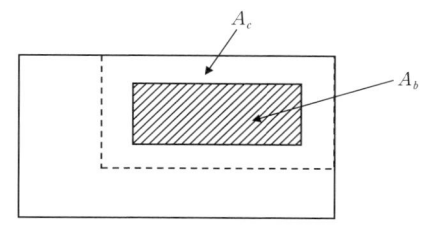

図4-1　支圧面積の取り方

(2) プレストレストコンクリート部材
1) プレストレストコンクリート部材における許容圧縮応力度及び許容引張応力度は**表4-7**の値とする。

表4−7 プレストレストコンクリート部材の許容圧縮応力度及び許容引張応力度（N/mm²）

応力度の種類			コンクリートの設計基準強度（σ_{ck}) 30	40	50
プレストレッシング直後	曲げ圧縮応力度	長方形断面の場合	15.0	19.0	21.0
		T形及び箱桁断面の場合	14.0	18.0	20.0
	軸圧縮応力度		11.0	14.5	16.0
	曲げ引張応力度		1.2	1.5	1.8
設計荷重時	曲げ圧縮応力度	長方形断面の場合	12.0	15.0	17.0
		T形及び箱桁断面の場合	11.0	14.0	16.0
	軸圧縮応力度		8.5	11.0	13.5
	曲げ引張応力度		1.2	1.5	1.8
死荷重時	曲げ引張応力度		0.0	0.0	0.0

2) プレストレストコンクリート部材における許容斜引張応力度は**表4−8**の値とする。

表4−8 プレストレストコンクリート部材の許容斜引張応力度（N/mm²）

応力度の種類		コンクリートの設計基準強度（σ_{ck}) 30	40	50
活荷重及び衝突荷重以外の主荷重	1) せん断力のみ又はねじりモーメントのみを考慮する場合	0.8	1.0	1.2
	2) せん断力とねじりモーメントをともに考慮する場合	1.1	1.3	1.5
衝突荷重または地震の影響を考慮しない荷重の組合せ	3) せん断力のみ又はねじりモーメントのみを考慮する場合	1.7	2.0	2.3
	4) せん断力とねじりモーメントをともに考慮する場合	2.2	2.5	2.8

> 3) プレストレストコンクリートの許容付着応力度は，直径 32mm以下の鉄筋に対して**表4-9**の値とする。
>
> **表4-9** プレストレストコンクリートの許容付着応力度（N/mm^2）
>
> | 鉄筋の種類 \ コンクリートの設計基準強度(σ_{ck}) | 30 | 40 | 50 |
> |---|---|---|---|
> | 異形棒鋼 | 1.8 | 2.0 | 2.0 |
>
> (3) 記載のないコンクリートの設計基準強度に対応する許容値
>
> **表4-3**，**表4-6〜表4-9**において記載のないコンクリートの設計基準強度に対応する許容値は，これらの表に示すコンクリートの設計基準強度の範囲内で，表の値から線形補間で算出してよい。

(1)及び(2)に示した部材コンクリートの許容応力度の考え方は，「道路橋示方書・同解説　Ⅳ下部構造編」の「4.2　コンクリートの許容応力度」及び「道路橋示方書・同解説　Ⅲコンクリート橋編」の「3.2　コンクリートの許容応力度」に準拠した。

(1) 鉄筋コンクリート部材

1) コンクリートの許容応力度

鉄筋コンクリート部材及びプレキャスト鉄筋コンクリート部材におけるコンクリートの許容応力度を，一般に用いられる設計基準強度21N/mm^2〜50N/mm^{2}までの範囲について示した。

ここで，設計基準強度が30N/mm^{2}を超えるコンクリートを用いる場合，許容曲げ圧縮応力度を従来どおり設計基準強度の1／3とする許容応力度の定め方に準じてもよいが，その力学的特性にも配慮して定めるのがよい。設計基準強度が50N/mm^{2}の場合の許容せん断応力度については，未解明な部分もあるため，安全側を見て，設計基準強度40N/mm^{2}における値と同等であるとみなした。

設計基準強度が30N/mm^{2}までで，**表4-3**に示した値以外のコンクリートを用いる場合の許容応力度は，**表4-3**に示した値を用い線形補間によって求めた

値とした。

コンクリートの許容付着応力度について示した**表 4-6** は，これまでの調査研究を踏まえて，直径51mm以下の鉄筋に適用するものとした。

(2) プレストレストコンクリート部材

プレストレストコンクリートの許容圧縮応力度は，鋼材とコンクリートとのヤング係数比等の設計上の仮定が異なることから，鉄筋コンクリート構造とプレストレストコンクリート構造とに分けて示している。また，大きな曲げ圧縮応力は部材の中央，端部等の特定な位置に生じるが，軸圧縮応力は部材全長にわたって一様に生じることから，曲げ圧縮応力度と軸圧縮応力度それぞれに対して許容応力度を示している。

プレストレストコンクリート構造の許容斜引張応力度は，既往の載荷実験の結果等も参考にし，許容引張応力度と同様に部材に作用する荷重の特性に応じて値を示した。**表 4-8** の 1) 及び 2) は，持続的に作用する荷重に対してコンクリートのひびわれに対する安全度を高めるように主引張応力に対する許容値を示したものである。また，**表 4-8** の 3) 及び 4) は，地震の影響を考慮しない荷重の組合せにおいて，部材に斜めひびわれを生じさせないため主引張応力に対する許容値を示したものである。

鉄筋とコンクリートの許容付着応力度は，鉄筋の位置及び方向，付着面の応力状態等を考慮して定めているが，断面寸法に比べて径の大きな鉄筋を用いた場合は，定着部や継手部においてコンクリートに割裂が生じる場合があるので，**表 4-9** に示す許容付着応力度は直径32mm以下の鉄筋に適用するものとした。

4－5－3　鉄筋の許容応力度

(1) 鉄筋コンクリート部材及びプレストレストコンクリート部材における鉄筋の許容応力度は，直径51mm以下の鉄筋に対して**表4－10**の値とする。

表4－10　鉄筋の許容応力度（N/mm²）

応力度，部材の種類		鉄筋の種類	SD295A SD295B	SD345
引張応力度	荷重組合せに衝突荷重あるいは地震の影響を含まない場合	1) 一般の部材	180	180
		2) 水中あるいは地下水位以下に設ける部材	160	160
	荷重の組合せに衝突荷重あるいは地震の影響を含む場合の許容応力度の基本値		180	200
	鉄筋の重ね継手長あるいは定着長を算出する場合の許容応力度の基本値		180	200
圧縮応力度			180	200

(2) ガス圧接継手の許容応力度は，非破壊試験を行うなど十分な管理を行う場合，母材の許容応力度と同等としてよい。

(1) 鉄筋の許容応力度

「道路橋示方書・同解説　Ⅳ下部構造編」の「4.3　鉄筋の許容応力度」の規定を直径51mm以下の鉄筋に準用したものである。

1) 一般の部材における鉄筋の許容引張応力度の値は，コンクリートのひびわれが部材の耐久性に対して有害にならないように設定したものである。

2) 水中あるいは地下水位以下に設ける部材に関しては，鉄筋が腐食しやすい環境にあることを考慮して，鉄筋の許容応力度を**表4－10**に示す値より若干低減している。

(2) ガス圧接継手の許容応力度

SD295Aは，JISでは化学成分として，P（リン）とS（硫黄）の量のみ規定し，溶接性を確保するための化学成分については規定されていない。このため，JIS

規格材であっても無制限に溶接可能とはいえず，事前に溶接性や要求される圧接鉄筋の性能に問題がないことを確認する必要がある。

4－5－4　ＰＣ鋼材の許容応力度

プレストレストコンクリート部材におけるＰＣ鋼材の許容応力度は**表4－11**の値とする。

表4－11　ＰＣ鋼材の許容応力度（N/mm^2）

PC鋼材の種類		応力度の状態	プレストレッシング中	プレストレッシング直後	設計荷重作用時
PC鋼より線	A種	SWPR7AN,SWPR7AL	1305	1190	1020
	B種	SWPR7BN,SWPR7BL	1440	1295	1110
PC鋼棒	A種 2号	SBPR785/1030	706	667	588
	B種 1号	SBPR930/1080	837	756	648
	B種 2号	SBPR930/1180	837	790	697
	C種 1号	SBPR1080/1230	972	861	738

ＰＣ鋼材の許容応力度は，「道路橋示方書・同解説　Ⅲコンクリート橋編」の「3.4　ＰＣ鋼材の許容応力度」に準拠した。

設計荷重作用時の許容引張応力度は，部材の疲労に関する十分な検討を行わない場合には，従来どおりPC鋼材の引張強さの60％または降伏点の75％とし，**表4－11**に示すとおり算出される。

第5章　剛性ボックスカルバートの設計

5−1　基本方針

> (1)　従来型剛性ボックスカルバートは，以下に従って設計してよい。
> (2)　剛性ボックスカルバートの設計に当たっては，適切な設計断面を設定し，5−2に示す荷重に対して5−3に従いカルバートの安定性，及び5−4に従い部材の安全性の照査を行うものとする。また，必要に応じて5−5に従い耐久性の検討を行うものとする。
> (3)　上記は第7章及び第8章に示されている施工，施工管理，維持管理が行われることを前提とする。

(1)　**従来型剛性ボックスカルバート設計の基本方針**

　本章は，従来型剛性ボックスカルバートに適用する。なお，従来型剛性ボックスカルバートは，「1−3−1　カルバートの種類と適用」に示すカルバートの種類のうち，**解表1−1**に示す適用範囲のもので，「1−3−1(2)　従来型カルバート」に示す条件を満足しているものをいう。これらのカルバートについては，多くの施工実績があることと，かつ，既往の地震時の挙動を含め供用開始後の健全性が確認されているため，本章で述べる従来から慣用されてきた設計法・施工法に従い，許容応力度法によりカルバートの安定性及び部材の安全性の照査を行うとともに，「5−6　鉄筋コンクリート部材の構造細目」以降に示す構造細目に従えば，常時の作用及びレベル1地震動に対して性能1を，レベル2地震動に対して性能2を確保するとみなせるものとした。

(2)　**従来型剛性ボックスカルバートの設計方法**
1)　設計断面

　剛性ボックスカルバートの設計は，横断方向，縦断方向（構造物軸方向）について行う。ただし，基礎地盤が良好であり，継手間隔が10〜15m以下で，横断方

向の主鉄筋に見合う配力鉄筋を配置した場合には，縦断方向の検討を省略してよい。したがって，継手間隔が15m以上となる場合や，次に示す条件に該当する場合は，縦断方向の検討を行わなければならない。

① カルバートの縦断方向に荷重が大きく変化する場合
② 基礎地盤が軟弱で，カルバートの縦断方向に不同沈下が生じる可能性が高い場合
③ カルバートの縦断方向に沿って地盤条件が急変する場合

2) 土かぶり

解図5-1に示すようにカルバートの土かぶりが変化する場合は，以下のような考え方も含め，カルバートの規模，延長等に応じた設計を行うものとする。ただし，施工性からカルバートの部材厚は揃えておくのが望ましい。

① 最小土かぶりの場合と最大土かぶりの場合とでそれぞれ，活荷重による土圧も含めてカルバートに作用する荷重を求め，大きな値となる方を計算上の土かぶりとし，これで定まった断面を全体に用いる。

② 継手を設ける場合で，土かぶりが極端に変化する場合は，それぞれのブロックに対する土かぶりで上記①のような検討を行い，断面設計を行う。

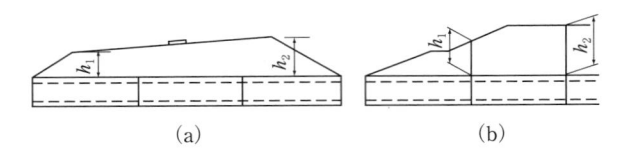

解図5-1 土かぶりの変化

3) 照査項目

剛性ボックスカルバートの照査項目は，**解表5-1**に示すとおりである。照査は，本章の各節によるものとする。

解表5-1　剛性ボックスカルバートの照査項目

構成要素	照査項目	照査手法	従来型剛性ボックスカルバートの照査項目[注]			適　　用
			ボックスカルバート	門形カルバート	アーチカルバート	
カルバート及び基礎地盤	変形	変形照査	△	△	△	基礎地盤に問題がない場合には省略可
カルバート及び基礎地盤	安定性	安定照査・支持力照査	△	○	△	門形カルバート以外の従来型剛性ボックスカルバートで基礎地盤に問題がない場合には省略可
カルバートを構成する部材	強度	断面力照査	○	○	○	門形カルバート以外の従来型剛性ボックスカルバートでは地震動の作用に対する照査は省略可
継手	変位	変位照査	×	×	×	本指針に示す継手構造を採用した従来型剛性カルバートでは省略可

注）○：実施する，△：条件により省略可，×：一般に省略可

① カルバート及び基礎地盤

　剛性ボックスカルバートの安定性については，「5-3　剛性ボックスカルバートの安定性の照査」に従い照査する。

　門形カルバートでは，基礎地盤の支持力度を室内試験，原位置試験等の結果に基づいて慎重に検討する必要があるが，剛性ボックスカルバートを地中に埋設する場合は，基礎地盤に作用する鉛直荷重が施工前の先行荷重よりも小さい。また，盛土内に設置する場合でも，周囲の盛土と比較して増加荷重は小さいため，盛土の変位に比べてカルバートの変位が大きくなることはない。このため，門形カルバート以外の従来型剛性ボックスカルバートで基礎地盤が良好な場合には，本章に示す設計及び「第7章　施工」に示す施工が行われれば，安定性に関する検討は省略してもよい。

　また，門形カルバート等で安定性の照査を行う場合においても，従来型剛性ボックスカルバートで基礎地盤が良好な場合には，圧密沈下等による基礎地盤の沈下がカルバートに及ぼす影響は少ないため，基礎地盤の変形の照査を省略してもよ

い。

　ただし，基礎地盤が軟弱で，剛性ボックスカルバート及び上部道路路面に影響を与えることが想定される場合には「道路土工－軟弱地盤対策工指針」に従い，基礎地盤の沈下に対する照査を行う必要がある。

　なお，照査の結果，基礎地盤の対策が必要と判断された場合は，「3-3-1　カルバートの構造形式及び基礎地盤対策の選定」を参照し，対策を行う。

② カルバートを構成する部材

　カルバートを構成する部材の照査は，「5-2　荷重」に示す荷重及び荷重の組合せに対して，「5-4　部材の安全性の照査」に従い，剛性ボックスカルバートを構成する部材に生じる断面力が許容値以下であることを照査する。

　材料等の許容応力度は「4-5　許容応力度」によるものとする。剛性ボックスカルバートの種類に応じたその他の許容値の具体的な設定は，本章各節によるものとする。

③ 継手

　「5-2　荷重」に示す荷重に対して，継手に損傷が生じないことを確認する必要があるが，これまでの経験・実績から本章に示す継手構造を採用する場合には，継手の照査を省略してもよい。

④ 裏込め部・埋戻し部

　剛性ボックスカルバート裏込め部あるいは埋戻し部の沈下により上部道路に悪影響を与えないことを照査する必要があるが，これまでの経験・実績から本章に示す設計，「第7章　施工」に示す施工が行われる場合には，照査を省略してもよい。

4) 地震動の作用に対する照査

　従来型剛性ボックスカルバートでは，門形カルバートを除き，地震動の作用に対する照査を省略してもよい。門形カルバートについてはレベル1地震動の作用に対する照査を行えば，レベル2地震動に対する照査を省略してよい。これらは，①既往の剛性ボックスカルバートの被災事例によると，大きな被害が生じた事例はないこと，②剛性ボックスカルバートは橋脚等の地上に突き出した構造物と比較して周辺地盤の挙動の影響が大きく，カルバート自身の慣性力の影響が少ない

こと，③剛性ボックスカルバートは不静定次数の高いラーメン構造であり，部分的な破壊がカルバート全体の崩壊につながる可能性は低いこと，等を考慮したものである。

ただし，門形カルバート以外の従来型の剛性ボックスカルバートであっても，カルバートが地下水位以下に埋設され，周辺地盤の液状化の発生が想定される場合には，必要に応じて液状化に伴う過剰間隙水圧を考慮して浮上がりに対する検討を行う。

なお，**解表1-1**に示す従来型剛性ボックスカルバートの適用範囲を大きく超える剛性ボックスカルバートや特殊な構造形式のカルバートについては，「第4章　設計に関する一般事項」に示す性能規定的な考え方に基づき，従来型カルバートとの構造特性や地震時挙動の相違や万一損傷した場合の影響や修復方法等を検討したうえで，地震動に対する照査の必要性を含めて適切な検討を行うのがよい。この場合，設計地震動の設定，地盤定数の設定，解析手法の適用性や精度について十分検討する必要がある。

(3)　照査の前提条件

上記(1),(2)は「第7章　施工」及び「第8章　維持管理」に示されている施工，施工管理，維持管理が行われることを前提とする。したがって，実際の施工，施工管理,維持管理の条件がこれらによりがたい場合には，第7章及び第8章によった場合に得られるのと同等以上の性能が確保されるように，別途検討を行う必要がある。

5-2　荷重

> 剛性ボックスカルバートの設計に当たっては，死荷重，活荷重，土圧，地盤変位等，並びに必要に応じて地震の影響を適切に考慮するものとする。

設計に用いる荷重としては,主として死荷重,活荷重,土圧,地盤変位等,並びに必要に応じて地震の影響を考慮するものとする。

解表5-2は,設計に当たって考慮しなければならない荷重を剛性ボックスカルバートの種類ごとに示したものである。剛性ボックスカルバートの設計に当たっては,**解表5-2**に示す荷重のうち,最も不利となる条件を考慮して,部材の安全性の照査及び基礎地盤の安定性の照査を行わなければならない。なお,施工方法によっては,土留材の撤去時におけるカルバートへの付加力等があるため注意する必要がある。また,以下に示す考え方は,荷重が左右対称の場合であるので,施工時に片方のみ埋戻しを行う場合や,その他の事情により偏土圧を受ける場合には,設計にその偏荷重を考慮しなければならない。

解表5-2 剛性ボックスカルバートの設計に用いる荷重

荷重			剛性ボックスカルバート		
			ボックスカルバート	アーチカルバート	門形カルバート
主荷重	死荷重	カルバート構成部材の重量	○	○	○
		カルバート内の水の重量	△	△	×
	活荷重	カルバート上の活荷重	○	○	○
		カルバート内の活荷重	△	△	△
		衝撃	○	○	○
	土圧	鉛直土圧	○	○	○
		水平土圧	○	○	○
		活荷重による土圧	○	○	○
	水圧		△	△	△
	浮力		△	△	×
	コンクリートの乾燥収縮の影響		×	×	△
従荷重	温度変化の影響		△	△	△
	地震の影響		△	△	○
主荷重に相当する特殊荷重	地盤変位の影響		×	×	×

注) ○:必ず考慮する荷重
　　△:その荷重による影響が特にある場合を除いて,一般には考慮する必要のない荷重
　　×:考慮する必要のない荷重

以下に,各荷重の基本的な考え方を示す。

(1) 活荷重・衝撃

剛性カルバートの設計計算上，活荷重・衝撃は，(2)に示すとおり，活荷重による土圧として考慮される。

(2) 土圧

土圧には，カルバート上載土や側方の土の重量による土圧及び活荷重による土圧があり，以下のように考える。

1) 土の重量による土圧

① 鉛直土圧

カルバート上載土の重量により，カルバート上面に作用する鉛直土圧p_{vd}は，式（解5-1）によって算出される値とする。（**解図5-2**）

$$p_{vd} = \alpha \cdot \gamma \cdot h (\mathrm{kN/m^2}) \quad \cdots\cdots\cdots\cdots\cdots\cdots\cdots\cdots\cdots\cdots\cdots\cdots\cdots (解5-1)$$

ここに　α：鉛直土圧係数

　　　　　　カルバート工の規模，土かぶり，基礎の支持条件に応じて**解表5-3**に示す値を用いることができる。

　　　　γ：カルバート上部の土の単位体積重量（$\mathrm{kN/m^3}$）

　　　　　　土の単位体積重量は**解表4-5**に示すとおりとする。一般に舗装の部分の単位体積重量も近似的に土と同等とみなしてよいが，舗装のみの場合には，その単位体積重量を用いる。

　　　　h：カルバートの土かぶり

　　　　　　（舗装表面よりカルバート上面までの距離）（m）

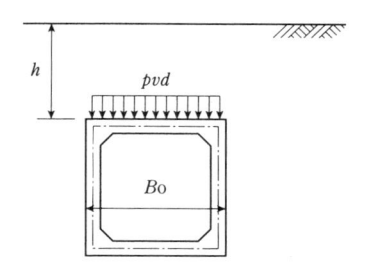

解図5-2　土の重量による鉛直土圧

解表 5−3 鉛直土圧係数

条　件	鉛直土圧係数 α	
次の条件のいずれかに該当する場合 ・良好な地盤上（置換え基礎も含む）に設置する直接基礎のカルバートで，土かぶりが 10m 以上でかつ内空高が 3m を超える場合 ・杭基礎等で盛土の沈下にカルバートが抵抗する場合[注1)]	$h/B_0 < 1$	1.0
	$1 \leqq h/B_0 < 2$	1.2
	$2 \leqq h/B_0 < 3$	1.35
	$3 \leqq h/B_0 < 4$	1.5
	$4 \leqq h/B_0$	1.6
上記以外の場合[注2)]	1.0	

注1) セメント安定処理のような剛性の高い地盤改良をカルバート外幅程度に行う場合もこれに含む。
注2) 盛土の沈下とともにカルバートが沈下する場合で軟弱地盤上に設置する場合も含む。

[参考5-1] 鉛直土圧係数αについて

　カルバートを設置して盛土を行うと，**参図5-1**に示すようにカルバート上の盛土とカルバート周辺の盛土には相対変位が生じるため，カルバート上部の盛土には下向きのせん断力が作用する。このせん断力を加えたAB上の盛土荷重と相対変位がない場合の盛土荷重（$\gamma \cdot h \cdot B_0$）との比が鉛直土圧係数αである。

　この相対変位は，カルバートの高さH_0に相当するカルバート周辺の盛土の圧縮変形によるものであり，高さH_0にほぼ比例すると考えられる。カルバートの基礎を杭基礎やカルバート幅のみの地盤改良とする場合には，カルバート周辺の基礎地盤のみが沈下するためさらに大きくなる。

　このαについては各機関で測定されてきた。日本道路公団が中央自動車道で測定した結果は**参図5-2**のとおりであり，建設省のバイパス建設における測定結果は**参図5-3**のとおりである。

　これらの結果によると，$h/B_0 \leq 3$においては**解表5-3**の値が概ね妥当であるが，それ以上ではさらに大きな土圧が作用する場合もあることを示している。

　なお，近年は，圧縮性に富む発泡スチロール（EPS）をカルバート上部に敷設しておき，カルバートとその周辺の盛土との相対変位をEPSの圧縮変形で吸収させることにより土圧を軽減させる工法等が試みられている。

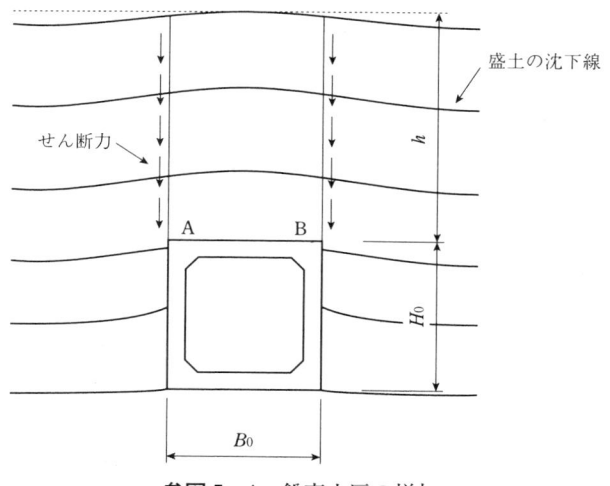

参図5-1　鉛直土圧の増加

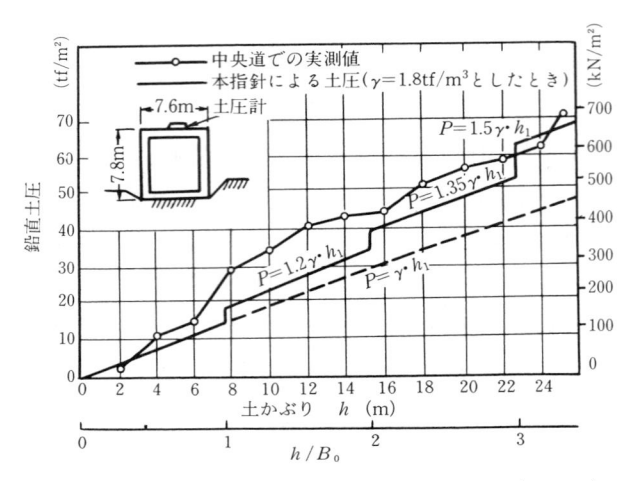

参図 5-2　ボックスカルバートの土圧実測例（その1）

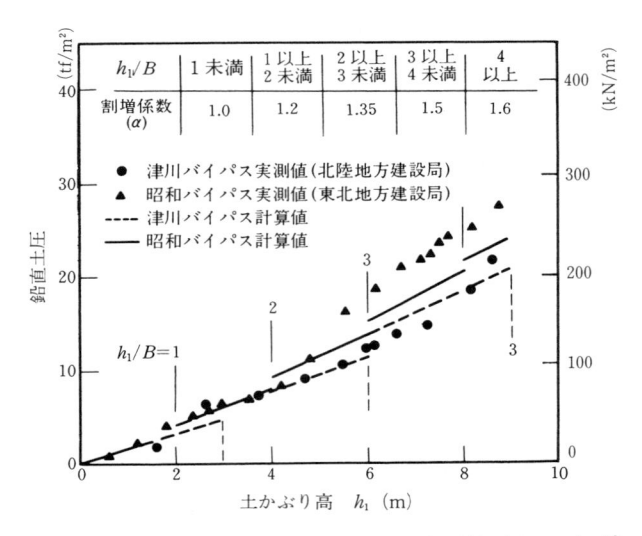

参図 5-3　ボックスカルバートの土圧実測例（その2）[1]

② 水平土圧

カルバート側方の土による水平土圧 p_{hd} は，式（解 5-2）によって計算する（**解図 5-3**）。

$$p_{hd} = K_0 \cdot \gamma \cdot z \quad (\text{kN/m}^2) \quad \cdots\cdots\cdots\cdots\cdots\cdots\cdots\cdots (\text{解 5-2})$$

ここに K_0：静止土圧係数で，は土質や締固めの方法によって異なり 0.4～0.7 程度であるとされているが，通常の砂質土や粘性土（$w_L < 50\%$）に対しては，0.5 と考えてよい。

　　　　z：地表面より任意点までの深さ（m）

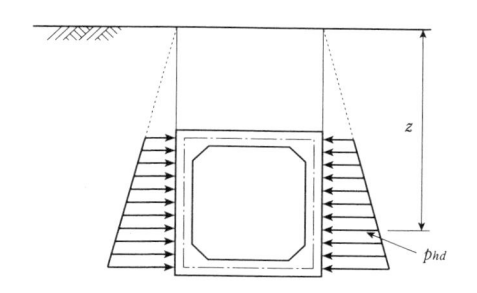

解図 5-3 側方の土の重量による水平土圧

2) 活荷重による土圧

剛性ボックスカルバートに作用する活荷重による土圧は，以下のように考える。

① 活荷重による鉛直土圧

（i）土かぶり 4 m 未満の場合

活荷重（後輪及び前輪）による鉛直土圧 p_{vl1}, p_{vl2} はそれぞれ式（解 5-3），式（解 5-4）により計算する。なお，後輪の載荷位置は支間中央としてよい。

前輪の影響がない場合には**解図 5-4**（a）に示す鉛直土圧を，前輪の影響を考える場合は**解図 5-4**（b）に示す後輪と前輪がカルバートにかかる部分の鉛直土圧を載荷させればよい。

$$p_{vl1} = \frac{P_{l1} \cdot \beta}{W_1} = \frac{P_{l1} \cdot \beta}{2h+0.2} \quad (\text{kN/m}^2) \quad \cdots\cdots\cdots\cdots\cdots\cdots\cdots\cdots (\text{解 5-3})$$

$$p_{vl2} = \frac{P_{l2}}{W_1} = \frac{P_{l2}}{2h+0.2} \quad (\text{kN/m}^2) \quad \dots\dots\dots\dots\dots\dots\dots\dots\dots\dots\dots\dots \quad (解5-4)$$

ここに P_{l1}：カルバート縦断方向単位長さ当たりの後輪荷重で式（解4-1）
より求める。(kN/m)

P_{l2}：カルバート縦断方向単位長さ当たりの前輪荷重で式（解4-2）
より求める。(kN/m)

W_1：後輪荷重の分布幅 (m)

W_2：前輪荷重の分布幅 $(B_0/2 + h - 5.9)$ (m)

β：断面力の低減係数で**解表5-4**の値とする。この低減係数は，T荷重によって算出される断面力を車両制限令に基づく後輪荷重によって算出される断面力に換算する係数である。活荷重の大きさ，活荷重によりカルバートに生じる断面力の大きさは正比例するので，設計時に用いる荷重に低減係数を乗じるものとする。

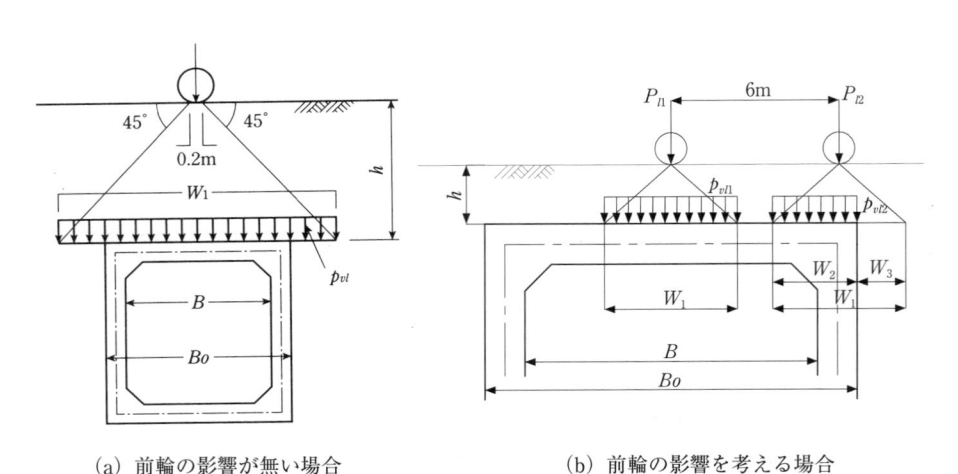

(a) 前輪の影響が無い場合　　(b) 前輪の影響を考える場合

解図5-4　活荷重

解表5-4 断面力の低減係数

	土かぶり $h \leqq 1$m かつ 内空幅 $B \geqq 4$m の場合	左記以外の場合
β	1.0	0.9

(ⅱ) 土かぶり4m以上の場合

土かぶり4m以上の場合は,活荷重による鉛直土圧として頂版上面に一様に10kN/m^{2}の荷重を考えるものとする。

2) 活荷重による水平土圧

カルバートに作用する活荷重による水平土圧としては,深さに関係なく$10 \cdot K_0$(kN/m^2)をカルバートの両側面に同時に作用させるものとする。これは載荷重を10 kN/m^{2}とし,これに静止土圧係数K_0をかけて$10 \cdot K_0$(kN/m^2)としたものである(解図5-5)。

なお,静止土圧係数K_0は土質や締固めの方法によって異なり0.4～0.7程度であるといわれているが,通常の砂質土や粘性土($w_L < 50$%)に対しては,0.5と考えてよい。

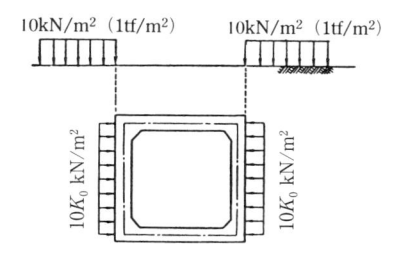

解図5-5 活荷重による水平土圧

(3) 水圧と浮力

地下水位の高い地盤中に埋設する剛性ボックスカルバートでは,水圧及び浮力の影響を考慮するものとする。

(4) 温度変化及び乾燥収縮の影響

一般に剛性ボックスカルバートの温度変化は土かぶりの増大とともに急激に減少し，土かぶり50cm以上では，その周期的変化は著しく小さくなる。剛性ボックスカルバートでは，一般に土かぶりが50cm以上となるため，温度変化及び乾燥収縮の影響は一般に考えなくてもよい。

土かぶりが薄いなどの理由により，温度変化及び乾燥収縮の影響を考慮する場合，温度差は±15℃，乾燥収縮度は$15×10^{-5}$としてよい。

(5) 地震の影響

門形カルバートの地震動に対する照査では，カルバート及び上載土の重量に起因する慣性力と地震時土圧を考慮する。その他の方法として，「駐車場設計施工指針」に示される地盤の変形を考慮した応答変位法や近年地下構造物の耐震設計への適用事例が多い応答震度法をはじめとするＦＥＭ系静的解析手法等もある。この場合，設計地震動，地盤定数の設定や解析手法の適用条件について，十分な検討を行う必要がある。

カルバートが地下水位以下に埋設される場合で，周辺地盤の液状化の発生が想定される場合には，必要に応じて液状化に伴う過剰間隙水圧を考慮して浮上がりに対する検討を行う。この場合，地盤の液状化の判定については「道路土工－軟弱地盤対策工指針」に，過剰間隙水圧の設定については「共同溝設計指針」に従ってよい。

(6) 地盤変位の影響

剛性ボックスカルバート完成後，地盤の圧密沈下等による不同沈下によりカルバートに悪影響を与えるおそれがある場合には，その影響を考慮するものとする。

5-3　剛性ボックスカルバートの安定性の照査

> (1)　剛性ボックスカルバートは直接基礎を基本とする。
> (2)　剛性ボックスカルバートは，5-2に示す荷重に対し，支持及び滑動に対して安定であるとともに変位が許容変位以下であることを照査するものとする。このとき，許容変位は，上部道路及び周辺施設から決まる変位を考慮して定めるものとする。ただし，門形カルバートを除く剛性ボックスカルバートで，基礎地盤に問題のない場合は一般に安定性の照査を省略してよい。
> (3)　地下水位以下に施工される剛性ボックスカルバートについては，浮上がりに対する安定の照査を行うものとする。

(1)　剛性ボックスカルバートの基礎形式

　剛性ボックスカルバートの損傷は，基礎の設計に起因していることが多い。したがって，基礎地盤を十分に調査し，安全な設計を行わなければならない。剛性ボックスカルバートの基礎としては，直接基礎，置換え基礎，杭基礎等が考えられるが，設計実績ではその多くは直接基礎である。特に，土かぶりの小さい場合には，供用後におけるカルバート上の路面の平坦性を考慮し，カルバートと盛土を一体に沈下させる直接基礎で対応する工法を用いることが望ましい。杭基礎等を用いてカルバートに沈下が生じない構造とする場合には，盛土の沈下により路面に段差等が生じるため，慎重な検討が必要である。基礎形式の選定に当たっては，「3-3-1　カルバートの構造形式及び基礎地盤対策の選定」を参照されたい。

(2)　カルバートの安定性の検討

　カルバートの安定性については，一般にカルバートを地中に埋設する場合等，基礎地盤に作用する鉛直荷重が施工前の先行荷重よりも小さく，また，盛土内に設置する場合でも，周囲の盛土と比較して増加荷重は小さいため，盛土の変位に比べてカルバートの変位が大きくなることはない。このため，門形カルバートを除く剛性ボックスカルバートで，偏荷重や基礎地盤に問題のない場合は，一般に

安定性に関する検討は省略してもよい。門形カルバートでは，常時及び地震時の設計で考慮する荷重に対し，支持及び滑動に対して安定であることを照査する。斜角があり，偏土圧によってカルバートが回転移動を起こす可能性がある場合には，回転に対する照査を行う。

　高盛土の場合や，基礎地盤が軟弱で，沈下の影響がカルバートの機能，カルバートの安全性及び上部路面に影響を与えることが想定される場合には「道路土工－軟弱地盤対策工指針」に従い，沈下に対する照査を行う。

　厚い軟弱地盤にカルバートを設置する場合は，プレロード工法により，残留沈下量がカルバートの機能上支障とならない程度に小さくなってからカルバートの施工を行うことを原則とする。プレロード工法が実施できない場合においては，盛土各部の沈下量を計算によって推定し，それにより上げ越し量を決めて，施工時以降の沈下に対応するものとする。なお，プレロード工法，残留沈下量の算出方法の詳細については「道路土工－軟弱地盤対策工指針」を参照されたい。照査の結果，基礎地盤の対策が必要と判断された場合は，「3-3-1　カルバートの構造形式及び基礎地盤対策の選定」を参照し，対策を行う。

　また，地下水位が高い軟弱地盤で基礎地盤の置換えを行う場合には，地震時に基礎地盤の置換え砂が液状化してカルバートの過大な沈下が生じるのを防ぐために，置換え砂の安定処理や地盤改良等，置換え部に液状化が生じないような処理を施すことを原則とする。

(3)　浮上がりに対する安定の検討

　地下水位以下に剛性ボックスカルバートを埋設する場合は，浮上がりに対する安定の検討を行わなければならない。この場合，事前に地下水位の位置を把握する必要があるが，原則としてボーリング孔や周辺の井戸等における観測結果から季節変動や経年変化等を考慮して，設計に用いる地下水位を決定するものとする。

　また，海岸線に近い埋立地等では満潮位を基準に浮力を算出するものとし，河川等の影響で地下水位の変動が大きい場所では，最高水位を把握して設計に用いる必要がある。

　なお，想定する地震動によって剛性ボックスカルバートが埋設される周辺地盤

に液状化の発生が予想される場合には，液状化に伴う過剰間隙水圧を考慮して，浮上がりに対する安定の検討を行うのがよい。ただし，剛性ボックスカルバートが地震時の浮上がりにより安全性や機能に重大な影響を及ぼす被害を受けた事例はなく，このため，ある程度の鉛直変位が生じてもカルバートや上部道路の機能に大きな影響を与えない，あるいは機能の速やかな回復が著しく困難とならないと判断される場合や，構造形式上大きな変位が生じないと判断される場合等には，地震時の浮上がりに対する検討を省略してよい。

常時及び地震時の浮上がりに対する安定の検討をする場合は，「共同溝設計指針」に準拠すればよい。なお，地震時の浮上がりに対する検討は，レベル１地震動に対して行えばよい。これは，レベル１地震動に対して浮上がりに対する安定を確保していれば，レベル２地震動に対する浮上がり変位は限定的であるためである。

検討の結果，カルバートの浮上がりに対する安定が確保できない場合には，**解図5－6**に示すように底版を外側に延長し，フーチング上載荷重を載荷して調整する方法もある。

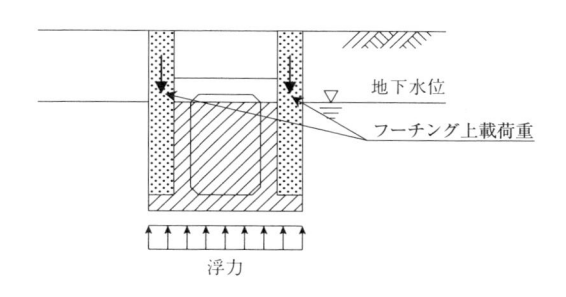

解図5－6 浮上がりに対する安定対策の例

5-4 部材の安全性の照査

5-4-1 一般

(1) 剛性ボックスカルバートを構成する部材は，5-2に示す荷重に対し，下記(2)，(3)，(4)により許容応力度法を用いて設計してよい。
(2) 許容応力度法における部材の照査に当たっては，部材断面に生じる断面力は，弾性理論により算出するものとする。
(3) 曲げモーメント及び軸方向力が作用する鉄筋コンクリート部材の照査は，5-4-2により行うものとする。
(4) せん断力が作用する鉄筋コンクリート部材の照査は，5-4-3により行うものとする。

(1) 部材の設計法

剛性ボックスカルバートを構成する部材の安全性については，「5-2 荷重」に示す荷重に対し許容応力度法による照査を行えばよいこととした。ここで，剛性ボックスカルバートを構成する部材とは，底版，側壁及び頂版等をいう。

(2) 断面力の算出方法

許容応力度法により部材断面を決定する場合には，その部材に生じる軸方向力，せん断力，曲げモーメントは弾性理論によって求めるものとした。なお，コンクリート部材の曲げ剛性，せん断剛性及びねじり剛性は，計算を簡略化するため鋼材を無視し，コンクリートの全断面を有効として算定した値を用いてよい。

1) カルバート底面の地盤反力

① カルバート底面の地盤反力を計算する場合に用いる底版反力 $p_{v1\,max}$，$p_{v1\,min}$ は，**解図5-7**に示すとおりであり，式（解5-5）によって計算してよい。

$$p_{v1\max} = \frac{(p_{vd} \cdot B_0 + Q + D + E)}{B_0} \times \left(1 + \frac{6 \cdot e}{B_0}\right) \quad (\text{kN/m}^2)$$

$$p_{v1\min} = \frac{(p_{vd} \cdot B_0 + Q + D + \text{E})}{B_0} \times \left(1 - \frac{6 \cdot e}{B_0}\right) \quad (\text{kN/m}^2)$$

$$\cdots\cdots\cdots\cdots\cdots \quad (\text{解}5-5)$$

ここに，p_{vd}：カルバート上面に作用する土の重量による鉛直土圧（kN/m²）で，式（解5−1）より求める。

Q：カルバート上面に作用する単位長さ当たりの活荷重合計（kN/m）

$Q = P_{vl1} \cdot W_1 + P_{vl2} \cdot W_2$

W_1：後輪荷重の分布幅（m）

W_2：前輪荷重の分布幅（$B_0/2 + h - 5.9$）（m）

B_0：カルバートの外幅（m）

D：カルバートの単位長さ当たりの重量（kN/m）

E：カルバート内の死荷重または活荷重（kN/m）

e：構造中心線から作用する荷重合計の重心までの水平距離（m）

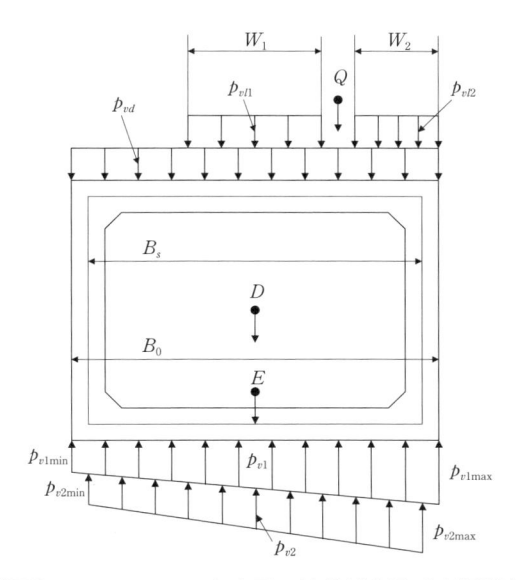

解図5−7 カルバート底面の地盤反力及び底版版力

②　カルバート底面の地盤反力を計算する方法で，①以外の方法として，カルバートの部材及び基礎地盤の弾性変位を考慮するものがある（**解図5−8**）。この方法により，地盤反力を計算する場合には，基礎地盤の反力係数の大きさにより地盤反力が変化するため，十分注意しなければならない。地盤反力係数は「道路橋示方書・同解説　Ⅳ下部構造編」に準じることができる。

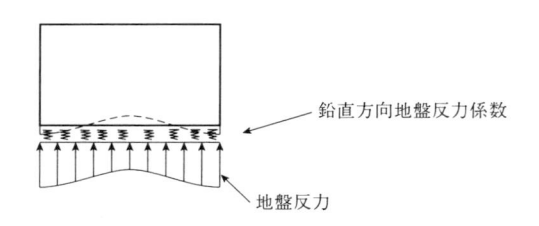

解図5−8　カルバートの部材及び基礎地盤の弾性変位を考慮する方法

③　断面力を計算する場合に用いる底版反力 $p_{v2\max}$，$p_{v2\min}$ は，**解図5−7**に示すとおりであり，式（解5−6）によって計算してよい。ただし，底版厚を等厚とした場合には，底版死荷重が等分布荷重となり，これによる底版反力とは相殺することになるので，カルバート内の死荷重及び活荷重を含めなくてもよい。

$$p_{v2\max} = \frac{(p_{vd} \cdot B_s + Q + D_0)}{B_s} \times \left(1 + \frac{6 \cdot e}{B_s}\right) \quad (\text{kN/m}^2)$$

$$p_{v2\min} = \frac{(p_{vd} \cdot B_s + Q + D_0)}{B_s} \times \left(1 - \frac{6 \cdot e}{B_s}\right) \quad (\text{kN/m}^2)$$

……………………（解5−6）

ここに，p_{vd}：カルバート上載土による鉛直土圧（kN/m²）で，式（解5−1）より求める。
　　　　Q　：カルバート上面に作用する単位長さ当たりの活荷重合計（kN/m）
　　　　　　$Q = p_{vl1} \cdot W_1 + p_{vl2} \cdot W_2$
　　　　W_1：後輪荷重の分布幅（m）
　　　　W_2：前輪荷重の分布幅（$B_0/2 + h - 5.9$）（m）

　　　　土かぶりが4m以上の場合は，鉛直方向活荷重として，頂版上面
　　　　へ一様に10kN/m²の荷重を考える
　　　D_0：底版を除いたカルバートの単位長さ当たりの重量（kN/m）
　　　B_s：カルバートの軸線間距離（m）
2) 荷重の組合せ
　カルバートの断面力の計算に用いる荷重の組合せは，以下によってもよい。
① 土かぶり4m未満の場合
　土かぶり4m未満の場合には，**解図5-9**に示す(a)及び(b)の2通りの組合せ
について計算を行う。

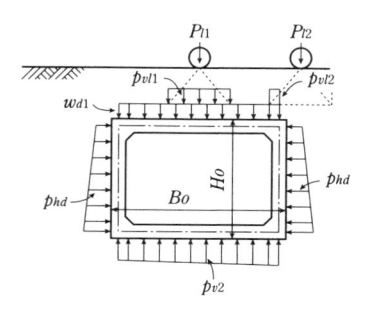

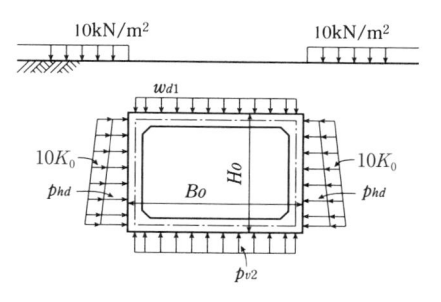

（a）頂底版の断面力が最大　　　　（b）側壁の断面力が最大と
　　となる場合　　　　　　　　　　　なる場合

ここに　w_{d1}：頂版に作用する死荷重(kN/m²)

　　　　　　　$w_{d1} = p_{vd} + w_{t1}$

　　　　p_{vd}：カルバート上載土による鉛直土圧(kN/m²)

　　　　w_{t1}：頂版死荷重(kN/m²)

　　　　p_{vl1}, p_{vl2}：頂版に作用する活荷重による鉛直土圧(kN/m²)

　　　　p_{v2}：底版に作用する反力(kN/m²)

　　　　p_{hd}：カルバート側方の土による水平土圧(kN/m²)

　　　　$10K_0$：活荷重による水平土圧(kN/m²)

　　　　　解図5-9　土かぶり4m未満の場合の荷重の組合せ

② 土かぶり4m以上の場合

土かぶり4m以上の場合には，**解図5-10**の荷重の組合せで断面計算を行う。

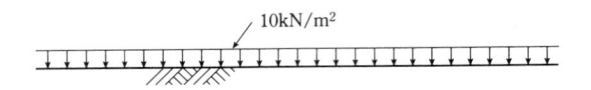

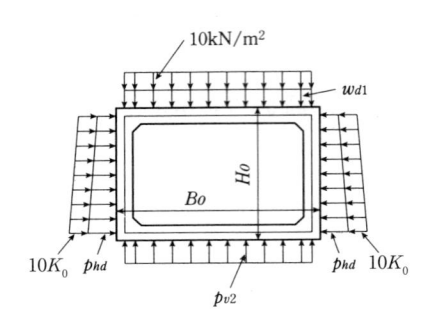

ここに　w_{d1}：頂版に作用する死荷重(kN/m^2)

$$w_{d1} = p_{vd} + w_{t1}$$

p_{vd}：カルバート上載土による鉛直土圧(kN/m^2)

w_{t1}：頂版死荷重(kN/m^2)

p_{v2}：底版に作用する反力(kN/m^2)

p_{hd}：カルバート側方の土による水平土圧(kN/m^2)

$10K_0$：活荷重による水平土圧(kN/m^2)

解図5-10　土かぶり4m以上の場合の荷重の組合せ

③ 踏掛版を設置する場合

踏掛版設置の考え方は「道路土工-盛土工指針」に準じるものとし，踏掛版を設置する場合は，踏掛版からカルバートに作用する支点反力のカルバート部材への影響を考慮して設計するものとする。踏掛版からカルバートに作用する支点反力の計算方法については，「道路橋示方書・同解説　Ⅳ下部構造編」によるものとする。

踏掛版からカルバートに作用する支点反力及び側壁に作用する水平土圧の載荷

方法は，**解図5-11**に示す(a)，(b)及び(c)の3通りについて行うとよい。なお，この場合の活荷重及びカルバート側壁に作用する水平土圧の計算は，踏掛版を設けない場合と同様である。

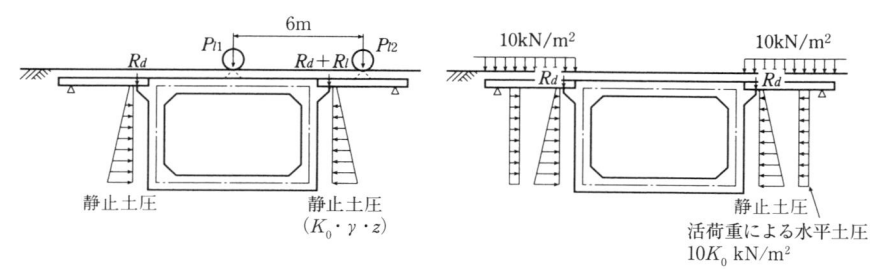

(a) 後輪荷重をカルバートの支間中央に載荷する場合

(b) 頂版上に活荷重を作用させず，それ以外の部分に載荷する場合

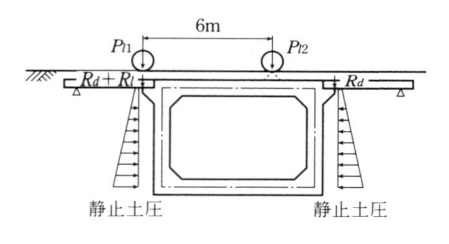

静止土圧 ($K_0 \cdot \gamma \cdot z$)

活荷重による水平土圧 $10K_0$ kN/m²

(c) 後輪荷重を踏掛版受台の先端に作用させる場合

P_{t1} ： 後輪荷重 (kN/m)
P_{t2} ： 前輪荷重 (kN/m)
R_d ： 踏掛版および踏掛版上の土砂等の自重による支点反力 (kN/m²)
R_l ： 活荷重による支点反力 (kN/m²)
K_0 ： 静止土圧係数
γ ： 土の単位体積重量 (kN/m³)
z ： 地表面からの深さ (m)

解図5-11　踏掛版からの荷重の載荷方法

5-4-2　曲げモーメント及び軸方向力が作用するコンクリート部材

> 　鉄筋コンクリート部材断面に生じるコンクリート及び鉄筋の応力度については，軸ひずみは中立軸からの距離に比例し，鉄筋とコンクリートのヤング係数比は15，さらにコンクリートの引張応力度は無視するものと仮定して算出するものとする。また，それぞれの応力度は，4-5に示す許容応力度を超えてはならない。

　許容応力度法による鉄筋コンクリート部材の曲げモーメントに対する照査の基本的な考え方について示したものである。曲げモーメント及び軸方向力を受ける鉄筋コンクリート部材の応力度を計算するための仮定については，従来から一般的に行われている仮定を適用するものとした。

5-4-3　せん断力が作用するコンクリート部材

> 　コンクリート部材のせん断力に対する照査は，平均せん断応力度 τ_m が許容せん断応力度以下であることを照査するものとし，以下のとおり行ってよい。
> (1)　コンクリートのみでせん断力を負担する場合，平均せん断応力度 τ_m が4-5-2に示す許容せん断応力度 τ_{a1} 以下であることを照査する。
> (2)　斜引張鉄筋と協働してせん断力を負担する場合，平均せん断応力度 τ_m が4-5-2に示す斜引張鉄筋と協働してせん断力を負担する場合の許容せん断応力度 τ_{a2} 以下であることを照査する。

　許容応力度法におけるせん断力に対する照査は，平均せん断応力度 τ_m により行うこととした。

　コンクリートのみでせん断力を負担する場合の許容せん断応力度 τ_{a1} は，4-5-1によって補正した値を用いてよい。τ_m が τ_{a1} を超える場合には，式（解5-9）により算出される鉄筋量以上の斜引張鉄筋を配置するものとする。ただし，τ_m が斜引張鉄筋と協働して負担する場合の許容せん断応力度 τ_{a2} を超える場合には，コンクリート断面を大きくするなどの適切な配慮が必要である。

(1) 平均せん断応力度

せん断力に対する設計を行う際の部材の平均せん断応力度 τ_m は，式（解5-7）により算出される。

$$\tau_m = \frac{S_h}{bd} \quad \cdots\cdots\cdots\cdots\cdots\cdots\cdots\cdots\cdots\cdots\cdots\cdots\cdots\cdots\cdots\cdots\cdots\cdots （解5-7）$$

ここに，

τ_m：部材断面に生じるコンクリートの平均せん断応力度（N/mm^2）

S_h：部材の有効高の変化の影響を考慮したせん断力(N)で，式（解5-8）により算出する。ただし，せん断スパン比により許容せん断応力度の割増しを行う場合は，部材の有効高の変化の影響を考慮してはならない。

$$S_h = S - \frac{M}{d}(\tan\beta + \tan\gamma) \quad \cdots\cdots\cdots\cdots\cdots\cdots\cdots （解5-8）$$

S：部材断面に作用するせん断力（N）

M：部材断面に作用する曲げモーメント（N・mm）

b：部材断面幅（mm）

d：部材断面の有効高（mm）（**解図5-12**参照）

β：部材圧縮縁が部材軸方向となす角度（°）（**解図5-12**参照）

γ：引張鋼材が部材軸方向となす角度（°）（**解図5-12**参照）

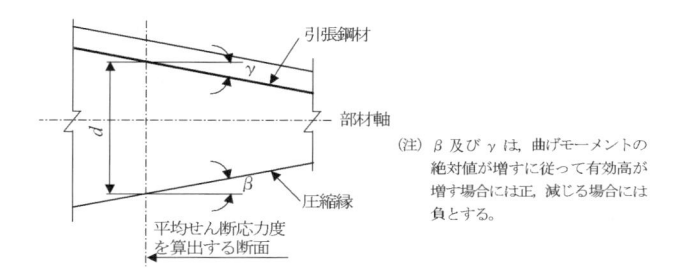

解図5-12 β，γ 及び d の取り方

なお，無筋コンクリート部材断面に生じるコンクリートの平均せん断応力度は，式（解5-7）の部材断面の有効高dの替わりに部材高hを用いて算出すればよい。

τ_mは部材の有効高の変化の影響を考慮して算出する。ただし，底版等のようにせん断スパン比が小さい部材において，せん断スパン比の影響を考慮して許容せん断応力度を割増す場合には，部材の有効高の変化の影響を考慮してはならない。

(2) 斜引張鉄筋

鉄筋コンクリート部材断面に生じるコンクリートの平均せん断応力度が「4-5-2　コンクリートの許容応力度」に示す許容せん断応力度τ_{a1}を超える場合には，式（解5-9）により算出される断面積以上の斜引張鉄筋を配置するものとする。コンクリートが負担するせん断力S_{ca}を算定する際のτ_{a1}は，4-5-1により補正した値を用いてよい。

$$\left.\begin{array}{l} A_w = \dfrac{1.15 S_h' s}{\sigma_{sa} d (\sin\theta + \cos\theta)} \\ \sum S_h' = S_h - S_{ca} \end{array}\right\} \quad \cdots\cdots\cdots\cdots\cdots\cdots（解5-9）$$

ここに，

A_w：間隔s及び角度θで配筋される斜引張鉄筋の断面積（mm^2）

S_h'：間隔s及び角度θで配筋される斜引張鉄筋が負担するせん断力（N）

$\sum S_h'$：角度θが異なる斜引張鉄筋が負担するせん断力$S_{h\,i}'$の合計（N）

S_h：部材の有効高の変化の影響を考慮したせん断力（N）で，式（解5-8）による。ただし，せん断スパン比により許容せん断応力度の割増しを行う場合には，部材の有効高の変化の影響を考慮してはならない。

S_{ca}：コンクリートが負担するせん断力（N）で，式（解5-10）により算出する。

$$S_{ca} = \tau_{a1} \cdot b \cdot d \quad \cdots\cdots\cdots\cdots\cdots\cdots（解5-10）$$

τ_{a1}：コンクリートのみでせん断力を負担する場合の許容せん断応力度（N/mm^2）

b : 部材断面幅 (mm)
d : 部材断面の有効高 (mm)
s : 斜引張鉄筋の部材軸方向の間隔 (mm)
θ : 斜引張鉄筋が部材軸方向となす角度 (°)
σ_{sa} : 斜引張鉄筋の許容引張応力度 (N/mm^2)

5-5 耐久性の検討

5-5-1 一般

> 剛性ボックスカルバートの設計に当たっては,経年劣化に対して十分な耐久性が保持できるように配慮しなければならない。

　剛性ボックスカルバートの設計に当たっては,経年的な劣化による影響を考慮するものとする。特に,鉄筋コンクリート部材におけるコンクリートの劣化,鉄筋の腐食等に伴う損傷により,所要の性能が損なわれないように耐久性の検討を行うものとする。

　コンクリートは,劣化因子に対してコンクリート自体が所要の耐久性を有するとともに,コンクリート内部にある鉄筋を保護する性能を有していなければならない。一般に,鉄筋コンクリート部材が所要の耐久性を確保するためには,中性化,塩化物イオンの浸透(塩害)による鉄筋の腐食,アルカリシリカ反応,凍結融解作用,流水等による摩耗,化学的侵食を考慮する必要がある。塩害に対しては「5-5-2 塩害に対する検討」に記述している。これ以外の耐久性の検討は,「4-4 使用材料」,「第7章 施工」によることにより一般に検討を省略することができる。しかし,環境条件が特に厳しい場合等には,耐久性も検討することが望ましい。

　塩害による鉄筋の腐食によって,かぶりコンクリートの剥落等が生じ,第三者に危害が及ぶことも考えられる。特に,海岸部に近く塩分の影響を受けやすい地域に建設する場合には,鉄筋コンクリートの設計・施工に十分留意しなければ

ならない。塩害に対する耐久性の検討に当たっては,「5-5-2 塩害に対する検討」によるものとする。ここでは,「道路橋示方書・同解説 Ⅰ共通編」の「1.5 設計の基本理念」の解説に示すように,耐久性に関する設計上の目標期間として100年を設定した場合の塩害の影響に対し,剛性ボックスカルバートの耐久性を確保するための鉄筋のかぶりの考え方を示している。

塩害の他に,コンクリートの中性化によって鉄筋が腐食し,鉄筋コンクリート部材に損傷が生じる場合があることが指摘されている。現在のところ,顕著な被害事例は確認されていないが,大気中の炭酸ガス濃度が高いなどの厳しい環境下においては,防食・防せいされた鉄筋の使用やコンクリート表面の防護等を検討するのが望ましい。

また,まれではあるが,設置地点が温泉地域等に近接する場合には,化学的侵食に対する対策が必要となることがある。このような地域では,コンクリートの侵食の程度は,土中と気中との境界付近が最も大きく,次に土中部が大きい。また,気中部は一般に小さいことが知られている。コンクリートの化学的侵食は極めて過酷な環境条件で生じるものであるが,コンクリートが侵食して断面が減少しても必要な断面が確保できるように侵食しろを見込んでかぶりを増やしたり,コンクリート表面の防護等を行うことが望ましい。

水路カルバートにおいては,砂粒を含む流水,砂礫を含む波浪による磨耗等の作用を受けることがある。そのような現象が危惧される場合には,流水の速度,底面地盤の状況等の周辺環境を十分に把握したうえで,鉄筋のかぶりを増やしたり,コンクリート表面の防護等を行うことが望ましい。

5-5-2　塩害に対する検討

(1) 剛性ボックスカルバートは，塩害により所要の耐久性が損なわれてはならない。

(2) 表5-1に示す地域における剛性ボックスカルバートにおいては，十分なかぶりを確保するなどの対策を行うことにより，(1)を満足するとみなしてよい。

表5-1　塩害の影響地域

地域区分	地域	海岸線からの距離	塩害の影響度合いと対策区分	
			対策区分	影響度合い
A	沖縄県	海上部及び海岸線から100mまで	S	影響が激しい
		100mをこえて300mまで	I	影響を受ける
		上記以外の範囲	II	
B	図5-1及び表5-2に示す地域	海上部及び海岸線から100mまで	S	影響が激しい
		100mをこえて300mまで	I	影響を受ける
		300mをこえて500mまで	II	
		500mをこえて700mまで	III	
C	上記以外の地域	海上部及び海岸線から20mまで	S	影響が激しい
		20mをこえて50mまで	I	影響を受ける
		50mをこえて100mまで	II	
		100mをこえて200mまで	III	

凡 例
■ 地域区分 A
▨ 地域区分 B
― 地域区分 C（上記地域を除く海岸線付近）

図5-1 塩害の影響度合いの地域区分

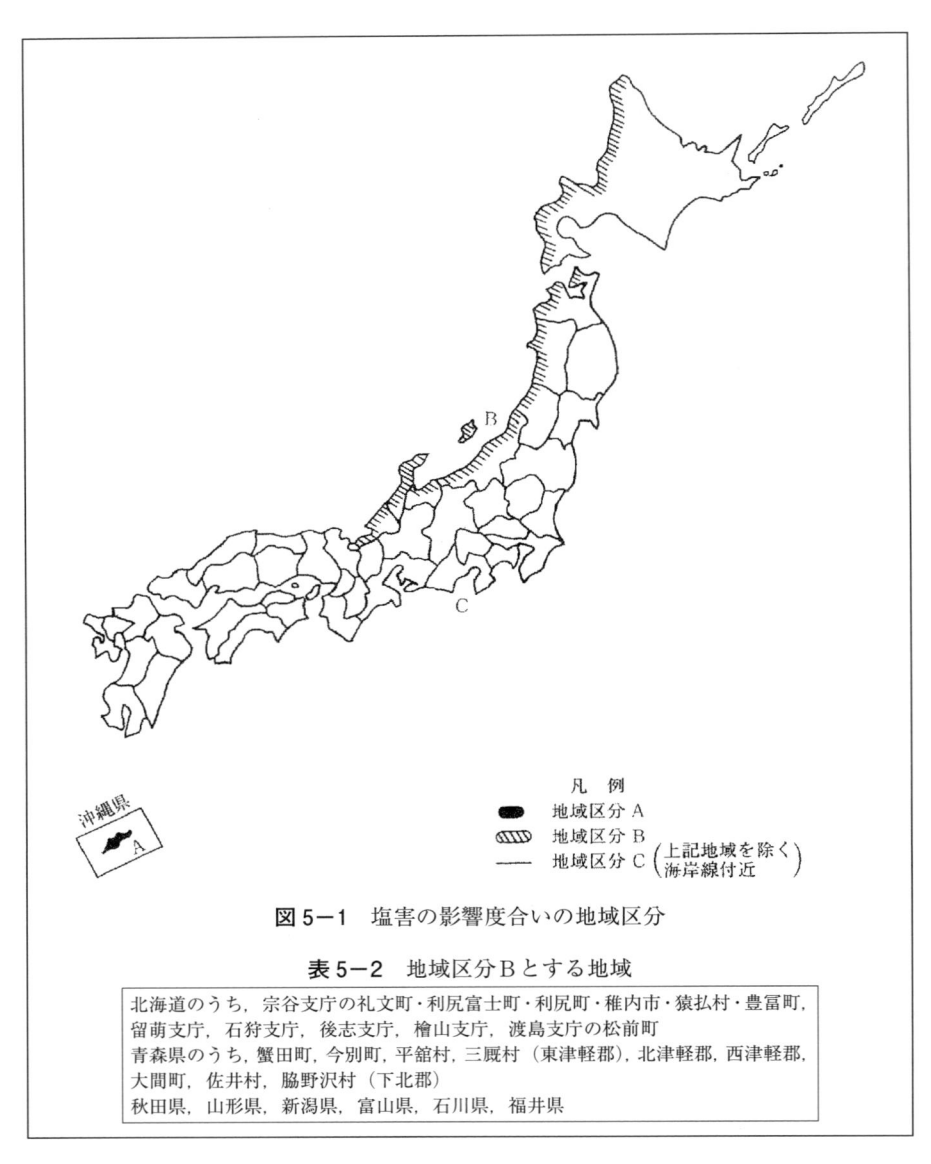

表5-2 地域区分Bとする地域

北海道のうち，宗谷支庁の礼文町・利尻富士町・利尻町・稚内市・猿払村・豊富町，留萌支庁，石狩支庁，後志支庁，檜山支庁，渡島支庁の松前町
青森県のうち，蟹田町，今別町，平舘村，三厩村（東津軽郡），北津軽郡，西津軽郡，大間町，佐井村，脇野沢村（下北郡）
秋田県，山形県，新潟県，富山県，石川県，福井県

(1) 塩害に対する耐久性

　塩害の影響が懸念される地域に建設される剛性ボックスカルバートは，その地域の環境，飛来する塩分量，コンクリート中への塩分の浸透性，コンクリートの品

質，部材の形状等を考慮し，設計上の目標期間において，鉄筋位置における塩化物イオン濃度が鋼材腐食発生限界濃度以下となることを照査することにより，塩害に対する耐久性の検討を行うことができる。このとき，建設地点における飛来塩分量，コンクリートの塩化物イオン拡散係数を精度よく把握することが重要である。なお，ここに示す塩害とは，波しぶきや潮風によってコンクリート表面に塩分が付着し，これが浸透して内部の鉄筋が腐食する現象を対象とするものである。

塩害に対する鉄筋コンクリート部材の耐久性を確保するためには，建設地点の地形及び海岸線からの距離，気象・海象等の環境状況を把握したうえで，十分な鉄筋のかぶりを確保することを基本とし，コンクリートのひびわれ幅の制御，コンクリートの材料，配合及び施工における十分な配慮が必要である。

(2) 塩害の影響を考慮したかぶりの確保

塩害の影響が懸念される地域に建設される剛性ボックスカルバートでは，十分なかぶりを確保するなどの対策を行う。その考え方は，「道路橋示方書・同解説　Ⅳ下部構造編」の「6.2　塩害に対する検討」や，「道路橋示方書・同解説　Ⅲコンクリート橋編」の「5.2　塩害に対する検討」を参考にしてよい。

剛性ボックスカルバートを構成する部材のうち，直接外気に接する鉄筋コンクリート部材は，表5-1に示す塩害の影響地域に基づき，十分なかぶりを確保したり，塗装鉄筋，コンクリート塗装，埋設型枠等を併用することにより，(1)を満足するとみなしてよいものとした。ただし，かぶりを検討する際，建設地点の地形，気象・海象条件，近傍の鉄筋コンクリート構造物の損傷実態等を十分検討し，対策区分を一段階上下に変更してもよい。なお，常に水中または土中にあり，外気に接していない部位は，気中にある部材に比べて酸素の供給が少ないため，塩分の影響は小さいと考えられることから，対策区分Ⅲとみなしてもよいものとした。

鉄筋コンクリート部材表面に供給される塩分には，海洋から飛来する塩分の他に，路面凍結防止剤（融雪剤）として散布されるものがある。路面凍結防止剤を使用することが予想される場合は，同等の条件下における既設構造物の損傷状況等を十分把握し，適切な対策区分を想定して十分なかぶりを確保する必要がある。一般には，対策区分Ⅰ相当を想定した，十分なかぶりを確保するのが望ましい。

5-6 鉄筋コンクリート部材の構造細目

5-6-1 一般

> カルバートの鉄筋コンクリート部材の設計に当たっては，構造物に損傷が生じないための措置，構造上の弱点を作らない配慮，弱点と考えられる部分の補強方法，施工方法等を考慮し，設計に反映させるものとする。

　鉄筋コンクリート部材の設計は，設計計算のみに基づいて行うものではなく，設計計算上の仮定が成り立つための前提条件を満足させること，設計計算では着目していない二次応力，局部応力等による部材の損傷を生じさせないようにすること，構造上の弱点部を作らないように配慮すること，もしくはその部分の補強となること等を考慮して行わなければならない。

　また，鉄筋の配置に当たっては，施工性等を検討することが必要である。これらについて，ある程度標準化したものが構造細目であり，設計に当たっては，本章の意図するところを十分に反映する必要がある。

　「5-6-2　最小鉄筋量」～「5-6-9　せん断補強鉄筋」の具体的な寸法,数量,方法は「道路橋示方書・同解説　Ⅳ下部構造編」に準じてよい。

5-6-2 最小鉄筋量

> (1) 曲げを受ける部材では，コンクリートのひびわれとともに耐力が減じて急激に破壊することのないように，軸方向鉄筋を配置するものとする。
> (2) 軸方向力が支配的な部材においては，想定した以上の偏心荷重が作用した場合にも部材がぜい性破壊しないように，軸方向鉄筋を配置するものとする。
> (3) コンクリートに局部的な弱点があっても，その部分の応力を分散できるように，必要な量の軸方向鉄筋を配置するものとする。
> (4) 乾燥収縮や温度勾配等による有害なひびわれが発生しないように，鉄筋を配置するものとする。

コンクリートの引張強度は小さく，曲げに対する鉄筋コンクリート部材の耐力は，その引張側に配置される軸方向の引張鉄筋により大きく支配される。したがって，コンクリート断面に比較して軸方向の引張鉄筋量が極端に少ない部材は，設計で想定していない大きな曲げを受けると，コンクリートのひびわれとともに耐力を減じ，急激に破壊するおそれがある。また，柱や壁のように軸方向力を受ける部材においては，設計で想定した以上の偏心荷重が作用した場合にも部材が十分な安全性を確保するとともに，コンクリートに局部的な弱点があってもその部分の応力を分散できるように，必要な量の鉄筋を配置することが必要である。

5－6－3　最大鉄筋量

> 　曲げを受ける部材では，鉄筋の降伏よりもコンクリートの破壊が先行するぜい性的な破壊が生じないように，軸方向の引張鉄筋を配置するものとする。

　軸方向の引張鉄筋量が多くなると鉄筋の降伏よりもコンクリートの破壊が先行し，ぜい性的な破壊が生じるおそれがある。したがって，軸方向の引張鉄筋は，その鉄筋量が釣合鉄筋量以下となるように配置するものとする。

5－6－4　鉄筋のかぶり

> (1)　コンクリートと鉄筋との付着を確保し，鉄筋の腐食を防ぎ，水流や火災に対して鉄筋を保護するなどのために必要なかぶりを確保するものとする。
> (2)　水中または土中にある部材については，維持管理の困難さも考慮し，必要なかぶりを確保するものとする。
> (3)　水中で施工する鉄筋コンクリート部材については，コンクリートの品質，締固めの困難さ，施工精度等も考慮し，必要なかぶりを確保するものとする。

　コンクリートと鉄筋との付着を確保し，鉄筋の腐食を防ぎ，水流や火災に対して鉄筋を保護するためには，鋼材をコンクリートで十分に包んでおく必要がある。このため，コンクリート中に配置される鋼材の最外面からコンクリート表面までの距離（かぶり）を十分に確保する。

5-6-5 鉄筋のあき

(1) 鉄筋の周囲にコンクリートが十分に行きわたり，かつ，確実にコンクリートを締め固められるように鉄筋のあきを設けるものとする。
(2) コンクリートと鉄筋とが十分に付着し，両者が一体となって働くために必要な鉄筋のあきを確保するものとする。

5-6-6 鉄筋の定着

鉄筋の端部は，鉄筋とコンクリートが一体となって働くように，確実に定着させる。

鉄筋の定着に関して，定着方法は，次の1) ～3) のいずれかの方法による。
1) コンクリート中に埋め込み，鉄筋とコンクリートとの付着により定着させる。
2) コンクリート中に埋め込み，フックをつけて定着させる。
3) 定着板等を取り付けて，機械的に定着させる。

5-6-7 鉄筋のフック及び曲げ形状

(1) 鉄筋の曲げ形状は，加工が容易にでき，かつ，鉄筋の材質が傷まないような形状とする。
(2) 鉄筋の曲げ形状は，コンクリートに大きな支圧応力を発生させないような形状とするものとする。

鉄筋のフックは，鉄筋の種類に応じて半円形フック，鋭角フック，直角フックを採用する。

5-6-8 鉄筋の継手

鉄筋に継手を設ける場合は，部材の弱点とならないようにするものとする。

鉄筋の継手が一断面に集中すると，その位置の部材の強度が低下するおそれが

ある。特に，重ね継手が一断面に集中すると，この部分のコンクリートの行きわたりが悪くなり，さらに部材の強度の低下が予想される。したがって，鉄筋の継手は互いにずらして設け，一断面に集中させないようにしなければならない。また，応力が大きい位置では，鉄筋の継手を設けないのが望ましい。

5－6－9　せん断補強鉄筋

> せん断補強を目的としてせん断補強鉄筋を配置する場合には，有効に働くように配置するものとする。

せん断補強鉄筋は，軸方向鉄筋に対して直角または直角に近い角度に配置する鉄筋で，有効に働くよう配置する。

5－6－10　配力鉄筋及び圧縮鉄筋

> (1) 剛性ボックスカルバートは構造物軸方向に連続しており，断面や地盤が変化することから，十分な量の配力鉄筋を配置する。
> (2) 各部材において圧縮側となる軸方向鉄筋は，引張側の軸方向鉄筋量に応じ，十分な量の圧縮鉄筋を配置するものとする。

一般には，配力鉄筋（構造物軸方向）の配筋量は，軸方向鉄筋量×1/6以上の鉄筋量を配置するものとする。ただし，構造物軸方向に地盤が変化し，詳細な応力を検討する必要がある場合や，集中荷重が載荷される場合には，この限りではない。

また，圧縮側となる軸方向鉄筋（圧縮鉄筋）の配筋量は，引張側の軸方向鉄筋（主鉄筋）の1/6以上を配置するものとする。

5-7　場所打ちボックスカルバートの設計

> (1)　場所打ちボックスカルバートは，常時での死荷重，活荷重，土圧，地盤反力度により，設計上最も不利となる状態を考慮して設計するものとする。
> (2)　構造設計はラーメンの構造解析によるものとする。必要に応じて剛域の影響を考慮して設計するものとする。
> (3)　カルバートの安定性の照査は，5-3に準じる。
> (4)　裏込めは，路面の平坦性が確保できる盛土材料の使用，土の締固め度としなければならない。
> (5)　継手はカルバート相互の一体性及び止水性を確保するとともに，施工性を考慮して設けるものとする。
> (6)　カルバートの先端が盛土の外へ出る場合には，現地の条件に応じて，適切にウイングを設ける。
> (7)　構造細目は，耐久性，使用性を満足する構造としなければならない。
> (8)　標準設計や図集を用いることによって，設計・施工の標準化による業務の簡素化を図ってもよい。

(1)　荷重

　場所打ちボックスカルバートは，常時での死荷重，活荷重，土圧，地盤反力度により，設計上最も不利となる状態を考慮して設計するものとする。

　荷重は，「5-2　荷重」に示す荷重を考慮する。

(2)　構造設計

1)　構造解析

　場所打ちボックスカルバートの横断方向の断面力の計算を行う場合，構造解析モデルのラーメン軸線は，**解図5-13**に示す部材中心軸間の寸法（B_s, H_s）を用いる。

　従来型場所打ちボックスカルバートにおいては，部材接合部の剛域の影響を無視して解析しても，考慮した場合と断面力はほとんど変わらないため，剛域を無

視して計算してよい。なお，内空断面が大きい場合や土かぶりが厚い場合で部材が厚くなるときは，**解図5－14**に示す剛域を考慮するのがよい。

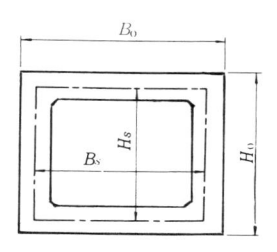

解図5－13 ラーメン軸線

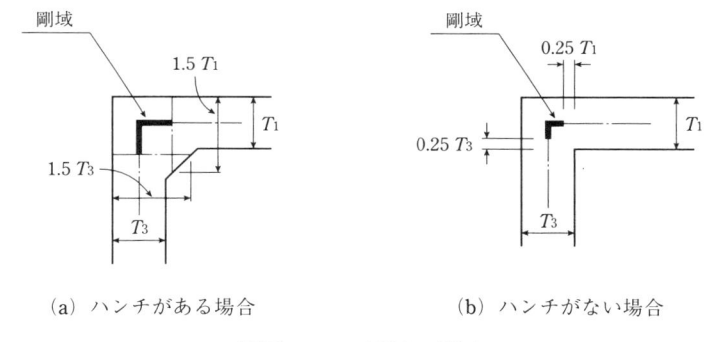

(a) ハンチがある場合　　(b) ハンチがない場合

解図5－14 剛域の範囲

2) 縦断方向の設計

縦断方向（構造物軸方向）の検討を行う場合，5-4-1に従い，原則として地盤ばねで支持された弾性体として構造解析するものとする。

3) 部材の照査

全ての部材断面に発生する応力度が「4-5　許容応力度」に示す許容応力度以下であることを照査するものとする。

4) 曲げモーメント及び軸方向力が作用する部材の設計

「5-4-2　曲げモーメント及び軸方向力が作用するコンクリート部材」に従う。

なお，曲げモーメントと軸方向力が作用する部材の応力度の計算には，原則として軸方向力を考慮するものとする。

5) せん断力に対する部材の設計

「5-4-3 せん断力が作用するコンクリート部材」に従う。なお，せん断力に対する照査は，**解図5-15**に示す部材断面に対して行うものとする。ただし，それがハンチにある場合の部材断面の高さは**解図5-15**(b)に示すh'とする。

斜引張鉄筋と協働してせん断力を負担する場合は，平均せん断力度τ_mが，**表4-2**に示すτ_{a2}以下であることを照査するものとする。この場合の照査断面，斜引張鉄筋の計算方法については，「道路橋示方書・同解説 Ⅳ下部構造編」によるものとする。

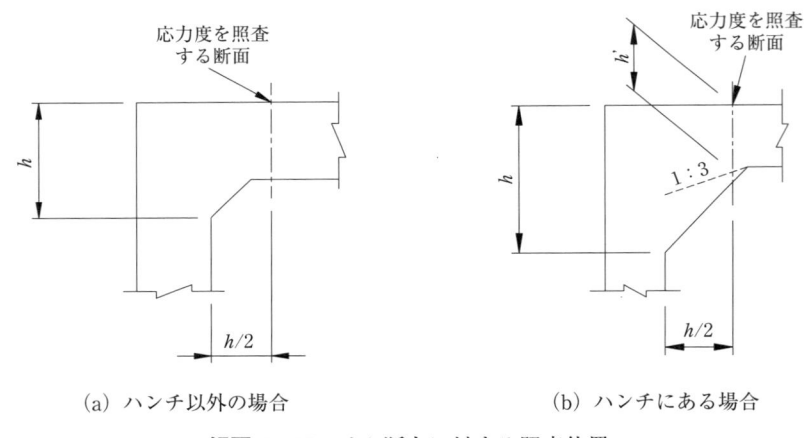

(a) ハンチ以外の場合　　　(b) ハンチにある場合

解図5-15　せん断力に対する照査位置

(3) 安定性の照査

安定性の照査は，「5-3 剛性ボックスカルバートの安定性の照査」に従う。

(4) 裏込めの設計

ボックスカルバートの裏込めの良否は，ボックスカルバート背面の盛土の沈下に直接関係し，路面の不陸の原因となる。裏込めは，路面の平坦性が確保できる

盛土材料の使用，かつ，土の締固め度としなければならない。なお，ボックスカルバートの裏込めを含むカルバートと盛土の接続部の設計については「道路土工－盛土工指針」及び「道路土工－軟弱地盤対策工指針」も併せて参照されたい。

裏込め材料は締固めが容易で，圧縮性が小さく，透水性があり，かつ水の浸入によっても強度の低下が少ないような安定した材料を選ぶ必要がある。

裏込めは，機械施工を基本とする。裏込め材も，現地発生材を利用するよう心掛けるとともに，路床部分と路体部分等でそれぞれ使い分けるなど，経済性を十分考慮した設計を行う必要がある（**解図5－16**）。

盛土部においては裏込めを先行して施工するのが望ましいが，先行できない場合は**解図5－17**のように同時に締め固めるのが良い。

また，工事中，裏込め部分の排水が悪く，水がたまって施工不可能となったり，含水比が大きくなって締固めができないなど，工事の進行に支障をきたすことがあるので，排水には十分留意しなければならない。必要に応じて地下排水溝を設置したり，カルバート本体の側壁やウイングに水抜き孔を設けるなどの配慮をしなければならない。

土かぶりが2m程度以下のボックスカルバートには，ボックスカルバートと盛土部に生じる段差をやわらげるために踏掛版の設置を検討する場合もある。また，その場合のカルバート部材の設計方法については5－4－1によるものとする。

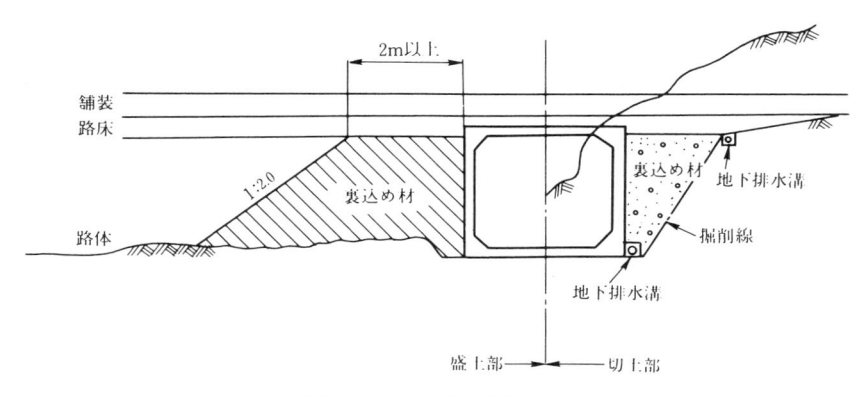

解図5－16　構造物裏込めの例

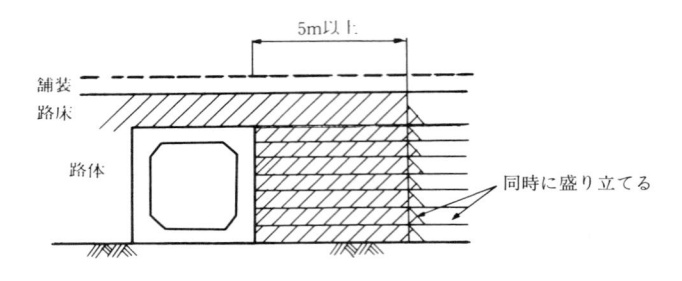

解図5-17 盛土と同時施工する場合の構造物裏込めの施工例

(5) 継手の設計

剛性ボックスカルバートには，コンクリートの乾燥収縮や不同沈下等によるひびわれを防止する目的により，基礎の条件にかかわらず10～15m程度の間隔に継手を設けることを原則とする。継手の位置及び遊間は，カルバートの長さ，土かぶり，基礎形式，上げ越し量等を考慮して決定するが，主な留意点は次のとおりである。

1) 一般的な継手位置を示すと**解図5-18**のようになる。なお，斜角のあるボックスカルバートにおける伸縮継手の方向は，**解図5-18**に示すように原則として側壁に直角とする。また，土かぶりが1m以下の場合は，**解図5-18**(b)に示すように上部道路の中央分離帯の位置に設けるのがよい。

2) 継手の構造は**解図5-19**に示すようなものがあり，施工条件によって**解表5-5**のように組み合わせて用いられる。また，ボックスカルバート用止水板は合成ゴム，塩化ビニル等柔軟で伸縮可能な材料を用いるのがよく，**解表5-6**にその標準寸法を示す。

寒冷地の道路カルバートは，つららの発生が問題となる場合があるので，I型の止水板に代わって防水シートを貼り付ける**解図5-20**のような構造形式もある。

軟弱地盤等に設置するカルバートで，地下水位が高く，沈下及び地震の影響により継手部の遊間が大きくなると予想される場合は，伸縮性に富む構造形式を検討するのが望ましい。**解図5-21**に参考例を示す。

また，継手位置の段落ちを防止することから，段落ち防止枕を設けることがあるが，その標準を**解図5－22**に示す。なお，枕の配筋はボックスカルバート底版の配筋量以上を縦断方向（構造物軸方向），横断方向に等量とする。

　軟弱地盤上に設置するボックスカルバートで土かぶりが薄い場合には，端部ブロックがウイングの死荷重及びウイングの作用土圧により回転して，外側が大きく沈下しやすい。これを防止するために側壁の継手部に段差を設けて，中央ブロックの重量が端部ブロックに加わるようにする場合がある。**解図5－23**にその参考例を示す。

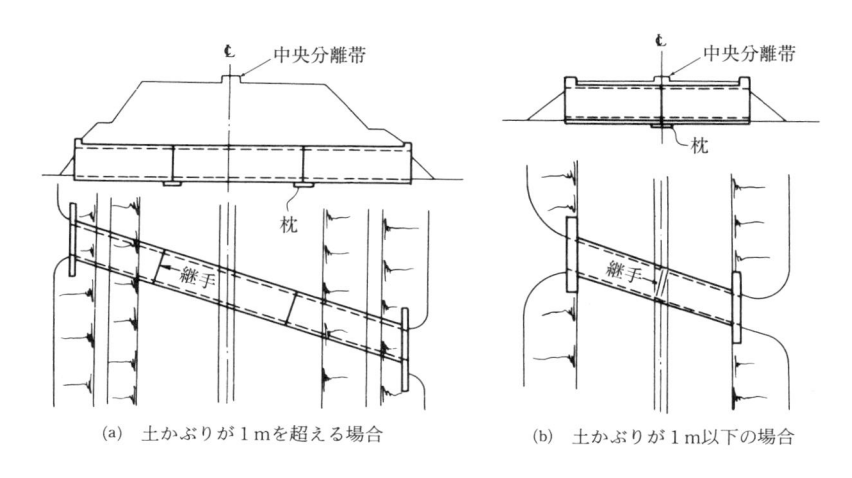

　(a) 土かぶりが1mを超える場合　　　(b) 土かぶりが1m以下の場合

解図5－18 ボックスカルバートの継手の位置と方向

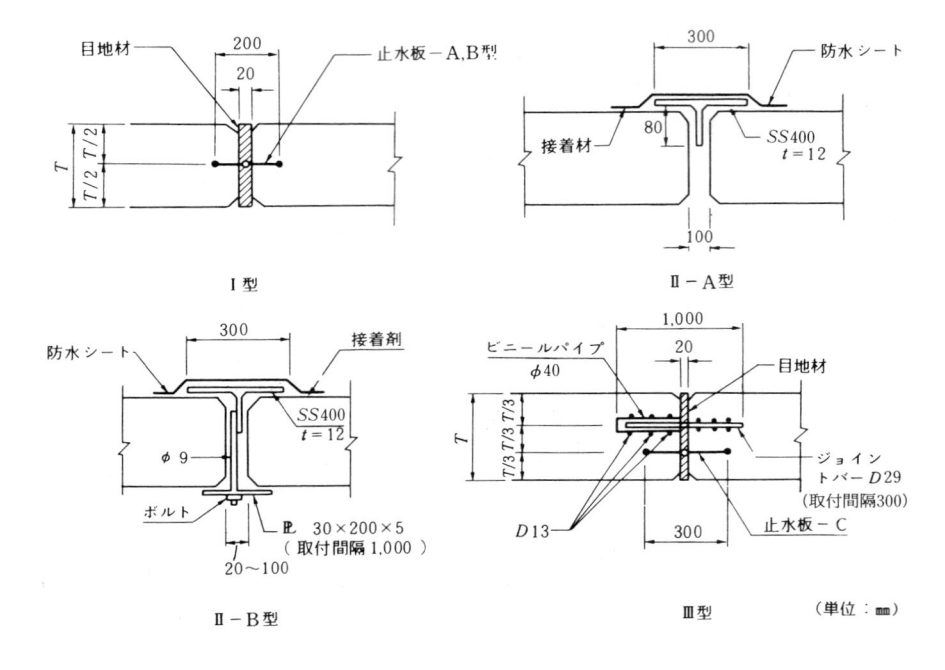

解図 5-19 継手の構造の例

解表 5-5 継手構造の組合せ

適用箇所	頂版	側壁	底版
通常の場合	I 型	I 型	I 型 （Ⅲ 型）注)
上げ越しを行う場合	Ⅱ-A 型	Ⅱ-B 型	Ⅲ 型

注) 土かぶりが 1m 以下の場合

解表 5-6 ボックスカルバート用止水板の標準寸法

形 式	厚さ (mm)	幅 (mm)	摘　　要
A 型	5 以上	200 以上	フラット型
B 型	5 以上	200 以上	センターバルブまたは半センターバルブ型
C 型	5 以上	300 以上	センターバルブまたは半センターバルブ型

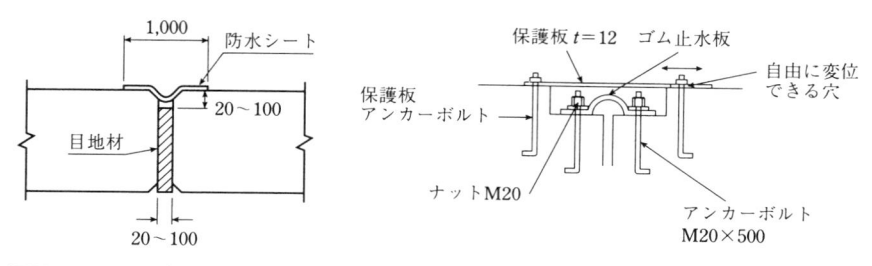

解図 5-20　防水シート貼り付け形式例　　解図 5-21　伸縮が大きい継手形式例

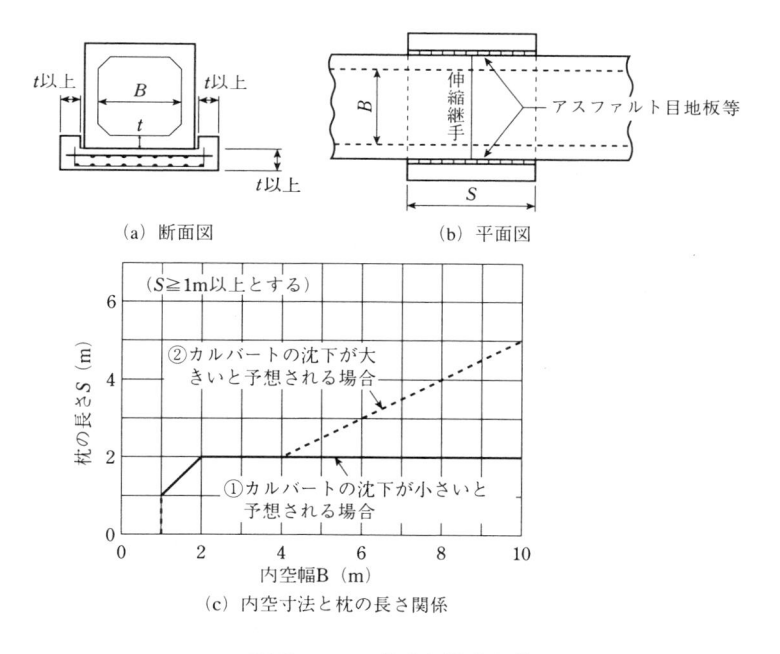

(a) 断面図
(b) 平面図
(c) 内空寸法と枕の長さ関係

① カルバートの沈下が小さいと予想される場合
② カルバートの沈下が大きいと予想される場合
($S \geqq 1\text{m}$ 以上とする)

解図 5-22　段落ち防止用枕

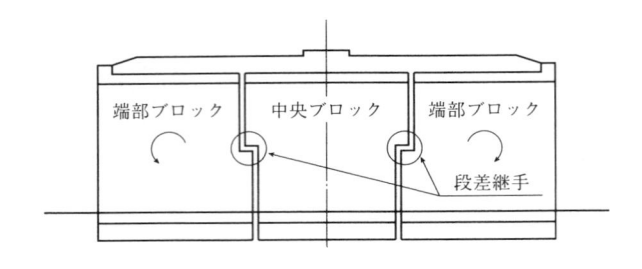

解図 5-23　段差継手の例

(6) ウイングの設計

　カルバートのウイングは，パラレルウイングが一般的であるが，比較的規模の小さい水路ボックスや歩道ボックスにはU型擁壁等をカルバート前面に取り付ける形式が用いられる場合がある。その他にも，盛土部が補強土擁壁等の場合もある。(**解図 5-24**)。

　ウイングの形状寸法に関する標準的な事項について，**解図 5-25**に示す。また，パラレルウイングの設計は，以下の手順によって行えばよい。

1)　カルバート外壁からウイング先端までの長さは最大8mとし，ウイング表面の先端の高さは，土かぶりが厚い場合は1m，薄い場合は70cmとする。

2)　ウイング厚は側壁厚を超えないものとする。また，ハンチ大きさは原則としてウイングの厚さ（t_1）と等しくする（**解図 5-25**）。

3)　ウイングに作用する水平土圧は静止土圧とし，土圧係数は0.5を標準とする。

4)　ウイング天端に防護柵や遮音壁を設置する場合は，その荷重を考慮する。

5)　ウイングは，カルバートを固定端とする片持ばりとして，ウイング取付け部全幅で設計する。

6)　根入れ1mの前面部分の土圧は考えないものとする。なお，根入れ1mは盛土の場合であり，擁壁で巻き立てる場合はその形状寸法に合わせて適当に定める。

7)　ウイング取付部及びウイング配力筋は，**解図 5-26**及び**解図 5-27**に示すようにする。

　また，ウイングに作用する土圧によって，ボックスカルバートの側壁に曲げモー

メント及びせん断力が生じるので，側壁の配力鉄筋を補強しなければならない(**解図 5−26**)。これは，カルバートの側壁外面の構造物軸方向に引張応力が発生することになることから，鉄筋の定着長及び影響範囲を考慮し，補強鉄筋の範囲を $l = 2 \sim 3$ m と決定した。

なお，ウイングが長くなり，側壁厚よりウイング厚が大きくなることが予想される場合には，ブロック積み等を併用する方法もある。

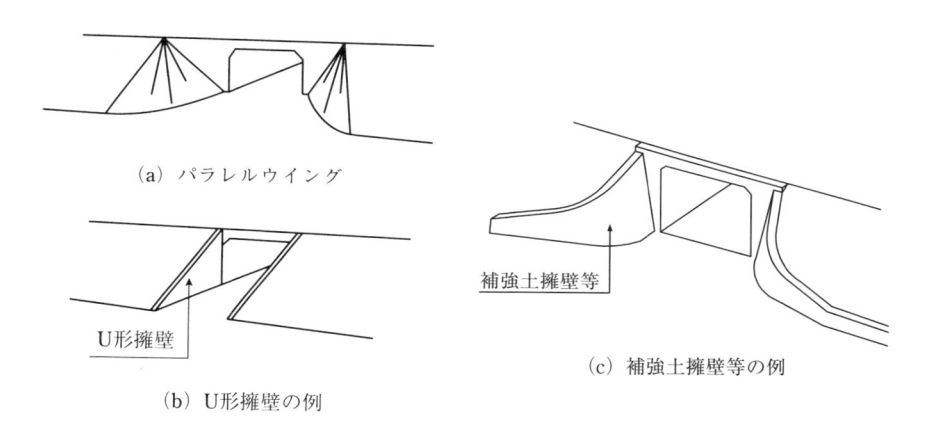

(a) パラレルウイング

(b) U形擁壁の例

(c) 補強土擁壁等の例

解図 5−24 ウイング等の形式例

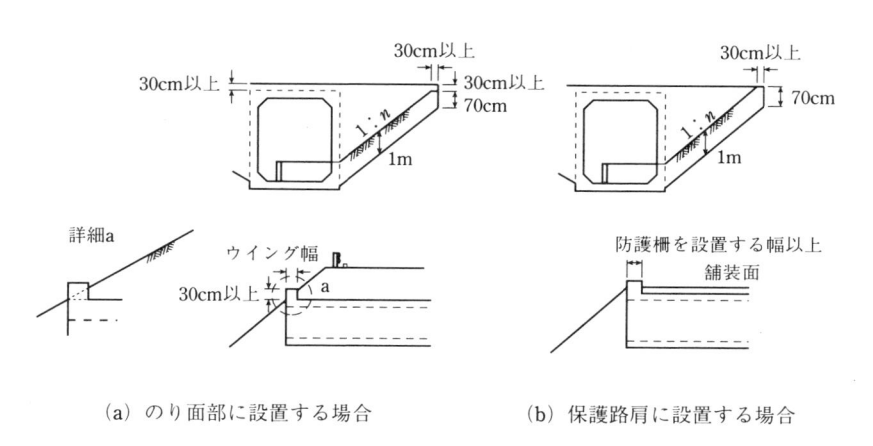

(a) のり面部に設置する場合

(b) 保護路肩に設置する場合

解図 5−25 ウイングの形状寸法

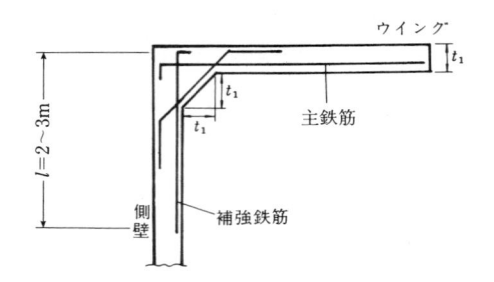

解図 5-26 ウイング取付け部の補強

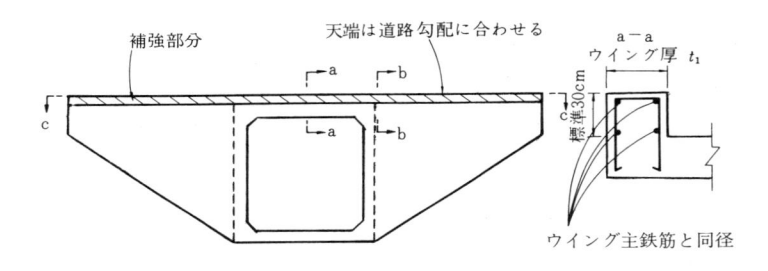

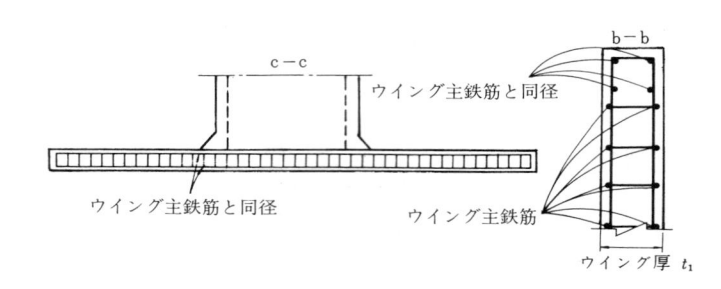

解図 5-27 ウイングの配筋

(7) **構造細目**

構造細目は，耐久性，使用性を満足する構造としなければならない。

1) 斜角のボックスカルバート

カルバートの設計に際しては，道路または水路の管理者の条件や地域住民の条件，避けがたい物件の存在等により，斜角となる場合がある。こうしたボックス

カルバートの設計では，次のような事項を考慮する必要があり，やむを得ず斜角となる場合でも次のような形状にするのが望ましい。

① 角度aが**解表5-7**に示す値以上の場合には，ボックスカルバート両端部は，道路中心線の方向と平行する（**解図5-28**(a)）。

② 角度aが**解表5-7**に示す値未満の場合は，ボックスカルバート両端部を**解図5-28**(b)のような形状とする。

解表5-7 基礎地盤と角度の関係

地盤＼角度	a
軟弱地盤	70°
通常地盤	60°

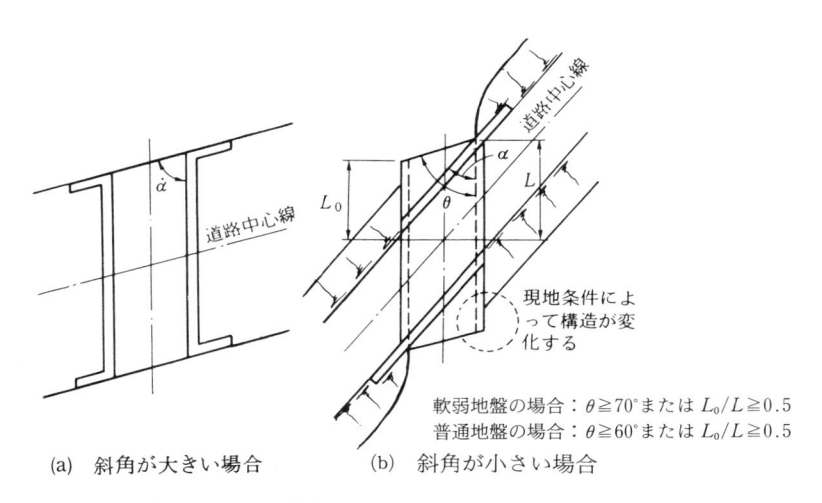

軟弱地盤の場合：$\theta \geq 70°$ または $L_0/L \geq 0.5$
普通地盤の場合：$\theta \geq 60°$ または $L_0/L \geq 0.5$

(a) 斜角が大きい場合　　(b) 斜角が小さい場合

解図5-28 斜角のボックスカルバートの端部形状

軸方向鉄筋は，**解図5-29**に示すように，ボックスカルバートの側壁に直角方向に配筋するのを原則とするが，端部の三角部の配筋は，三角部のみ斜めに入れるものとする。

なお，このように配筋された鈍角部分（**解図5－29**のA部）では，鉄筋が上・下面とも3段以上となり，これにウイング等があればさらに複雑な配筋状態となるので，必要な鉄筋かぶりが確保されるよう配慮する必要がある。

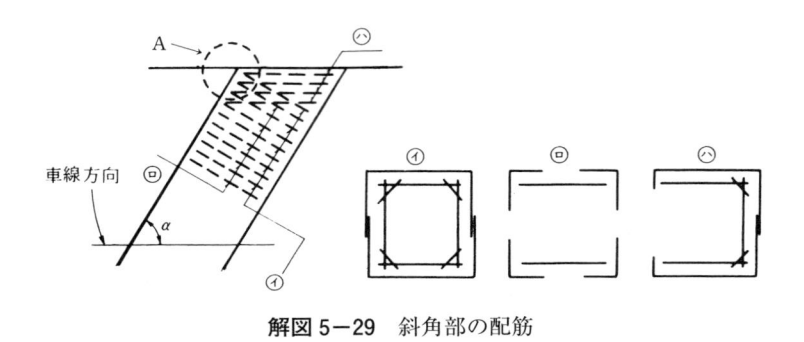

解図5－29 斜角部の配筋

端部三角部の鉄筋量は，斜め方向を支間として計算し，検証しておかなければならない。

次のような条件においては，偏土圧や地盤の側方流動によって回転移動を起こすおそれがあるので，それらについて検討を行っておくことが望ましい。

① **解図5－28**に示す斜角が小さい場合
② 軟弱地盤上に設ける場合

2) 配筋と鉄筋量

鉄筋コンクリート部材の配筋については，「5-6　鉄筋コンクリート部材の構造細目」に従うものとする。

カルバートは，内空寸法の縦横比の関係によって曲げモーメントに大きな変化がある。その代表例は**解図5－30**に示すとおりであり，正方形に近い断面，横長の断面，縦長の断面ではその配筋も変化する。また，正方形に近い断面でも，土かぶりが薄ければ(b)のような曲げモーメントが生じることになる。したがって，軸線間を10等分位に分割し，それぞれの点の曲げモーメントを計算したうえで正しく配筋する必要がある。なお，段落し部鉄筋の定着長さは**解図5－31**を参考にすればよい。

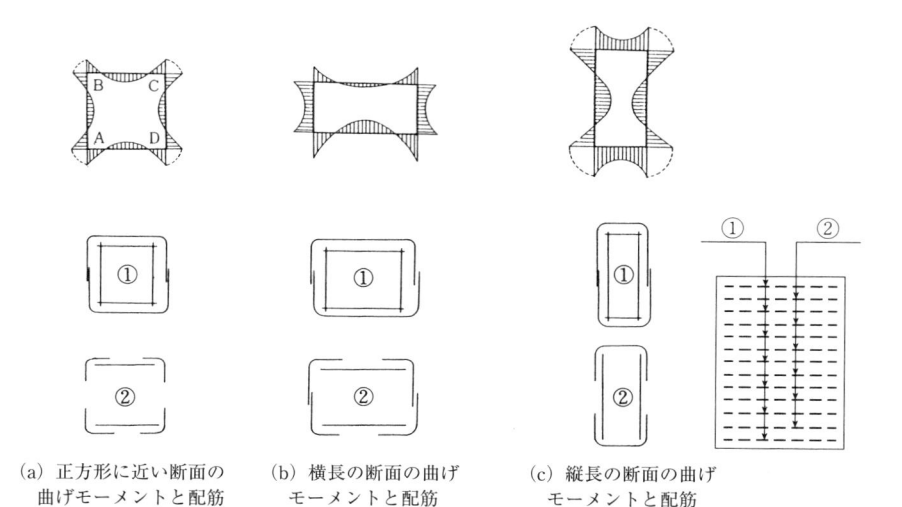

(a) 正方形に近い断面の曲げモーメントと配筋　(b) 横長の断面の曲げモーメントと配筋　(c) 縦長の断面の曲げモーメントと配筋

解図 5−30　形状による配筋

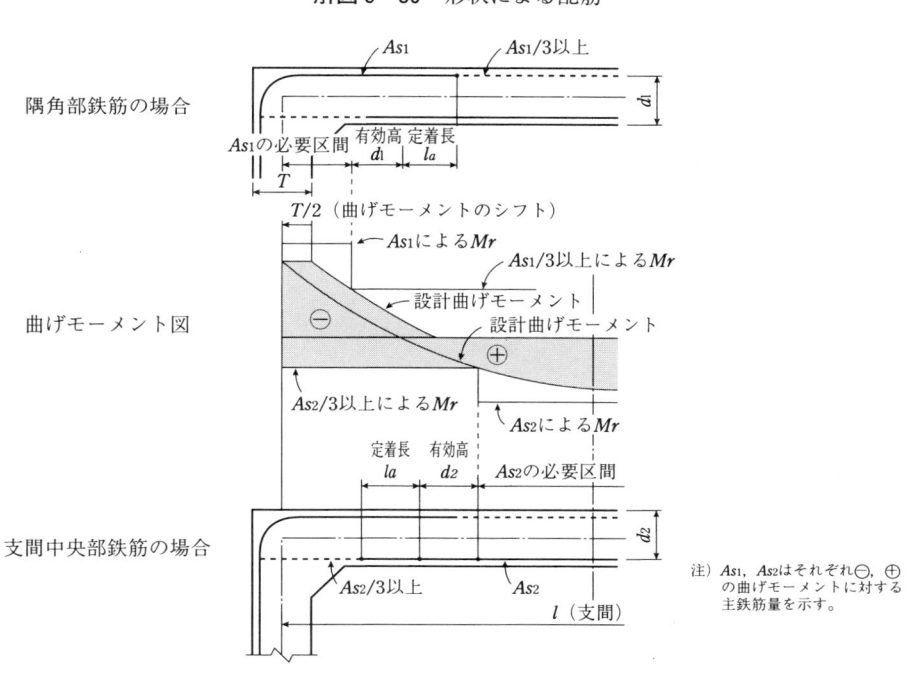

隅角部鉄筋の場合

曲げモーメント図

支間中央部鉄筋の場合

注）As_1, As_2 はそれぞれ⊖, ⊕の曲げモーメントに対する主鉄筋量を示す。

解図 5−31　段落し部の鉄筋の定着長さの決め方

3) ハンチ

　カルバートには原則としてハンチを設けるものとする。ただし，一般に下ハンチは設けない形状とする。ハンチの大きさは部材厚（T）の0.4T～0.5T程度が用いられている（**解図5－32**）。ただし，建築限界の確保のため，あるいは施工上の理由からハンチを設けない場合，部材断面に十分な余裕を与えるとともに，隅角部には**解図5－33**に示すような用心鉄筋を配置しなければならない。また，ハンチを設けない場合の断面は，余裕としてコンクリートの曲げ圧縮応力度が許容応力度の3／4程度となる部材厚にするのが望ましい。

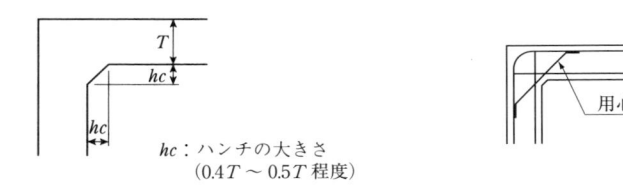

解図5－32 ハンチの形状　　　　**解図5－33** 隅角部の用心鉄筋

4) カルバート頂版上面の排水

　寒冷地において，頂版上面の滞水による凍上の影響が予想される場合には，頂版上面のコンクリート仕上げ面に2％程度の勾配をつけるのが望ましい（**解図5－34**）。

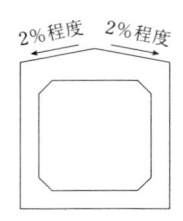

解図5－34 頂版上面の排水処理例

5) 止水壁

水路用カルバートの場合は，下流端に洗掘防止のため止水壁を設ける。止水壁の深さは**解図5-35**に示すとおりで，取り付け水路の護岸の根入れはh以上を標準とする。

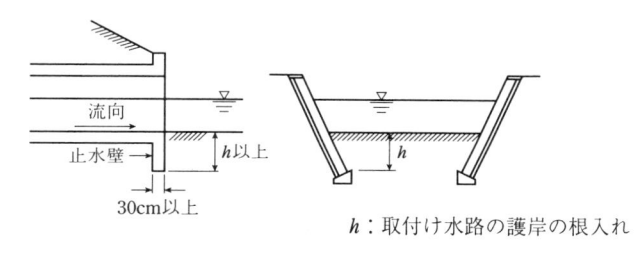

解図5-35　止水壁

6) カルバート内の排水

カルバート内部の路面がその前後の路面より低く，強制排水を必要とする場合，排水ます，排水管，ポンプ施設等を設置し，カルバート内の排水を図らなければならない。なお，強制排水については「道路土工要綱共通編　第2章　排水」によるものとする。

7) 防水

カルバート躯体には，必要に応じて，カルバートの構造や形状，施工方法及び施工環境に応じた防水工を施すものとする。

(8) 標準設計，図集の利用

一般的に用いられる形式及び断面形状のカルバートについて，標準設計や図集が作成されており，これらを用いることによって，カルバートの設計・施工の標準化による業務の簡素化を図ることが可能である。標準設計は，例えば「資料-1　標準設計の利用」に示すようなもので，設計時に適用条件を検討し，可能な場合は適用することが望ましい。

5-8　プレキャストボックスカルバートの設計

> (1) プレキャストボックスカルバートは，現地の条件や用途に応じた種類及び規格を適切に選定して用いる。
> (2) プレキャストボックスカルバートは，常時での死荷重，活荷重，土圧，地盤反力度等により，設計上最も不利となる状態を考慮して設計するものとする。
> (3) 構造設計はラーメンの構造解析によるものとする。
> (4) プレキャストボックスカルバートの基礎は，直接基礎を標準とする。
> (5) 裏込めの設計は，5-7に準じるものとする。
> (6) 継手の設計は，5-7に準じるものとする。
> (7) カルバートの先端が盛土の外へ出る場合には，現地の条件に応じて，適切にウイングを設ける。
> (8) 構造細目は，耐久性，使用性を満足する構造としなければならない。

(1) プレキャストボックスカルバートの種類と規格

　プレキャストボックスカルバートは，現地の条件や用途に応じた種類及び規格を適切に選定して用いる。プレキャストボックスカルバートは以下のように分類される。

1) 材料及び適用土かぶり

　プレキャストボックスカルバートには，鉄筋コンクリート構造(以下「RC構造」という)と，プレストレストコンクリート構造（以下「PC構造」という）の2種類があり，適用土かぶりは，RC構造で最大3m，PC構造で最大6mまで規格化されている。

　プレキャストボックスカルバートの種類を**解表5-8**に示す。RC構造の1種は主として通路，一般水路に，RC構造の2種は腐食性環境の水路に使用する。また，PC構造は，土かぶりに応じた150型，300型及び600型の3種類がある。

解表 5-8　プレキャストボックスカルバートの種類

		呼び $B \times H$ (mm)	適用土かぶり (m)	規　格
RC 構造	1 種	$600 \times 600 \sim 3500 \times 2500$	$0.5 \sim 3.0$	JIS A 5372
	2 種	$900 \times 900 \sim 3500 \times 2500$		
PC 構造	150 型	$600 \times 600 \sim 5000 \times 2500$	$0.5 \sim 1.5$	JIS A 5373
	300 型		$1.51 \sim 3.0$	
	600 型		$3.01 \sim 6.0$	

2)　断面形状及び規格

プレキャストボックスカルバートは，断面形状により標準形とインバート形に区分される。標準形は内空の底部形状がフラットなものであり，水路及び通路に使用する（**解図 5-36**(a)）。インバート形は内空の底部形状が円弧状になったもので，排水，汚水等がカルバート中央に集中して流下するようにしたものであり，水路に使用する（**解図 5-36**(b)）。

プレキャストボックスカルバートの標準的な形状寸法として，**解図 5-36**に示す断面形状，**解表 5-9**～**解表 5-11**に示す寸法の規格製品がある。なお，有効長Lは製品の敷設方向の長さを示し，$L = 1000, 1500, 2000$mmのいずれかの長さを規格の有効長Lを超えない範囲で標準として設定することができる。

これは，カルバート横断方向の活荷重がT'荷重，**解表 5-8**に示すような土かぶりで，土の単位体積重量18kN/m^3，鉛直土圧係数1.0，水平土圧係数0.5を供用条件として設計されたものである。適用に当たっては，プレキャストボックスカルバートの呼び寸法及び供用条件に適合していることを確認する。施工条件が特殊な場合や供用される条件に適合していない場合は，別途設計を行う。

(a) 標準形 　　　　　　　　　(b) インバート形

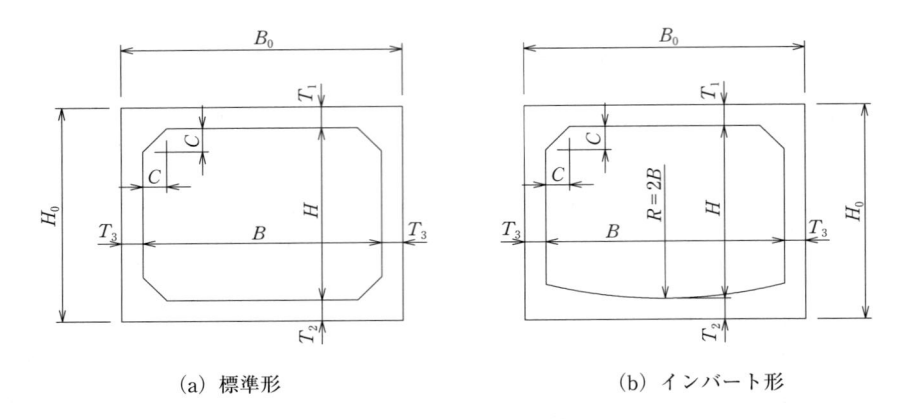

解図 5-36　形状寸法

解表5－9 ＲＣ構造（1種，2種）の寸法 （単位：mm）

呼び寸法 $B \times H$	外幅 B_0	外高 H_0	有効長 L	厚さ T_1	厚さ T_2	厚さ T_3	ハンチ高さ C
600× 600	860	860	2000	130	130	130	100
700× 700	960	960	2000	130	130	130	100
800× 800	1060	1060	2000	130	130	130	100
900× 600	1160	860	2000	130	130	130	100
900× 900	1160	1160	2000	130	130	130	100
1 000× 800	1260	1060	2000	130	130	130	150
1 000×1 000	1260	1260	2000	130	130	130	150
1 000×1 500	1260	1760	2000	130	130	130	150
1 100×1 100	1360	1360	2000	130	130	130	150
1 200× 800	1460	1060	2000	130	130	130	150
1 200×1 000	1460	1260	2000	130	130	130	150
1 200×1 200	1460	1460	2000	130	130	130	150
1 200×1 500	1460	1760	2000	130	130	130	150
1 300×1 300	1560	1580	2000	140	140	130	150
1 400×1 400	1660	1700	2000	150	150	130	150
1 500×1 000	1780	1320	2000	160	160	140	150
1 500×1 200	1780	1520	2000	160	160	140	150
1 500×1 500	1780	1820	2000	160	160	140	150
1 800×1 200	2100	1540	2000	170	170	150	150
1 800×1 500	2100	1840	2000	170	170	150	150
1 800×1 800	2100	2140	2000	170	170	150	150
2 000×1 500	2320	1860	2000	180	180	160	200
2 000×1 800	2320	2160	2000	180	180	160	200
2 000×2 000	2320	2360	2000	180	180	160	200
2 200×1 800	2560	2200	1500	200	200	180	200
2 200×2 200	2560	2600	1500	200	200	180	200
2 300×1 500	2660	1900	1500	200	200	180	200
2 300×1 800	2660	2200	1500	200	200	180	200
2 300×2 000	2660	2400	1500	200	200	180	200
2 300×2 300	2660	2700	1500	200	200	180	200
2 400×2 000	2780	2420	1500	210	210	190	200
2 400×2 400	2780	2820	1500	210	210	190	200
2 500×1 500	2900	1940	1500	220	220	200	200
2 500×1 800	2900	2240	1500	220	220	200	200
2 500×2 000	2900	2440	1500	220	220	200	200
2 500×2 500	2900	2940	1500	220	220	200	200
2 800×1 500	3240	1980	1000	240	240	220	200
2 800×2 000	3240	2480	1000	240	240	220	200
2 800×2 500	3240	2980	1000	240	240	220	200
2 800×2 800	3240	3280	1000	240	240	220	200
3 000×1 500	3480	2020	1000	260	260	240	300
3 000×2 000	3480	2520	1000	260	260	240	300
3 000×2 500	3480	3020	1000	260	260	240	300
3 000×3 000	3480	3520	1000	260	260	240	300
3 500×2 000	4000	2620	1000	310	310	250	300
3 500×2 500	4000	3120	1000	310	310	250	300

備考 有効長（L）は，1,500mm または1,000mm とすることができる。

解表 5-10　ＰＣ構造（150型，300型）の寸法　（単位：mm）

呼び寸法 $B \times H$	外幅 B_0	外高 H_0	有効長 L	厚さ T_1	厚さ T_2	厚さ T_3	ハンチ 高さ C
600 × 600	850	850	2 000	125	125	125	100
700 × 700	950	950	2 000	125	125	125	100
800 × 800	1050	1050	2 000	125	125	125	100
900 × 600	1150	850	2 000	125	125	125	150
900 × 900	1150	1150	2 000	125	125	125	150
1 000 × 800	1250	1050	2 000	125	125	125	150
1 000 × 1 000	1250	1250	2 000	125	125	125	150
1 000 × 1 500	1250	1750	2 000	125	125	125	150
1 100 × 1 100	1350	1350	2 000	125	125	125	150
1 200 × 800	1450	1050	2 000	125	125	125	150
1 200 × 1 000	1450	1250	2 000	125	125	125	150
1 200 × 1 200	1450	1450	2 000	125	125	125	150
1 200 × 1 500	1450	1750	2 000	125	125	125	150
1 300 × 1 300	1550	1550	2 000	125	125	125	150
1 400 × 1 400	1700	1700	2 000	150	150	150	150
1 500 × 1 000	1800	1300	2 000	150	150	150	150
1 500 × 1 200	1800	1500	2 000	150	150	150	150
1 500 × 1 500	1800	1800	2 000	150	150	150	150
1 800 × 1 200	2100	1500	2 000	150	150	150	150
1 800 × 1 500	2100	1800	2 000	150	150	150	150
1 800 × 1 800	2100	2100	2 000	150	150	150	150
2 000 × 1 500	2300	1800	2 000	150	150	150	150
2 000 × 1 800	2300	2100	2 000	150	150	150	150
2 000 × 2 000	2300	2300	2 000	150	150	150	150
2 200 × 1 800	2560	2160	2 000	180	180	180	150
2 200 × 2 200	2560	2560	2 000	180	180	180	150
2 300 × 1 500	2660	1860	2 000	180	180	180	150
2 300 × 1 800	2660	2160	2 000	180	180	180	150
2 300 × 2 000	2660	2360	2 000	180	180	180	150
2 300 × 2 660	2660	2660	2 000	180	180	180	150
2 400 × 2 000	2760	2360	2 000	180	180	180	150
2 400 × 2 400	2760	2760	2 000	180	180	180	150
2 500 × 1 500	2860	1860	2 000	180	180	180	150
2 500 × 1 800	2860	2160	2 000	180	180	180	150
2 500 × 2 000	2860	2360	2 000	180	180	180	150
2 500 × 2 500	2900	2900	2 000	200	200	200	150
2 800 × 1 500	3200	1900	2 000	200	200	200	200
2 800 × 2 000	3200	2400	2 000	200	200	200	200
2 800 × 2 500	3200	2900	2 000	200	200	200	200
2 800 × 2 800	3200	3200	2 000	200	200	200	200
3 000 × 1 500	3400	2000	2 000	250	250	200	200
3 000 × 2 000	3400	2500	2 000	250	250	200	200
3 000 × 2 500	3400	3000	2 000	250	250	200	200
3 000 × 3 000	3500	3500	2 000	250	250	250	200
3 500 × 2 000	4000	2600	2 000	300	300	250	300
3 500 × 2 500	4000	3100	2 000	300	300	250	300
4 000 × 2 000	4500	2600	1 500	300	300	250	300
4 000 × 2 500	4500	3100	1 500	300	300	250	300
4 500 × 2 000	5100	2760	1 000	380	380	300	300
4 500 × 2 500	5100	3260	1 000	380	380	300	300
5 000 × 2 000	5660	2760	1 000	380	380	330	300
5 000 × 2 500	5660	3260	1 000	380	380	330	300

備考　有効長（L）は，1,500mm または1,000mm とすることができる。

解表 5－11　ＰＣ構造（600型）の寸法　（単位：mm）

呼び寸法 $B \times H$	外幅 B_0	外高 H_0	有効長 L	厚さ T_1	T_2	T_3	ハンチ 高さ C
600× 600	850	850	2 000	125	125	125	100
700× 700	950	950	2 000	125	125	125	100
800× 800	1050	1050	2 000	125	125	125	100
900× 600	1150	900	2 000	150	150	125	150
900× 900	1150	1200	2 000	150	150	125	150
1 000× 800	1300	1100	2 000	150	150	150	150
1 000×1 000	1300	1300	2 000	150	150	150	150
1 000×1 500	1300	1800	2 000	150	150	150	150
1 100×1 100	1400	1400	2 000	150	150	150	150
1 200× 800	1500	1100	2 000	150	150	150	150
1 200×1 000	1500	1300	2 000	150	150	150	150
1 200×1 200	1500	1500	2 000	150	150	150	150
1 200×1 500	1500	1800	2 000	150	150	150	150
1 300×1 300	1600	1600	2 000	150	150	150	150
1 400×1 400	1700	1700	2 000	150	150	150	150
1 500×1 000	1800	1300	2 000	150	150	150	150
1 500×1 200	1800	1500	2 000	150	150	150	150
1 500×1 500	1800	1800	2 000	150	150	150	150
1 800×1 200	2160	1560	2 000	180	180	180	150
1 800×1 500	2160	1860	2 000	180	180	180	150
1 800×1 800	2160	2160	2 000	180	180	180	150
2 000×1 500	2400	1900	2 000	200	200	200	150
2 000×1 800	2400	2200	2 000	200	200	200	150
2 000×2 000	2400	2400	2 000	200	200	200	150
2 200×1 800	2660	2260	2 000	230	230	230	150
2 200×2 200	2660	2660	2 000	230	230	230	150
2 300×1 500	2760	1960	2 000	230	230	230	150
2 300×1 800	2760	2260	2 000	230	230	230	150
2 300×2 000	2760	2460	2 000	230	230	230	150
2 300×2 300	2760	2760	2 000	230	230	230	150
2 400×2 000	2900	2500	2 000	250	250	250	150
2 400×2 400	2900	2900	2 000	250	250	250	150
2 500×1 500	3000	2020	2 000	260	260	250	150
2 500×1 800	3000	2320	2 000	260	260	250	150
2 500×2 000	3000	2520	2 000	260	260	250	150
2 500×2 500	3000	3020	2 000	260	260	250	150
2 800×1 500	3360	2060	2 000	280	280	280	200
2 800×2 000	3360	2560	2 000	280	280	280	200
2 800×2 500	3360	3060	2 000	280	280	280	200
2 800×2 800	3360	3360	2 000	280	280	280	200
3 000×1 500	3600	2200	2 000	350	350	300	200
3 000×2 000	3600	2700	2 000	350	350	300	200
3 000×2 500	3600	3200	1 500	350	350	300	200
3 000×3 000	3600	3700	1 500	350	350	300	200
3 500×2 000	4100	2700	1 500	350	350	300	300
3 500×2 500	4100	3260	1 500	380	380	300	300
4 000×2 000	4800	2800	1 000	400	400	400	300
4 000×2 500	4800	3300	1 000	400	400	400	300
4 500×2 000	5300	2900	1 000	450	450	400	300
4 500×2 500	5300	3400	1 000	450	450	400	300
5 000×2 000	5800	3030	1 000	500	530	400	300
5 000×2 500	5800	3530	1 000	500	530	400	300

備考　有効長（L）は，1,500mm または 1,000mm とすることができる。

3) 敷設及び連結の方法

プレキャストボックスカルバートの敷設及び連結の方法には，**解図5－37**に示す通常敷設型と縦方向連結型とがある。

通常敷設型とは，一般的に良好な基礎地盤上にプレキャストボックスカルバート継手部の凹凸を利用して接合するもので，縦方向の連結を行わない方法である。

縦方向連結型とは，一般的に止水性を確保したい場合や土かぶりが大きく変化する場合等に，縦方向をＰＣ鋼材または高力ボルト等にて連結する方法である。

なお，曲線部敷設の場合は一般に高力ボルトによる連結方法を用いる。

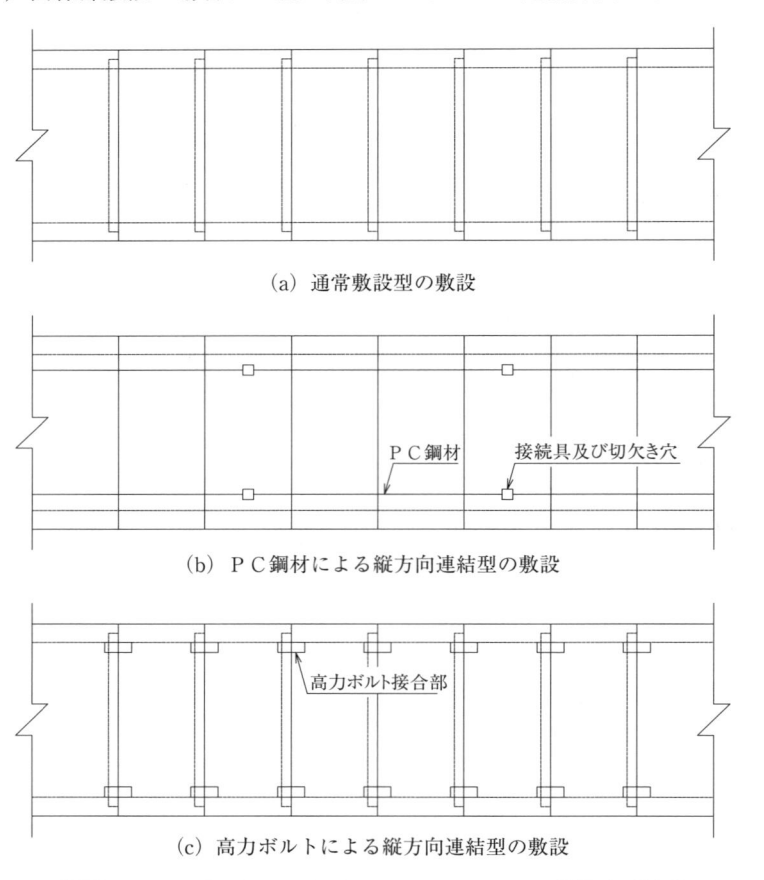

(a) 通常敷設型の敷設

(b) ＰＣ鋼材による縦方向連結型の敷設

(c) 高力ボルトによる縦方向連結型の敷設

解図5－37 プレキャストボックスカルバートの敷設及び連結

4) 製品の種類

プレキャストボックスカルバートには，標準製品と，マンホール用，取付管用，斜角用，調整用等の異形製品がある。管路全体を製品で構成した場合の敷設の例を**解図5－38**に示す。

① 標準製品：規格の有効長で製造されたもの。
② 異形製品
　マンホール用：マンホールとの接合用開口部を設けたもの。
　取付管用：取付管との接合用開口部を設けたもの。
　斜角用：管路の屈曲部や曲線部に使用するもの。
　調整用：管路の延長の関係から有効長を調整したもの。

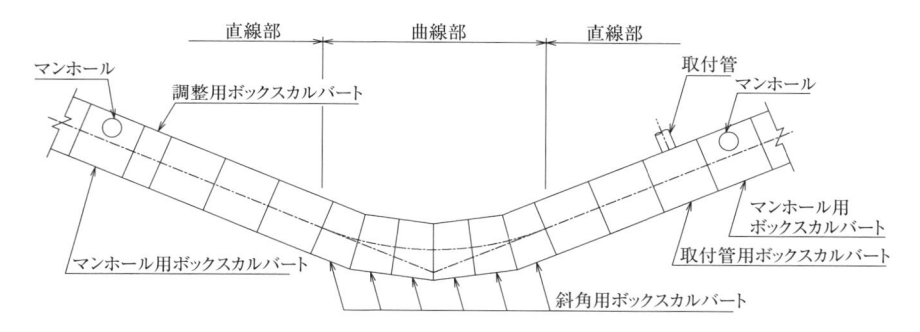

解図5－38　プレキャストボックスカルバートの敷設方法の例

(2) 荷重及び材料強度

1) 荷重の組合せ

プレキャストボックスカルバートは，常時での死荷重，活荷重，土圧，地盤反力度等により，設計上最も不利となる状態を考慮して設計するものとする。

荷重は，「5－2　荷重」に示す荷重を考慮する。

2) 材料強度

プレキャストボックスカルバートの製造に用いるコンクリートの設計基準強度は，ＲＣ構造では35N/mm^{2}以上，ＰＣ構造では40 N/mm^{2}以上を標準とする。

(3) **構造設計**

1) 構造解析

横断方向の断面力の計算を行う場合の構造解析モデルのラーメン軸線は，**解図5-39**に示す部材中心軸間の寸法を用いる。なお，計算手法には剛域を考慮する方法としない方法があり，どちらで照査してもよい。

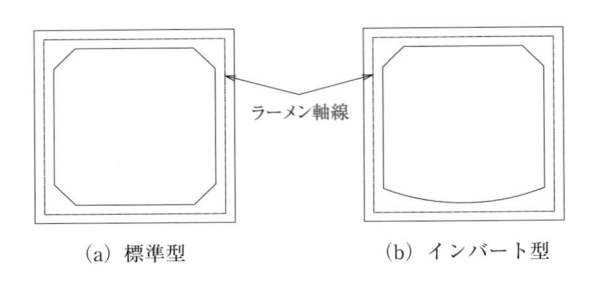

(a) 標準型　　　　　(b) インバート型

解図5-39　ラーメン軸線

2) 縦断方向の設計

下記の場合は，縦断方向（構造物軸方向）の検討を行う。

① カルバートの縦断方向に荷重が大きく変化する場合
② 基礎地盤が軟弱で，カルバートの縦断方向に不同沈下が生じる可能性が高い場合
③ カルバートの縦断方向に沿って支持地盤条件が急変する場合

縦断方向の設計は原則として"弾性床上のはり"と考え，縦断方向に生じる断面力に対して，コンクリートとPC鋼材の応力度，目地部の変位量及び止水性について検討する。検討の結果，安全性が確保されない場合は，本体構造を見直すか，「3-3-1　カルバートの構造形式及び基礎地盤対策の選定」に示すような地盤改良等の対策を行うものとする。なお，プレキャストボックスカルバートの有効長は一般的に短いので，プレキャストボックスカルバートの構造物軸方向の応力照査は省略できる。

3) 断面設計

プレキャストボックスカルバートの断面設計は，以下に示すものとする。その他の事項は「5-7　場所打ちボックスカルバートの設計」に準じる。

① インバート部の照査

インバート部の照査方法は,「5-7 場所打ちボックスカルバートの設計」に準じる。あるいは,せん断応力度及び曲げ応力度に対し全断面有効とし,せん断応力度の照査は**解図 5-40**に示す箇所で行ってもよいものとする。

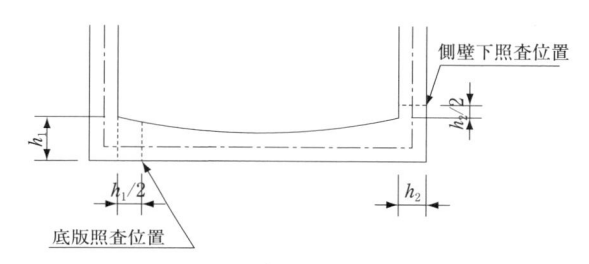

解図 5-40 インバート部のせん断応力度の照査位置と部材の有効高さ

② 鉄筋コンクリート部材の安全性の検証

鉄筋コンクリート部材においては,曲げモーメント及び軸方向力に関して部材の安全性が確保されているかの検証を行う。

③ プレストレストコンクリート部材の引張鉄筋

コンクリートに引張応力が生じる部材には,引張鉄筋を配置する。この場合の荷重の組合せは,次のとおりとする。

　死荷重＋1.35×(活荷重＋衝撃)＋有効プレストレス力

④ プレストレストコンクリート部材の終局状態の計算

終局限界状態の計算に用いる荷重の組合せは,次のとおりとし,計算結果の大きい方の組合せを用いる。

　a) 1.3×死荷重＋2.5×(活荷重＋衝撃)
　b) 1.0×死荷重＋2.5×(活荷重＋衝撃)
　c) 1.7×(死荷重＋活荷重＋衝撃)

⑤ 鉄筋かぶり

鉄筋かぶりの最小値は,「5-6 鉄筋コンクリート部材の構造細目」に従うものとする。なお,工場で作成されるプレキャストコンクリート構造については,

「道路橋示方書・同解説 Ⅲコンクリート橋編」に準じて25mmとしてよい。また，塩害が想定される場合は「5-5-2 塩害に対する検討」によるものとする。

(4) 基礎の設計

　プレキャストボックスカルバートの基礎は，無筋コンクリートによる直接基礎を標準とする。必要に応じてプレキャスト板及び鉄筋コンクリート基礎を用いる。直接基礎の基礎底版の処理は，**解図5-41**を標準とする。

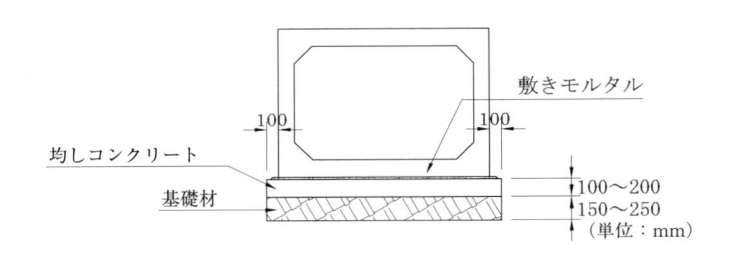

解図5-41　直接基礎の例

(5) 裏込めの設計

　裏込めの設計は，「5-7　場所打ちボックスカルバートの設計」に準じる。

(6) 継手の設計

　継手の設計は，製品を現場で組み立てることや，場所打ちボックスカルバートに比べて一般的に版厚が薄いといったプレキャストボックスカルバートの特性を考慮しつつ，「5-7　場所打ちボックスカルバートの設計」に準じる。

(7) ウイングの設計

　プレキャストボックスカルバートにウイングを取り付ける場合は，次に示す方法による。

1) 　一般的なパラレルウイングは，擁壁または補強土擁壁にて土留め壁を構築し，ウイングとする。

2) 小規模なウイングは，カルバートと一体構造とする。その場合カルバートとの結合方法としては，埋込み鉄筋または埋込みインサートネジ付鉄筋等の方法がある。

(8) 構造細目

構造細目は，耐久性，使用性を満足する構造としなければならない。

1) ハンチ

原則としてハンチを頂版，底版ともに取り付ける。大きさは頂版及び底版の版厚と同じ程度で規格化されている。

2) 鉄筋の種類と配筋

鉄筋の種類はSD295AもしくはSD345を標準とする。鉄筋コンクリート部材の配筋については，「5-6 鉄筋コンクリート部材の構造細目」に従うほか，「プレキャストボックスカルバート設計・施工マニュアル」（全国ボックスカルバート協会）及び「日本ＰＣボックスカルバート製品協会規格」（日本ＰＣボックスカルバート製品協会）等を参考にしてもよい。

5-9 門形カルバートの設計

(1) 門形カルバートは，常時及び地震時での死荷重，活荷重，土圧，地盤反力度，地震の影響等により，設計上最も不利となる状態を考慮して設計するものとする。
(2) 構造設計はラーメンの構造解析によるものとする。
(3) カルバートの安定性の照査は，支持力に対する照査及び必要に応じて滑動に対する照査を行う。
(4) 裏込めの設計は，5-7に準じるものとする。
(5) 継手の設計は，5-7に準じるものとする。
(6) ウイングの設計は，5-7に準じるものとする。
(7) 構造細目は，5-7に準じるものとする。

(1) **荷重**

門形カルバートは，常時及び地震時での死荷重，活荷重，土圧，地盤反力度，地震の影響等により，設計上最も不利となる状態を考慮して設計するものとする。

荷重は，「5－2　荷重」に示す荷重及び地震の影響として以下に示す荷重を考慮する。

1) 地震の影響

設計の簡便性より**解表5－12**に示す設計水平震度に対して「道路橋示方書・同解説　V耐震設計編」に規定する地震時水平土圧（修正物部・岡部式）と死荷重，慣性力を作用させて，カルバートを構成する部材の応力度が許容応力度以下となること及び基礎が安定であることを照査する（**解図5－42**）。また，「5－2(5)　地震の影響」に示される地盤の変形を考慮した手法を用いてもよい。

門形カルバートの設計に用いる水平震度は，式（解5－11）により算出される値とする。

$$k_h = c_z \cdot k_{h0} \quad \cdots\cdots\cdots\cdots\cdots\cdots\cdots\cdots\cdots\cdots\cdots\cdots\cdots\cdots\cdots\cdots （解5-11）$$

ここに　k_h：設計水平震度（小数点以下2桁に丸める）
　　　　k_{h0}：設計水平震度の標準値で，**解表5－12**による。
　　　　c_z：地域別補正係数

地域別補正係数の値及び耐震設計上の地盤種別の算出方法については，「道路土工要綱　資料－1　地震動の作用」によるものとする。

解表5－12　設計水平震度の標準値k_{h0}

	地盤種別		
	I種	II種	III種
設計水平震度の標準値k_{h0}	0.16	0.20	0.24

解表5－12に示す設計水平震度の標準値は，地震の影響として地震時土圧と慣性力を作用させ，許容応力度法で照査する場合を前提として設定したものである。このため，構造物の塑性化を考慮する場合には，**解表5－12**の値を用いてはならない。

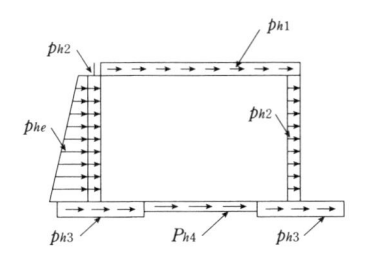

p_{h1}：頂版及び上載土の慣性力（kN/m²）

p_{h2}：側壁の慣性力（kN/m²）

p_{h3}：フーチングの慣性力（kN/m²）

P_{h4}：ストラットの慣性力（kN/m²）

p_{he}：地震時水平土圧（kN/m²）

図 5－42　地震時の断面力計算における作用水平力

(2) 構造設計

1) 構造解析

門形カルバートの横断方向の断面力の計算を行う場合，構造解析モデルのラーメン軸線は，**解図 5－43**に示す部材中心軸間の寸法（B_s, H_s）を用いる。フーチング及びストラットは弾性床上のはりとする。

その他の事項は，「5-7　場所打ちボックスカルバートの設計」に準じる。

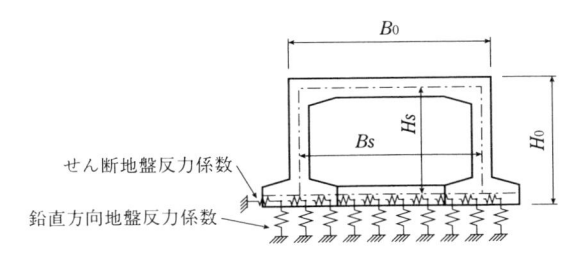

解図 5－43　ラーメン軸線と計算モデル

2) 縦断方向の設計

門形カルバートの縦断方向（構造物軸方向）の設計は，「5-7　場所打ちボックスカルバートの設計」に準じる。

3) ストラットの設計

門形カルバートでは，フーチングの滑動によるラーメン隅角部の破壊を防ぐためストラットを設けるのを原則とする。

ストラットの設計では，次のような事項を考慮すればよい。

① ストラットは矩形断面とし，フーチングに剛結する。
② ストラットは，フーチングに剛結された弾性床上のはりとして設計する。
③ ストラット上面に作用する1輪あたりの活荷重p_{lst}は，式（解5-12）により計算する（**解図5-44**）。活荷重は，断面応力が最大となる位置に載荷する。

$$p_{lst} = \frac{T(1+i)}{W_4} \text{ (kN/m)} \quad\cdots\cdots\cdots\cdots\cdots\cdots\cdots\cdots\cdots\cdots\cdots\cdots（解5-12）$$

ここに，T：100kN

　　　　h：土かぶり（m）

　　　　W_4：活荷重の分布幅（m）

　　　　　　$W_4 = 2h + 0.5$

　　　　i：衝撃係数で**解表4-3**の値による。

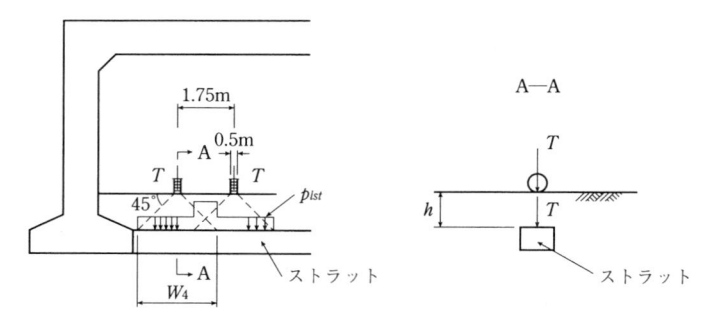

(a) 門形カルバートの横断方向　　(b) 構造物軸方向の分布

解図5-44　活荷重の分布

ただし，**解図5-45**に示すように基礎地盤が軟岩あるいはそれ以上に良好で，

フーチング前面の埋戻しをコンクリートで施工することによって滑動を防止した場合はストラットを省略することができる。

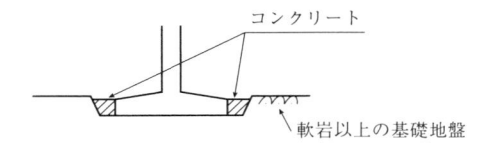

解図5−45 コンクリートによる埋戻し

(3) **安定性の照査**
1) 支持力に対する安定の照査

解図5−46に示す荷重を考慮するラーメン構造解析により求められる基礎の地盤反力度に基づいて，支持力に対する安定照査を行うものとする。なお，地震時の場合は，ラーメン構造解析に当たり，**解図5−42**に示す荷重も含めて考慮する。支持力の照査は，基礎の最大地盤反力度が「4-3 土の設計所定数」に示した許容地盤反力度以下であることを照査する。

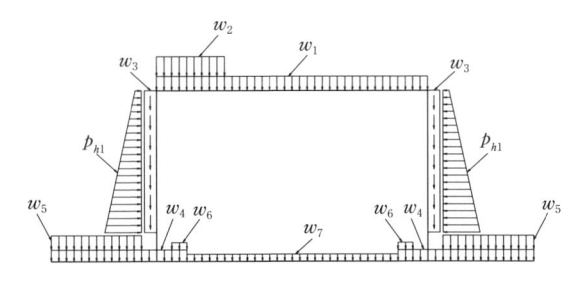

ここに　w_1：頂版死荷重，鉛直土圧（kN/m）
　　　　w_2：頂版上面に作用する活荷重（kN/m）
　　　　w_3：側壁死荷重（kN/m）
　　　　w_4：底版死荷重（kN/m）
　　　　w_5：底版載荷土砂荷重（kN/m）
　　　　w_6：底版載荷土砂荷重（kN/m）
　　　　w_7：ストラット死荷重，載荷土砂荷重（kN/m）
　　　　p_{h1}：水平土圧（kN/m）

解図5−46 安定計算に用いる荷重

2) 滑動に対する安定の照査

　カルバート内に設けられる工作物等への障害からストラットが設けられない場合や，基礎地盤が軟岩以上でも滑動防止をしない場合は，滑動に対する安定度の照査を行わなければならない。滑動に対する安定の照査は，「道路土工－擁壁工指針」に準じて行う。

(4) 裏込めの設計
　裏込めの設計は，「5-7　場所打ちボックスカルバートの設計」に準じる。

(5) 継手の設計
　継手の設計は，「5-7　場所打ちボックスカルバートの設計」に準じる。

(6) ウイングの設計
　ウイングの設計は，「5-7　場所打ちボックスカルバートの設計」に準じる。

(7) 構造細目
　構造細目は，「5-7　場所打ちボックスカルバートの設計」に準じる。

5-10　場所打ちアーチカルバートの設計

> (1)　場所打ちアーチカルバートは，常時での死荷重，活荷重，土圧，地盤反力度等により，設計上最も不利となる荷重状態を考慮して設計するものとする。
> (2)　構造設計はラーメンの構造解析によるものとする。
> (3)　カルバートの安定性の照査は5-3に準じるものとする。
> (4)　裏込めの設計は，5-7に準じるものとする。
> (5)　継手の設計は，5-7に準じるものとする。
> (6)　ウイングの設計は，5-7に準じるものとする。
> (7)　構造細目は，5-7に準じるものとする。

(1)　荷重

　場所打ちアーチカルバートは，常時及び地震時での死荷重，活荷重，土圧，地盤反力度等により，設計上最も不利となる状態を考慮して設計するものとする。
　荷重は，「5-2　荷重」に示す荷重を考慮し，土圧については，以下に示すように作用させる。

1)　鉛直土圧

　鉛直土圧は式（解5-1）によるものとし，その作用位置については設計の便宜上，**解図5-47**に示すとおりアーチ天端に作用するものとしてよい。

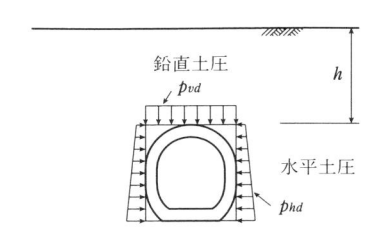

解図5-47　土圧の作用

2)　水平土圧

　任意点のカルバート側面に作用する水平土圧は式（解5-2）によるが，土圧

係数K_0の値として0.2〜0.4程度の低い値が観測された例(**解図5−48**)があるので,通常の土質の場合はアーチ部の設計上安全側となるよう$K_0=0.3$程度とするのがよい。水平土圧の作用位置については,鉛直土圧と同様に,設計の便宜上,**解図5−47**に示すとおりカルバート最外縁面に水平に作用するものとする。

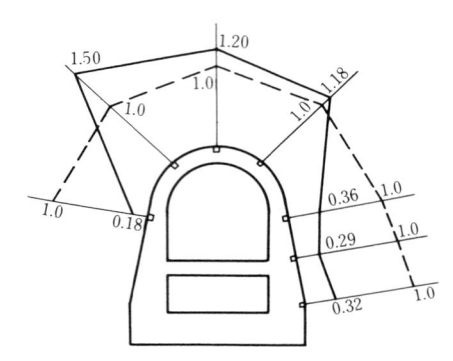

解図5−48 アーチカルバートの土圧実測例(土かぶり24m)

― 実測土圧(数字は土かぶり荷重との比)
--- 土かぶり荷重 ($\gamma \cdot h$)

(2) 構造設計

1) 構造解析

場所打ちアーチカルバートの横断方向の断面力の計算を行う場合,**解図5−49**に示すとおり,構造解析モデルのラーメン軸線は部材中心軸間の寸法(B_s, H_s),荷重の作用位置には外側寸法線(B_0, H_0)を用いる。

その他の事項は,「5−7 場所打ちボックスカルバートの設計」に準じる。

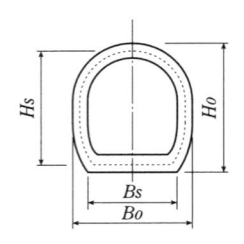

解図5−49 アーチカルバートのラーメン軸線

アーチ部材は，施工中の荷重や偏土圧を受けた場合においても安全であるように余裕をもった部材厚とすることが必要であり，側壁部材とのバランスを考慮して決めるのが望ましい。これまでの施工事例では，部材厚を60cm程度以上としているものが多い。また，型枠（セントル）の使用等の施工性を考慮し，原則として全区間同一断面とする。土かぶりの変化による応力の違いに対しては，鉄筋量を増減させることで対応する。底版部材は，応力に応じて厚さを変えてもよい。

2) 縦断方向の構造計算

場所打ちアーチカルバートの縦断方向（構造物軸方向）の設計は，「5-7 場所打ちボックスカルバートの設計」に準じて行う。

(3) 安定性照査

安定性の照査は，「5-7 場所打ちボックスカルバートの設計」に準じる。

(4) 裏込めの設計

裏込めの設計は，「5-7 場所打ちボックスカルバートの設計」に準じる。

(5) 継手の設計

継手の設計は，「5-7 場所打ちボックスカルバートの設計」に準じる。

(6) ウイングの設計

ウイングの設計は，「5-7 場所打ちボックスカルバートの設計」に準じる。

(7) 構造細目

構造細目は，「5-7 場所打ちボックスカルバートの設計」に準じる。

5-11　プレキャストアーチカルバートの設計

(1) プレキャストアーチカルバートは，現地の条件や用途に応じた種類及び規格を適切に選定して用いる。
(2) プレキャストアーチカルバートは，常時での死荷重，活荷重，土圧，地盤反力度等により，設計上最も不利となる状態を考慮して設計するものとする。この際，コンクリートの設計基準強度を適切に設定する。
(3) 構造設計は5-10に準じたラーメンの構造解析を用い，縦断方向の設計及び断面設計は，5-8に準じて行う。
(4) 基礎の設計は，5-8に準じる。
(5) 裏込めの設計は，5-10に準じる。
(6) 継手の設計は，5-7に準じる。
(7) プレキャストアーチカルバートでは，ウイングは原則として取り付けない。
(8) 構造細目は，耐久性，使用性を満足する構造としなければならない。

(1)　プレキャストアーチカルバートの種類と規格

プレキャストアーチカルバートは，現地の条件や用途に応じた種類及び規格を適切に選定して用いる。プレキャストアーチカルバートは以下のように分類される。

1)　適用土かぶり

プレキャストアーチカルバートには，土かぶり条件により下記の3種類がある。

　　　Ⅰ型・・・・標準厚さで標準鉄筋のもの

　　　Ⅱ型・・・・標準厚さで鉄筋量を増加させたもの

　　　特厚型・・・Ⅰ型より約3割厚さを増加させたもの

適用土かぶりは，**解表5-13**に示すとおりである。これは，プレキャストアーチカルバートの断面形状が標準形（**解図5-50**），直接基礎で，土の単位体積重量18kN/m^3，鉛直土圧係数1.0を供用条件とした場合である。適用に当たっては，プレキャストアーチカルバートの呼び寸法及び供用条件に適合していることを確

認する．施工条件が特殊な場合や供用される条件に適合していない場合は，別途設計を行う．

解表 5－13 プレキャストアーチカルバート標準形の適用土かぶり

呼び名 $B \times H$	最大適用土かぶり (m) Ⅰ型	Ⅱ型	特厚型	呼び名 $B \times H$	最大適用土かぶり (m) Ⅰ型	Ⅱ型	特厚型
800× 560	5.6	－	－	2000×1400	3.9	6.1	－
800× 640	5.7	－	－	2000×1600	4.1	6.0	－
800× 720	5.8	－	－	2000×1800	4.1	6.0	－
800× 800	5.9	－	13.8	2000×2000	4.1	6.1	9.2
800× 880	6.1	－	14.0	2000×2200	4.3	6.2	9.5
800× 960	6.4	－	14.4	2000×2400	4.4	6.5	10.0
1000× 700	5.3	7.5	－	2200×1540	3.4	5.9	－
1000× 800	5.2	7.7	－	2200×1760	3.3	5.8	－
1000× 900	5.6	7.7	－	2200×1980	3.3	5.8	－
1000×1000	5.6	7.8	12.4	2200×2200	3.4	5.9	8.9
1000×1100	5.6	8.0	12.7	2200×2420	3.5	6.0	9.3
1000×1200	5.6	8.3	13.0	2200×2640	3.6	6.3	9.8
1200× 840	5.2	7.0	－	2500×1750	3.3	5.3	－
1200× 960	5.2	7.2	－	2500×2000	3.3	5.2	－
1200×1080	5.2	7.4	－	2500×2250	3.3	5.2	－
1200×1200	5.3	7.7	10.4	2500×2500	3.3	5.2	8.7
1200×1320	5.3	7.8	10.7	2500×2750	3.4	5.4	9.1
1200×1440	5.3	8.1	11.4	2500×3000	3.5	5.6	9.7
1500×1050	4.9	6.1	－	2800×1960	3.4	4.6	－
1500×1200	4.8	6.3	－	2800×2240	3.3	4.5	－
1500×1350	4.9	6.5	－	2800×2520	3.2	4.5	－
1500×1500	4.9	6.7	9.3	2800×2800	3.3	4.6	8.2
1500×1650	5.1	6.8	9.6	2800×3080	3.4	4.8	8.7
1500×1800	5.1	7.1	10.1	2800×3200	3.3	4.8	9.0
1800×1260	3.6	6.4	－	3000×2100	3.3	4.6	－
1800×1440	3.5	6.3	－	3000×2400	3.2	4.5	－
1800×1620	3.5	6.3	－	3000×2700	3.2	4.5	－
1800×1800	4.4	6.3	8.7	3000×3000	3.2	4.6	8.1
1800×1980	4.5	6.4	9.1	3000×3200	3.3	4.7	8.4
1800×2160	4.7	6.7	9.7				

2) 断面形状及び規格

プレキャストアーチカルバートの断面形状として一般的に用いられている標準形の形状及び寸法は，**解図 5－50**及び**解表 5－14**に示すとおりである。

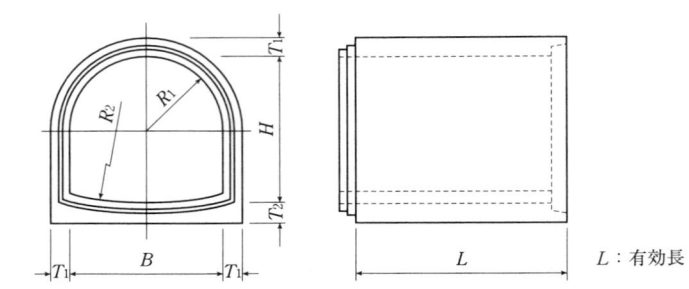

L：有効長

解図 5－50 標準形の形状

解表 5－14 プレキャストアーチカルバート標準形の寸法（その1）（mm）

呼び名	製 品 寸 法						
	B	H	L	T_1	T_2	R_1	R_2
800× 560	800	560	1500	100 (130)	120 (160)	400	1600
800× 640		640					
800× 720		720					
800× 800		800					
800× 880		880					
800× 960		960					
1000× 700	1000	700	2000	120 (150)	130 (180)	500	2000
1000× 800		800					
1000× 900		900					
1000×1000		1000					
1000×1100		1100					
1000×1200		1200					
1200× 840	1200	840	2000	130 (160)	140 (190)	600	2400
1200× 960		960					
1200×1080		1080					
1200×1200		1200					
1200×1320		1320					
1200×1440		1440					
1500×1050	1500	1050	2000	140 (180)	160 (210)	750	3000
1500×1200		1200					
1500×1350		1350					
1500×1500		1500					
1500×1650		1650					
1500×1800		1800					

解表 5-14 プレキャストアーチカルバート標準形の寸法（その2） （mm）

呼び名	製品寸法						
	B	H	L	T_1	T_2	R_1	R_2
1800×1260 1800×1440 1800×1620 1800×1800 1800×1980 1800×2160	1800	1260 1440 1620 1800 1980 2160	2000	160 (200)	170 (230)	900	3600
2000×1400 2000×1600 2000×1800 2000×2000 2000×2200 2000×2400	2000	1400 1600 1800 2000 2200 2400	1500	170 (220)	190 (270)	1000	4000
2200×1540 2200×1760 2200×1980 2200×2200 2200×2420 2200×2640	2200	1540 1760 1980 2200 2420 2640	1500	180 (230)	200 (290)	1100	4400
2500×1750 2500×2000 2500×2250 2500×2500 2500×2750 2500×3000	2500	1750 2000 2250 2500 2750 3000	1500	190 (250)	210 (320)	1250	5000
2800×1960 2800×2240 2800×2520 2800×2800 2800×3080 2800×3200	2800	1960 2240 2520 2800 3080 3200	1000	210 (270)	230 (330)	1400	5600
3000×2100 3000×2400 3000×2700 3000×3000 3000×3200	3000	2100 2400 2700 3000 3200	1000	220 (280)	240 (360)	1500	6000

注）（ ）は特厚型を示し，内高（H）／内幅（B）の比が1.0以上の呼び名について規格化されている。

3) 敷設及び連結の方法

プレキャストアーチカルバートの敷設及び連結は「5-8 プレキャストボックスカルバートの設計」に準じる。

4) 製品の種類

プレキャストアーチカルバートには，形状により，標準形，直載形，マンホール部の3種類がある。

また，それぞれの形状の製品には，連結方法に応じてゴム輪接合方式及び縦方向連結方式の製品がある。

(2) 荷重及び材料強度

1) 荷重の組合せ

プレキャストアーチカルバートは，常時での死荷重，活荷重，土圧，地盤反力度等により，設計上最も不利となる状態を考慮して設計するものとする。

荷重は，「5-2 荷重」に示す荷重を考慮する。

2) 材料強度

プレキャストアーチカルバートの製造に用いるコンクリートの設計基準強度は，$40N/mm^2$以上を標準とする。

(3) 構造設計

1) 構造解析

構造解析は，「5-10 アーチカルバートの設計」に準じる。

2) 縦断方向の設計

縦断方向（構造物軸方向）の設計は，「5-8 プレキャストボックスカルバートの設計」に準じる。

その他詳細は，「アーチカルバート設計施工要覧」（日本アーチカルバート工業会）等を参考にしてもよい。

3) 断面設計

せん断応力度の計算，鉄筋コンクリート部材の安全性の検証，鉄筋かぶりについては，「5-8 プレキャストボックスカルバートの設計」に準じる。

(4) 基礎の設計

基礎の設計は,「5-8 プレキャストボックスカルバートの設計」に準じる。

(5) 裏込めの検討

裏込めの設計は,「5-10 場所打ちアーチカルバートの設計」に準じる。

(6) 継手の設計

継手の設計は,製品を現場で組み立てることや,場所打ちアーチカルバートに比べて一般的に版厚が薄いといったプレキャストアーチカルバートの特性を考慮しつつ,「5-7 場所打ちボックスカルバートの設計」に準じる。

(7) ウイングの設計

プレキャストアーチカルバートでは,ウイングは原則として取り付けない。

(8) 構造細目

構造細目は,耐久性,使用性を満足する構造としなければならない。

1) ハンチ

プレキャストアーチカルバートの場合,一般的にインバート形状が用いられるため,ハンチが取り付けられることは少ない。

2) 鉄筋の種類

鉄筋の種類はSD295AもしくはSD345を標準とする。

参考文献

1) 建設省土木研究所:高盛土におけるカルバートの設計に関する調査報告書(1), 土木研究所資料,第1983号,1983

第6章　パイプカルバートの設計

6－1　基本方針

6－1－1　一般

> (1)　従来型パイプカルバートは，以下に従って設計してよい。
> (2)　パイプカルバートの設計に当たっては，適切な設計断面を設定し，6－1－2に示す荷重に対してカルバートの安定性，及び部材の安全性の照査を行うものとする。また，必要に応じて耐久性の検討を行うものとする。
> (3)　上記は第7章及び第8章に示されている施工，施工管理，維持管理が行われることを前提とする。

(1)　従来型パイプカルバート設計の基本方針

　本章は，従来型パイプカルバートに適用する。なお，従来型パイプカルバートは，「1－3－1　カルバートの種類と適用」に示すカルバートの種類のうち，**解表1－1**に示す適用範囲のもので，「1－3－1(2)　従来型カルバート」に示す条件を満足しているものをいう。これらのカルバートについては，多くの施工実績があることと，かつ，既往の地震時の挙動を含め供用後の健全性が確認されているため，本章で述べる従来から慣用されてきた設計法・施工法に従えば，常時の作用及びレベル1地震動に対して性能1を，レベル2地震動に対して性能2を確保するとみなせるものとした。

　カルバートの設計に当たっては，パイプカルバート上部及び内空断面の通行者が安全かつ快適にカルバートを使用できるようにしなければならない。また，水路カルバートとして用いられる場合は，必要な通水性を確保しなければならない。また，パイプカルバートの補修や補強は，大規模な工事を伴い，交通や周辺環境へ与える影響が大きいことから，耐久性の確保にも配慮しなければならない。鉄筋コンクリート構造及びコルゲートパイプについては，磨耗や腐食に対して，また塩化ビニル管等は呑口，吐口等で使用される場合もあり，紫外線等に対する耐

久性を有するように検討する必要がある。

(2) 従来型パイプカルバートの設計方法
1) 設計断面
　パイプカルバートの設計は，横断方向について行う。
2) 照査項目
　従来型パイプカルバートの照査項目は，**解表6-1**に示すとおりである。照査は，本章の各節によるものとする。

解表6-1　従来型パイプカルバートの照査項目

構成要素	照査項目	照査手法	従来型パイプカルバートの照査項目[注]		適　用
			剛性パイプカルバート	たわみ性パイプカルバート	
カルバート及び基礎地盤	変　形	変形照査	△	△	基礎地盤に問題がない場合には省略可
	安定性	安定照査・支持力照査	△	△	
カルバートを構成する部材	強　度	断面力照査	○	○	従来型パイプカルバートでは地震動の作用に対する照査は省略可
継　手	変　位	変位照査	×	×	本指針に示す継手構造を採用した従来型パイプカルバートでは省略可

注）○：実施する，△：条件により省略可，×：一般に省略可

① カルバート及び基礎地盤
　従来型パイプカルバートの安定性については，パイプカルバートを地中に埋設する場合は，基礎地盤に作用する鉛直荷重が施工前の先行荷重よりも小さい。また，盛土内に設置する場合でも，周囲の盛土と比較して増加荷重は小さいため，盛土の変位に比べてカルバートの変位が大きくなることはない。このため，従来型パイプカルバートで基礎地盤が良好な場合には，本章に示す設計及び「第7章　施工」に示す施工が行われれば，安定性に関する検討は省略してもよい。

ただし，基礎地盤が軟弱で，パイプカルバート及び上部道路路面に影響を与えることが想定される場合には「道路土工－軟弱地盤対策工指針」に従い，基礎地盤の沈下に対する照査を行う必要がある。

なお，照査の結果，基礎地盤の対策が必要と判断された場合は，「3-3-1　カルバートの構造形式及び基礎地盤対策の選定」を参照し，対策を行う。

② カルバートを構成する部材

パイプカルバートを構成する部材の照査では，「6-1-2　荷重」に示す荷重及び荷重の組合せに対して，パイプカルバートを構成する部材に生じる断面力や応力度，たわみ率を照査指標として，これらが許容値以下であることを照査する。各種パイプカルバートにおける照査指標は，**解表6-2**に示すとおりである。

材料等の許容値は，「4-5　許容応力度」または本章各節のパイプカルバートの種類に応じて適切な安全性を考慮して設定するものとする。パイプカルバートの種類に応じたその他の許容値の具体的な設定は，本章各節によるものとする。

解表6-2　従来型パイプカルバートを構成する部材の照査指標

カルバートの種類	照査指標
剛性パイプカルバート	曲げ耐力に対する安全率
コルゲートメタルカルバート	コルゲートの座屈強さ 許容たわみ量
硬質塩化ビニルパイプカルバート 強化プラスチック複合パイプカルバート 高耐圧ポリエチレンパイプカルバート	許容たわみ率 許容曲げ応力度

③ 継手

「6-1-2　荷重」に示す荷重に対して，継手に損傷が生じないことを確認する必要があるが，これまでの経験・実績から本章に示す継手構造を採用する場合には，継手の照査を省略してもよい。

④ 裏込め部・埋戻し部

パイプカルバート裏込め部あるいは埋戻し部の沈下により上部道路に悪影響を与えないことを照査する必要があるが，これまでの経験・実績から本章に示す設計，「第7章　施工」に示す施工が行われる場合には，照査を省略してもよい。

3) 地震動の作用に対する照査

従来型パイプカルバートで，常時の作用に対して許容応力度法で設計されている場合には，既往の地震時においても大きな損傷を生じた事例はほとんどなく，カルバートのような比較的規模の小さな地中構造物は，地震時には周囲の盛土や原地盤の変形に追従して一体となって挙動するため，地震の影響は一般に小さいものと考えられる。このため，これまでの経験・実績を踏まえて，本章に従い常時の作用に対して設計された従来型パイプカルバートは，地震動の作用に対して「4-1-3　カルバートの要求性能」に示す性能を満足するとみなせるものとした。

　なお，軟弱粘性土を含む層の上に構築されるカルバートや，液状化の発生が懸念されるゆるい飽和砂質土を含む層の上に構築されるカルバート等，地震時の基礎地盤の安定や変形がカルバートや上部道路に影響すると想定される場合には，「道路土工－軟弱地盤対策工指針」により，これらの影響について検討を行うものとする。

　また，周辺地盤が軟弱で地下水位が高い場合には，埋戻し土の液状化によりパイプカルバートの浮上がり，埋戻し部や上部道路の沈下等の被害を受けることがある。このような場合には，埋戻し土に液状化が生じないように，埋戻し土の安定処理，砕石等による埋戻し，埋戻し部の十分な締固め等を行うことを原則とする。

(3)　照査の前提条件

　上記(1)，(2)は「第7章　施工」及び「第8章　維持管理」に示されている施工，施工管理，維持管理が行われることを前提とする。したがって，実際の施工，施工管理，維持管理の条件がこれらによりがたい場合には，第7章及び第8章によった場合に得られるのと同等以上の性能が確保されるように，別途検討を行う必要がある。

6-1-2　荷重

> 従来型パイプカルバートの設計に当たっては，死荷重，活荷重，土圧，地盤変位の影響等を適切に考慮するものとする。

　設計に用いる荷重としては，主として死荷重，活荷重，土圧，管内の水の重量，地盤変位の影響等を考慮するものとする。

　解表6-3は，設計に当たって考慮しなければならない荷重をパイプカルバートの種類ごとに示したものである。パイプカルバートの設計に当たっては，**解表6-3**に示す荷重のうち，最も不利となる条件を考慮して，部材の安全性の照査及び基礎地盤の安定性の照査を行わなければならない。なお，施工方法によっては，土留材の撤去時におけるカルバートへの付加力等があるため注意する必要がある。また，以下に示す考え方は，荷重が左右対称の場合であるので，施工時に片方のみ埋戻しを行う場合や，その他の事情により偏土圧を受ける場合には，設計にその偏荷重を考慮しなければならない。

解表6-3 従来型パイプカルバートの設計に用いる荷重

荷重			剛性パイプカルバート	たわみ性パイプカルバート	
				コルゲートメタルパイプカルバート	その他従来型たわみ性パイプカルバート[注]
主荷重	死荷重	管の重量	○	×	×
		管内の水の重量	△	△	△
	活荷重	管上の活荷重	○	○	○
		管内の活荷重	×	×	×
		衝撃	○	○	○
	土圧	鉛直土圧	○	○	○
		水平土圧	×	○	○
		活荷重による土圧	○	○	○
	水圧		×	×	×
	浮力		×	×	△
	コンクリートの乾燥収縮の影響		×	×	×
従荷重	温度変化の影響		×	×	×
	地震の影響		×	×	×
主荷重に相当する特殊荷重	地盤変位の影響		×	×	×

注) その他の従来型たわみ性パイプカルバート:
  硬質塩化ビニルパイプカルバート,強化プラスチック複合パイプカルバート,
  高耐圧ポリエチレンパイプカルバート
○:必ず考慮する荷重
△:その荷重による影響が特にある場合を除いて,一般には考慮する必要のない荷重
×:考慮する必要のない荷重

　以下に,各荷重の基本的な考え方を示す。詳細な内容については,剛性パイプカルバートとたわみ性パイプカルバートで異なるため,各節を参照されたい。

(1) 活荷重・衝撃

　パイプカルバートの設計計算上,活荷重・衝撃は,(2)に示すとおり,活荷重による土圧として考慮される。

(2) 土圧

　土圧には，カルバート上載土や側方の土の重量による土圧及び活荷重による土圧があり，以下のように考える。

1) 土の重量による土圧

① 鉛直土圧

　鉛直土圧は，埋設方式（突出型，溝型），基礎形状，土かぶりにより異なるため，管の構造，地盤条件に適した埋設方式，基礎形状を選定し，鉛直土圧を算出しなければならない。

② 水平土圧

　水平土圧は，埋設方式（突出型，溝型）だけでなく，例えば溝型の埋設方式を施工する際の土留め方式にも影響を受けるため，管の施工方法等を考慮して水平土圧の作用を判断しなければならない。

2) 活荷重による土圧

　従来型パイプカルバートに作用する活荷重による土圧は，以下のように考える。

① 活荷重による鉛直土圧

　パイプカルバート上面に作用する活荷重による鉛直土圧の考え方は，「第5章　剛性ボックスカルバートの設計」の「5-2　荷重」に準拠する。

② 活荷重による水平土圧

　パイプカルバート側面に作用する活荷重による水平土圧は，埋設方式（突出型，溝型），基礎形状，土かぶりの影響を受けるため，これらを勘案して水平土圧の作用を判断しなければならない。

(3) 水圧と浮力

　地下水位の高い地盤中に埋設するパイプカルバートで，土かぶりが薄い場合は，水圧及び浮力の影響を考慮するものとする。

(4) 温度変化の影響

　一般にパイプカルバートの温度変化は土かぶりの増大とともに急激に減少し，

土かぶり50cm以上では，その周期的変化は著しく小さくなる。パイプカルバートでは，一般に土かぶりが50cm以上となるため，温度変化の影響は一般に考えなくてもよい。

(5) 地震の影響

パイプカルバートについては，規模の小さい地中構造物であり，一般に地震の影響を考えなくてよい。

(6) 地盤変位の影響

パイプカルバート完成後，地盤の圧密沈下等による不同沈下によりカルバートに悪影響を与えるおそれがある場合には，その影響を考慮するものとする。

6-2 剛性パイプカルバートの設計

6-2-1 一般

> 従来型剛性パイプカルバートの設計に当たっては，埋設形式，荷重，基礎形式を適切に設定し，カルバートの安定性及び部材の安全性を照査するものとする。

従来型剛性パイプカルバートについては，これまでの経験・実績等を踏まえて，以下に示す従来の照査手法及び構造細目に従って設計を行ってよい。

(1) 埋設形式

剛性パイプカルバート（以下，管という）の埋設形式は，突出型と溝型の2種類がある。なお，設計条件が突出型及び溝型と異なる場合は，別途検討を行う。
1) 突出型

突出型とは，解図6-1(a)に示すように，管を直接地盤またはよく締め固められた地盤上に設置し，その上に盛土をする形式をいう。なお，溝を掘って管を埋

設しても，解図6-2(a)に示すように溝幅が管の外径の2倍以上ある場合や，解図6-2(b)に示すように原地盤からの土かぶりh_aが溝幅の1/2以下の場合は，突出型とみなす。

2) 溝　型

溝型とは，解図6-1(b)に示すように，原地盤またはよく締め固めた盛土に溝を掘削して埋設する形式であり，プレローディングを行い長期間放置した盛土を掘削して管を設置する場合も溝型とする。

なお，矢板使用の有無により設計条件が異なるため，矢板を使用する場合については，日本下水道協会規格「JSWAS A-1（下水道用鉄筋コンクリート管）」の土圧算定式等を参考に検討されたい。

(a) 突出型　　　(b) 溝　型

解図6-1　埋設形式

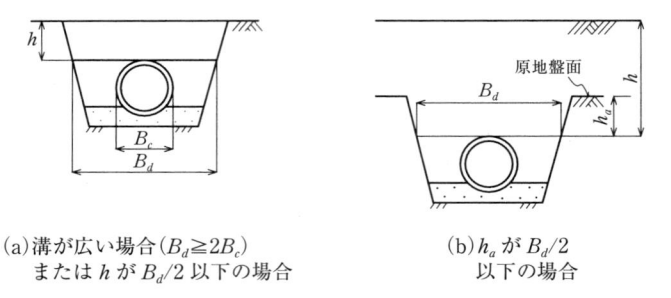

(a) 溝が広い場合($B_d \geq 2B_c$)
　　またはhが$B_d/2$以下の場合

(b) h_aが$B_d/2$以下の場合

解図6-2　突出型とする場合

(2)　荷重

剛性カルバートの設計において考慮すべき荷重には，活荷重，鉛直土圧，管の重重及び管内の水の重量があるが，一般的には，盛土または埋戻し土による鉛直

土圧及び活荷重による鉛直土圧を考慮すればよい。管の重量及び管内の水の重量，水平土圧も管に曲げモーメントを生じさせるが，これらは相互に打ち消すように働くので，考慮しなくてもよい。

管の種類及び基礎形式は，管に生じる最大曲げモーメントが管の許容曲げモーメントよりも小さくなるように選定する。

1) 盛土または埋戻し土による鉛直土圧

盛土または埋戻し土による鉛直土圧 q_d は，式（解6-1）で計算する。

① 突出型の場合（**解図6-3**）

$$q_d = C_c \cdot \gamma \cdot B_c \quad (\text{kN/m}^2) \quad \cdots\cdots\cdots\cdots（解6-1）$$

a) $h \leqq h_e$ のとき

$$C_c = \frac{\exp\left(K \cdot \dfrac{h}{B_c}\right) - 1}{K} \quad \cdots\cdots\cdots\cdots（解6-2）$$

b) $h > h_e$ のとき

$$C_c = \frac{\exp\left(K \cdot \dfrac{h_e}{B_c}\right) - 1}{K} + \left(\frac{h - h_e}{B_c}\right) \cdot \exp\left(K \cdot \frac{h_e}{B_c}\right) \quad \cdots\cdots（解6-3）$$

ここに，γ ：土の単位体積重量（kN/m³）

B_c ：管の外径（m）

C_c ：鉛直土圧係数で式（解6-2）または式（解6-3）より求める。

K ：定数　砂質土0.4

　　　　　粘性土0.8

h ：土かぶり（m）

h_e ：等沈下面の高さ（m）で次式で計算する。

$$\exp\left(K \cdot \frac{h_e}{B_c}\right) - K \cdot \frac{h_e}{B_c} = K \cdot \gamma_{sd} \cdot \overline{p} + 1$$

γ_{sd} ：沈下比で**解表6-4**の値による。普通地盤では一般に0.7としてよい。

$\bar{p}$：突出比 $\left(\bar{p} = \dfrac{h_c}{B_c}\right)$

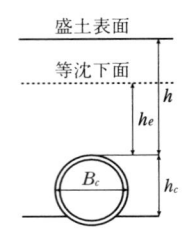

解図 6-3 突出型の鉛直土圧を求める際の諸元

解表 6-4 沈下比

地盤条件	沈下比（γ_{sd}）
岩盤，硬質地盤	1.0
普通地盤	0.5〜0.8
軟弱な地盤	0〜0.5

② 溝型の場合（**解図 6-4**）

$$q_d = \gamma \cdot h \ (\text{kN/m}^2) \quad \cdots\cdots\cdots\cdots\cdots\cdots\cdots\cdots\cdots\cdots\cdots\cdots \ (\text{解 6-4})$$

ここに，γ：土の単位体積重量（kN/m³）

h：土かぶり（m）

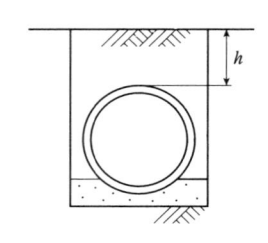

解図 6-4 溝型における土かぶり

2) 活荷重による鉛直土圧

輪荷重は，地表面よりある角度をもって地中に分布するものと考える。分布角は，車両の進行方向については45°で分布するものとするが，その直角方向には，車両が並列に並ぶ可能性があることを考慮して車両占有幅2.75mの範囲に均等に分布するものとする（**解図6－5**）。

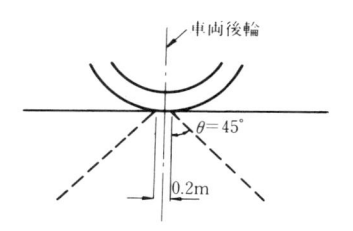

解図6－5 輪荷重の分布

活荷重による鉛直土圧は式（解6－5）で計算する。

$$q_l = \frac{2P(1+i)\cdot\beta}{2.75(0.20+2h)} \quad (\text{kN/m}^2) \quad \cdots\cdots\cdots\cdots\cdots\cdots\cdots（解6-5）$$

ここに，P：100kN（T'荷重）

h：土かぶり（m）

i：衝撃係数で**解表4－3**による。

β：断面力の低減係数で**解表6－5**による。

解表6－5 剛性パイプカルバートの断面力の低減係数

	土かぶり $h \leqq 1$ m かつ 内径$\geqq$ 4m の場合	左記以外の場合
β	1.0	0.9

(3) 基礎形式

基礎は，管の安全性を確保し，管の不同沈下が生じないよう支持が堅固で均一

になるような構造とする。管の標準的な基礎形式には，砂基礎，砕石基礎及びコンクリート基礎がある。一般的に砂基礎または砕石基礎は比較的良好な地盤に採用し，コンクリート基礎は地盤が軟弱な場合や管に働く外力が大きい場合に採用する。

砂基礎または砕石基礎（以下，砂・砕石基礎）には施工条件によって**解図6－6**に示す種類があり，コンクリート基礎にはコンクリートで巻く角度によって**解図6－7**に示す種類がある。

コンクリート基礎を管の埋設深さが非常に浅い場合や深い場合，推進工法におけるから伏せ部に用いる場合には，**解図6－7**に示すコンクリート基礎では管の耐荷力が不足することがある。その場合には，**参図6－1**に示す360°コンクリート基礎を用いることもある。

管の耐荷力は満足しても，将来管路が不同沈下しては，その機能が損なわれることになる。**解図6－8**は，それを防ぐための基礎の例を示している。

いずれの基礎形式においても，基礎部や埋戻し部の液状化対策の観点からも締固めは十分に行う必要があり，その他必要と判断される場合には安定処理等を行う。

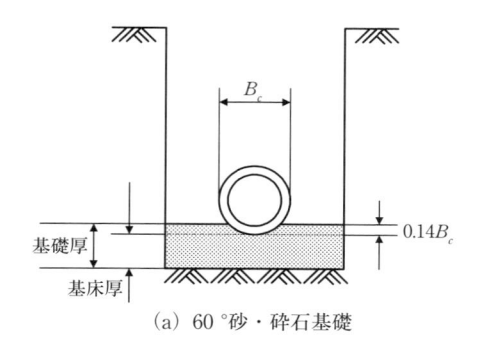

掘削底面に基床として砂，砕石または安定処理土を敷き均し，その上に管を置き，さらに管の底面の $0.14B_c$ の範囲まで砂，砕石または安定処理土で十分締め固める。この場合の有効な支承角は $60°$ とする。

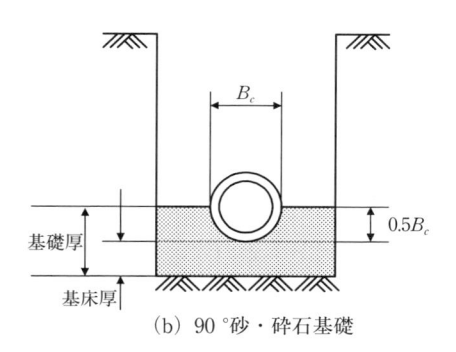

(a) 60°砂・砕石基礎

掘削底面に基床として砂，砕石または安定処理土を敷き均し，その上に管を置き，管の下半分（$0.5B_c$）まで砂，砕石または安定処理土で十分締め固める。この場合の有効な支承角は $90°$ とする。

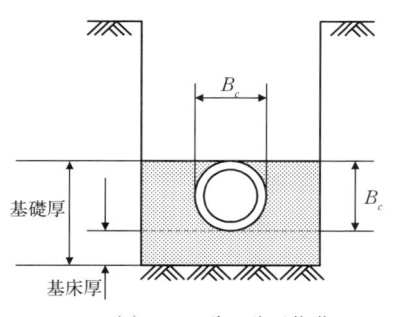

(b) 90°砂・砕石基礎

掘削底面に基床として砂，砕石または安定処理土を敷き均し，その上に管を置き，管の天端（B_c）まで砂，砕石または安定処理土で十分締め固める。この場合の有効な支承角は $120°$ とする。

(c) 120°砂・砕石基礎

解図 6−6 砂・砕石基礎の支承角

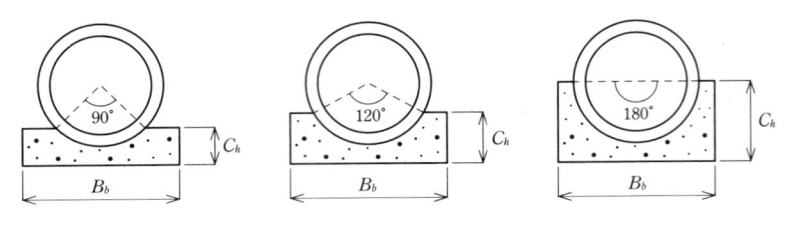

(a) 90°コンクリート基礎　(b) 120°コンクリート基礎　(c) 180°コンクリート基礎

解図6−7　コンクリート基礎の支承角

[参考6−1]

　コンクリート基礎を用いる場合で，支承角が90°，120°，180°では管の耐荷力が不足するような場合には，**参図6−1**に示す360°コンクリート基礎を用いることもある。この場合の配筋計算については，「ヒューム管設計施工要覧」（全国ヒューム管協会）に示される「360°コンクリート巻立ヒューム管の設計方法」を参考に検討するとよい。

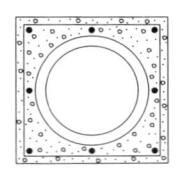

参図6−1　360°コンクリート基礎

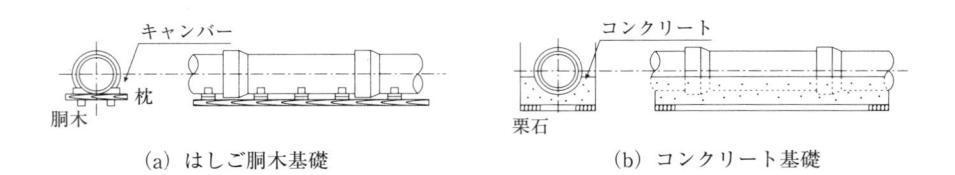

(a) はしご胴木基礎　　　　　(b) コンクリート基礎

解図6−8　管路の沈下を防ぐための基礎

6−2−2 剛性パイプカルバートの設計

> (1) 剛性パイプカルバートは，現地の条件や用途に応じた種類及び規格を適切に選定して用いる。
> (2) 管体の設計では，管に生じる最大曲げモーメントが許容曲げモーメントと比べて安全となるようにする。
> (3) 基礎の設計では，(2)を満足するような条件を設定し，材料の選定を適切に行う。
> (4) 被覆部・埋戻し部は材料の選定と締固めを適切に行う。
> (5) カルバートを他の構造物に直接接続する場合，不同沈下や地震等による相対変位によって取付部分が折損するのを防ぐ対策を行う。
> (6) 設計で考慮する荷重に対して，継手に損傷が生じないことを確認する。

(1) 管の種類と規格

剛性パイプカルバートに使用する管は，遠心力鉄筋コンクリート管及びプレストレストコンクリート管とする。

1) 遠心力鉄筋コンクリート管の種類

道路構造物に用いる遠心力鉄筋コンクリート管の種類は，「JIS A5372 附属書C（規定）暗きょ類　推奨仕様C−2　遠心力鉄筋コンクリート管」のうち外圧管を対象としている。遠心力鉄筋コンクリート管は，管径や継手の形状によってB形，NB形及びNC形に分類される。B形に対して，抜け出し長を大きくしたNB形があり，耐震計算で求められる抜出し長に合わせてこれらを使い分けている。この他，管の種類には異形管もある。

① B形管

遠心力鉄筋コンクリート管では，B形管が最も一般的に用いられる。B形管の管径の範囲は，呼びで150〜1350である。継手部が受口と差口になっており，ゴム輪を用いて接合する（**解図6−9**）。

② NB形管

NB形管の管径の範囲は，呼びで150〜900である。形状はB形管とほぼ同じでゴム輪を用いて接合するが，継手部の受口と差口がB形管より長くなっており，

B形管よりも高い継手性能を期待できる（**解図6-9**）。

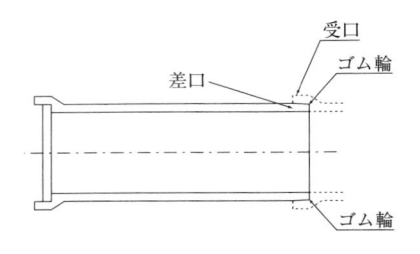

解図6-9 B形管及びNB形管

③ NC形管

B形管よりも大きな管径が必要な場合に用いられる。NC形管の管径の範囲は，呼びで1500～3000である。継手部が受口と差し口になっているいんろう形で，ゴム輪を用いて接合する（**解図6-10**）。

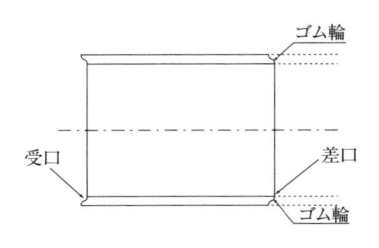

解図6-10 NC形管

2) 遠心力鉄筋コンクリート管の曲げ強度

遠心力鉄筋コンクリート管の外圧管は，曲げ強度によっても1種，2種及び3種と分類され，必要な強度に応じて使い分けられる。外圧管1種，2種及び3種のひび割れ荷重及び破壊荷重は**解表6-6**のとおりである。

1種および2種の強度は，B形管，NB形管，NC形管の全てに用いられるが，3種の強度はNC形管のみに用いられる。

解表6-6　遠心力鉄筋コンクリート管の曲げ強度

形		呼び	ひび割れ荷重（kN/m）			破壊荷重（kN/m）		
			1種	2種	3種	1種	2種	3種
B形	NB形	150	16.7	23.6	−	25.6	47.1	−
		200	16.7	23.6	−	25.6	47.1	−
		250	16.7	23.6	−	25.6	47.1	−
		300	17.7	25.6	−	26.5	51.1	−
		350	19.7	27.5	−	29.5	55.0	−
		400	21.6	32.4	−	32.4	62.8	−
		450	23.6	36.3	−	35.4	66.8	−
		500	25.6	41.3	−	38.3	70.7	−
		600	29.5	49.1	−	44.2	77.5	−
		700	32.4	54.0	−	49.1	85.4	−
		800	35.4	58.9	−	53.0	93.2	−
		900	38.3	63.8	−	57.9	101	−
		1000	41.3	68.7	−	61.9	108	−
		1100	43.2	72.6	−	65.8	113	−
		1200	45.2	75.6	−	71.7	118	−
		1350	47.1	79.5	−	81.5	126	−
NC形		1500	50.1	83.4	110	91.3	134	165
		1650	53.0	88.3	117	102	143	176
		1800	56.0	93.2	123	111	151	185
		2000	58.9	98.1	130	118	161	195
		2200	61.9	104	137	124	172	206
		2400	64.8	108	143	130	183	214
		2600	67.7	113	150	136	193	224
		2800	70.7	118	155	142	204	233
		3000	73.6	123	162	148	213	244

注）ひび割れ荷重とは，管体に幅0.05mmのひび割れを生じたときの試験機が示す荷重を有効長Lで除した値をいい，破壊荷重とは試験機が示す最大荷重を有効長Lで除した値をいう。

3）プレストレストコンクリート管の種類

　プレストレストコンクリート管は，遠心力またはロール転圧により成形したコアに，プレストレスを導入して製造する管である。本指針では，「JIS A5373附属書D（規定）暗きょ類　推奨仕様D-1プレストレストコンクリート管」の外圧管で，高圧1種～3種及び1種～3種を対象とする。プレストレストコンクリート管は，管径や継手の構造によりS形，C形及びNC形に分類される（**解図6-11**）。耐震性の検討により継手の抜出量が大きく必要とされる場合は，S形及びNC形が使用される。その他，S形は曲げ角度が大きいことから，曲線敷設に

適している。

① S形管

　管径の範囲は，呼びで500～2000である。継手部が受口と差口になっており，ゴム輪を用いて接合する。C形管に比べて継手部の受口と差口が長く，高い継手性能が期待できる。また，C形管やNC形管と比較して曲げ角度が大きいため，曲線を有する管としての利用に適している。(**解図6－11**(a))

② C形管

　管径の範囲は，呼びで900～3000で，S形管よりも管径が大きい。継手部が受口と差口になっているいんろう形で，ゴム輪を用いて接合する。(**解図6－11**(b))

③ NC形管

　管径の範囲は，呼びで1500～3000である。形状はC形管とほぼ同様でゴム輪を用いて接合する。C形管よりも管厚が厚く，継手部の受口と差口が長くなっており，高い継手性能が期待できる。このため，C形管に比べ，耐震性の検討により継手の抜出量が大きく必要とされる場合に用いられる。(**解図6－11**(b))

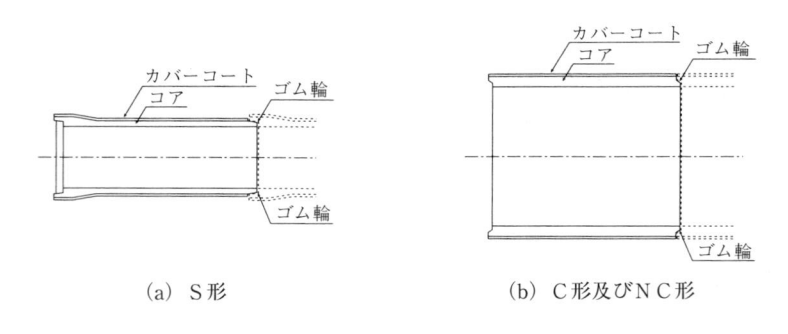

(a) S形　　　　　　　　　(b) C形及びNC形

解図6－11　プレストレストコンクリート管

4) プレストレストコンクリート管の曲げ強度

　プレストレストコンクリート管の外圧管は，曲げ強度によっても高圧1種，高圧2種，高圧3種，1種，2種及び3種と分類され，必要な強度に応じて使い分けられる。高圧1種，高圧2種，高圧3種，1種，2種及び3種のひび割れ荷重は，**解表6－7**のとおりである。なお，管の形状及び管径による曲げ強度区分は**解表6－8**に示す。

解表6-7　プレストレストコンクリート管の曲げ強度（ひび割れ荷重）

呼び	ひび割れ荷重（kN/m）					
	高圧1種	高圧2種	高圧3種	1種	2種	3種
500	−	−	−	112	97	80
600	−	−	−	110	95	78
700	−	−	−	113	96	79
800	−	−	−	120	102	84
900	240	200	170	130	110	88
1000	240	200	170	138	117	94
1100	240	200	170	144	121	100
1200	240	200	170	151	128	105
1350	240	200	170	157	133	108
1500	300	240	200	169	143	118
1650	300	240	200	180	155	127
1800	300	240	200	190	161	129
2000	300	250	230	200	165	137
2200	300	250	230	210	177	143
2400	−	300	250	220	185	149
2600	−	300	250	230	193	155
2800	−	−	300	240	201	161
3000	−	−	300	250	209	167

注）ひび割れ荷重に有効長 L を乗じた荷重を作用させたとき，管体にひび割れが発生してはならない。破壊荷重は，ひび割れ荷重の2倍の値である。

解表6-8　管の形状及び管径（呼び）による曲げ強度区分

種類による曲げ強度区分		管の形状及び管径 （呼びによる区分で，中の数字は呼び）		
		S形	C形	NC形
外圧管	高圧1種	−	900〜1350	1500〜2200
	高圧2種	−	900〜2200	2400〜2600
	高圧3種	−	900〜2600	2800〜3000
	1種	500〜1800	900〜3000	−
	2種	500〜2000		
	3種			

(2) 管体の設計

　剛性パイプカルバートの設計では，設計荷重により管に生じる最大曲げモーメントを求め，管体の許容曲げモーメントと比べて安全となるように管種及び基礎条件を選定する。

1) 管に生じる最大曲げモーメント

　盛土または埋戻し土及び活荷重による鉛直土圧によって管に生じる最大曲げモーメント M は，式（解6-6）で計算する。

$$M = k(q_d + q_l)r^2 \quad (\text{kN·m}) \quad \cdots\cdots\cdots\cdots\cdots\cdots\cdots\cdots\cdots\cdots\cdots\cdots\cdots \text{（解6-6）}$$

　ここに，k：基礎形式及び基礎の有効支承角に対する係数で，**解図6-6**，**解図6-7** の支承角及び**解表6-9**の値による。

　　　　q_d：盛土または埋戻し土による鉛直土圧（kN/m²）で，式（解6-1）または式（解6-4）による。

　　　　q_l：活荷重による鉛直土圧（kN/m²）で，式（解6-5）による。

　　　　r：管厚中心半径（m）で，**解表6-10**，**解表6-11**の値による。

解表6-9　kの値

基礎形式	砂・砕石基礎			コンクリート基礎		
有効支承角	60°	90°	120°	90°	120°	180°
k	0.378	0.314	0.275	0.303	0.243	0.220

2) 管体の許容曲げモーメント

　管頂及び管底に集中線荷重としてひび割れ荷重 P_r を載荷したとき，管の最大抵抗曲げモーメント M_r は管底において生じ，その値は式（解6-7）とする。

$$M_r = 0.318 \cdot P_r \cdot r + 0.239 \cdot W \cdot r \quad (\text{kN·m}) \quad \cdots\cdots\cdots\cdots\cdots\cdots \text{（解6-7）}$$

　ここに，P_r：ひび割れ荷重（kN/m）

　　　　　（**解表6-6**，**解表6-7**に示すひび割れ荷重）

　　　　r：管厚中心半径（m）で**解表6-10**，**解表6-11**の値とする。

　　　　　遠心力鉄筋コンクリート管：$r = (D + t)/2$

　　　　　プレストレストコンクリート管：$r = (D + t_c + 0.6t_g)/2$

D：管の内径（m）で，呼びを換算した値としてよい。

t：管厚（m）

　　プレストレストコンクリート管の場合は　$t = t_c + t_g$

t_c：コアの厚さ（m）

t_g：カバーコートの厚さ（m）

W：管の重量（kN/m）で**解表6－10**，**解表6－11**の値とする。

　許容曲げモーメントは，ひび割れに対して1.25の安全率を考慮するものとする。したがって，許容曲げモーメントM_{ra}は式（解6－8）により求める。

$$M_{ra} = \frac{M_r}{1.25} \text{ (kN·m)} \quad\quad\quad\quad\quad\quad\quad\quad\quad\quad\quad\quad\quad\text{（解6－8）}$$

解表6−10 設計に用いる諸数値(遠心力鉄筋コンクリート管)

呼び	管の自重 W (kN/m)		管厚中心半径 r (m)	
	B,NB 形管	NC 形管	B,NB 形管	NC 形管
150	0.35	−	0.0880	−
200	0.46	−	0.1135	−
250	0.59	−	0.1390	−
300	0.75	−	0.1650	−
350	0.92	−	0.1910	−
400	1.15	−	0.2175	−
450	1.40	−	0.2440	−
500	1.72	−	0.2710	−
600	2.45	−	0.3250	−
700	3.31	−	0.3790	−
800	4.31	−	0.4330	−
900	5.51	−	0.4875	−
1000	6.69	−	0.5410	−
1100	7.88	−	0.5940	−
1200	9.28	−	0.6475	−
1350	11.28	−	0.7265	−
1500	13.61	17.31	0.8060	0.8200
1650	16.01	20.36	0.8850	0.9000
1800	18.45	23.64	0.9635	0.9800
2000	23.45	28.70	1.0725	1.0875
2200	28.47	34.24	1.1800	1.1950
2400	33.98	40.26	1.2875	1.3025
2600	39.97	46.78	1.3950	1.4100
2800	46.45	53.78	1.5025	1.5175
3000	53.41	61.26	1.6100	1.6250

解表6−11 設計に用いる諸数値（プレストレストコンクリート管）

呼び	管の自重 W (kN/m)			管厚中心半径 r (m)		
	S形管	C形管	NC形管	S形管	C形管	NC形管
150	−	−	−	−	−	−
200	−	−	−	−	−	−
250	−	−	−	−	−	−
300	−	−	−	−	−	−
350	−	−	−	−	−	−
400	−	−	−	−	−	−
450	−	−	−	−	−	−
500	3.14	−	−	0.278	−	−
600	3.82	−	−	0.330	−	−
700	4.51	−	−	0.381	−	−
800	5.49	−	−	0.433	−	−
900	6.86	7.55	−	0.485	0.495	−
1000	7.84	8.92	−	0.538	0.549	−
1100	9.12	10.30	−	0.590	0.602	−
1200	10.88	11.96	−	0.643	0.655	−
1350	12.94	14.22	−	0.720	0.734	−
1500	16.47	16.87	20.69	0.800	0.814	0.828
1650	18.93	19.61	24.03	0.880	0.893	0.908
1800	21.97	22.36	27.65	0.958	0.971	0.988
2000	26.77	27.75	33.15	1.063	1.080	1.095
2200	−	33.24	39.13	−	1.188	1.203
2400	−	39.22	45.50	−	1.295	1.310
2600	−	45.60	52.27	−	1.403	1.418
2800	−	52.46	60.02	−	1.510	1.525
3000	−	59.71	67.66	−	1.618	1.633

(3) 基礎の設計

　基礎の設計では，基礎材，基床厚，基礎寸法について検討する。一般的な基礎の構造を**解図6－12**に示す。

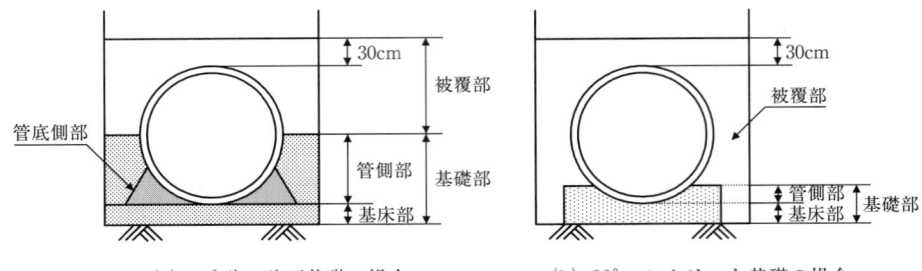

　　　（a）90°砂・砕石基礎の場合　　　　（b）90°コンクリート基礎の場合

解図6－12　基礎部の構造

1) 基礎部の定義

　基礎部は基床部と管側部で構成される。

　剛性パイプカルバート基礎部は基床部と管側部で構成される。基礎部を構成する各部においては，同一材料を用いるものとする。

2) 基礎材

　剛性パイプカルバート基礎部に使用する基礎材は，砂，砕石，安定処理土またはコンクリート等を用いる。なお，砕石の最大粒径は40mm以下とする。

3) 基床厚

　砂または砕石を使用する場合の基床厚は，不同沈下を防止し，管に対する安全性を高めるため，管底部の支持が堅固で均一になるよう原地盤の状況を勘案して決定する。地盤別の標準的な基床厚は，**解表6－12**に示すとおりである。

解表6－12　標準的な基床厚　　　（cm）

地盤 呼び	普通地盤	岩石・転石地盤	軟弱地盤
200 ～ 1000	10 以上	30 以上	30 以上
1100 ～ 2000	20 以上	30 以上	30 以上
2200 ～ 3000	30 以上	40 以上	40 以上

4) 砂・砕石基礎の寸法

砂・砕石基礎の標準的な寸法は，基床厚（**解図6−6**及び**解表6−12**）と掘削幅（**解図6−6**）を考慮して決定する。

5) コンクリート基礎の寸法

コンクリート基礎の標準的な寸法は**解表6−13**のとおりである。

解表6−13 コンクリート基礎の標準的な寸法（mm）

呼び径	コンクリート基礎						
	$\theta=90°$		$\theta=120°$		$\theta=180°$		
	B_b	C_{h1}	B_b	C_{h1}	B_b	C_{h1}	C_{h2}
150	350	130	400	160	450	210	100
200	400	140	450	170	500	230	100
250	450	150	500	180	550	260	100
300	500	160	550	190	600	280	100
350	550	170	600	210	650	310	100
400	550	220	650	270	700	390	150
450	600	230	700	290	750	420	150
500	650	240	750	300	800	450	150
600	750	260	850	330	900	500	150
700	850	320	950	410	1050	610	200
800	950	340	1100	440	1200	670	200
900	1050	360	1200	470	1350	730	200
1000	1200	380	1350	500	1450	790	200
1100	1300	440	1450	570	1600	890	250
1200	1400	460	1600	600	1750	950	250
1350	1600	480	1750	640	1900	1030	250
1500	1750	510	1950	690	2100	1120	250
1650	1900	580	2150	780	2350	1250	300
1800	2100	610	2300	820	2500	1330	300
2000	2300	640	2550	880	2800	1450	300
2200	2550	670	2850	930	3100	1560	300
2400	2750	760	3050	1040	3350	1730	350
2600	3000	790	3300	1100	3600	1840	350
2800	3250	830	3550	1160	3900	1960	350
3000	3450	860	3800	1210	4150	2070	350

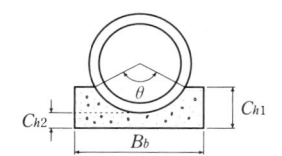

6) 適用土かぶり

剛性パイプカルバートの設計方法は，以上に示したとおりであるが，従来型の適用範囲における設計では，**解図 6－13～24**に示す各基礎形式選定図から土かぶりを求めることができる。

各基礎形式選定図に示す適用土かぶりは，活荷重はT'荷重，土の単位堆積重量は$18kN/m^3$を考慮して求めたものである。各基礎形式選定図で考慮しているその他の埋設条件は**解表6－14**に示すとおりである。

解表6－14　埋設条件

管の種類	埋設形式	基礎の種類	埋戻し土	図番号
遠心力鉄筋コンクリート管	突出型	コンクリート	砂質土	**解図6－13**
			粘性土	**解図6－14**
		砂・砕石	砂質土	**解図6－15**
			粘性土	**解図6－16**
	溝型	コンクリート	砂質土・粘性土	**解図6－17**
		砂・砕石	砂質土・粘性土	**解図6－18**
プレストレストコンクリート管	突出型	コンクリート	砂質土	**解図6－19**
			粘性土	**解図6－20**
		砂・砕石	砂質土	**解図6－21**
			粘性土	**解図6－22**
	溝型	コンクリート	砂質土・粘性土	**解図6－23**
		砂・砕石	砂質土・粘性土	**解図6－24**

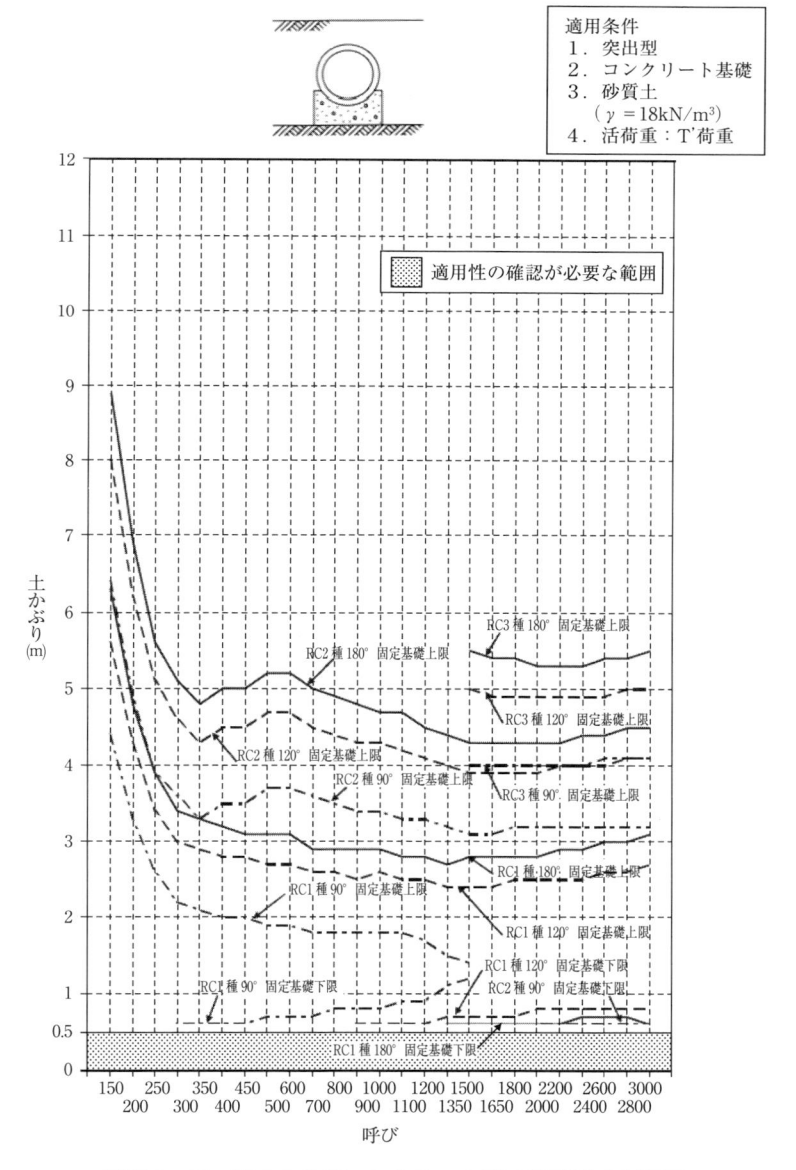

適用条件
1. 突出型
2. コンクリート基礎
3. 砂質土
   ($\gamma = 18 \mathrm{kN/m^3}$)
4. 活荷重：T'荷重

解図6-13 遠心力鉄筋コンクリート管の基礎形式選定図
（突出型：コンクリート基礎，砂質土）

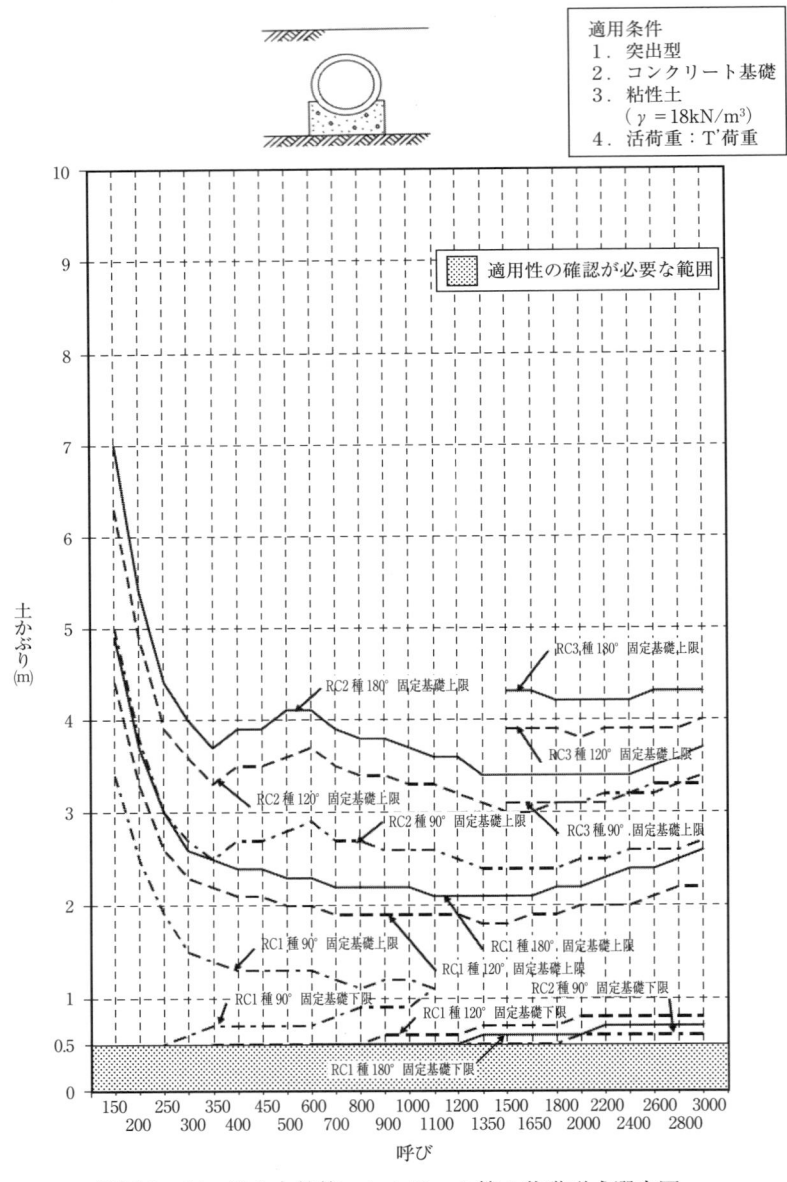

適用条件
1．突出型
2．コンクリート基礎
3．粘性土
　（$\gamma = 18\text{kN/m}^3$）
4．活荷重：T'荷重

適用性の確認が必要な範囲

土かぶり (m)

RC3種180°　固定基礎上限
RC2種180°　固定基礎上限
RC3種120°　固定基礎上限
RC2種120°　固定基礎上限
RC2種90°　固定基礎上限
RC3種90°　固定基礎上限
RC1種90°　固定基礎上限
RC1種180°　固定基礎上限
RC1種120°　固定基礎上限
RC2種90°　固定基礎下限
RC1種90°　固定基礎下限
RC1種120°　固定基礎下限
RC1種180°　固定基礎下限

呼び

解図6-14　遠心力鉄筋コンクリート管の基礎形式選定図
（突出型：コンクリート基礎，粘性土）

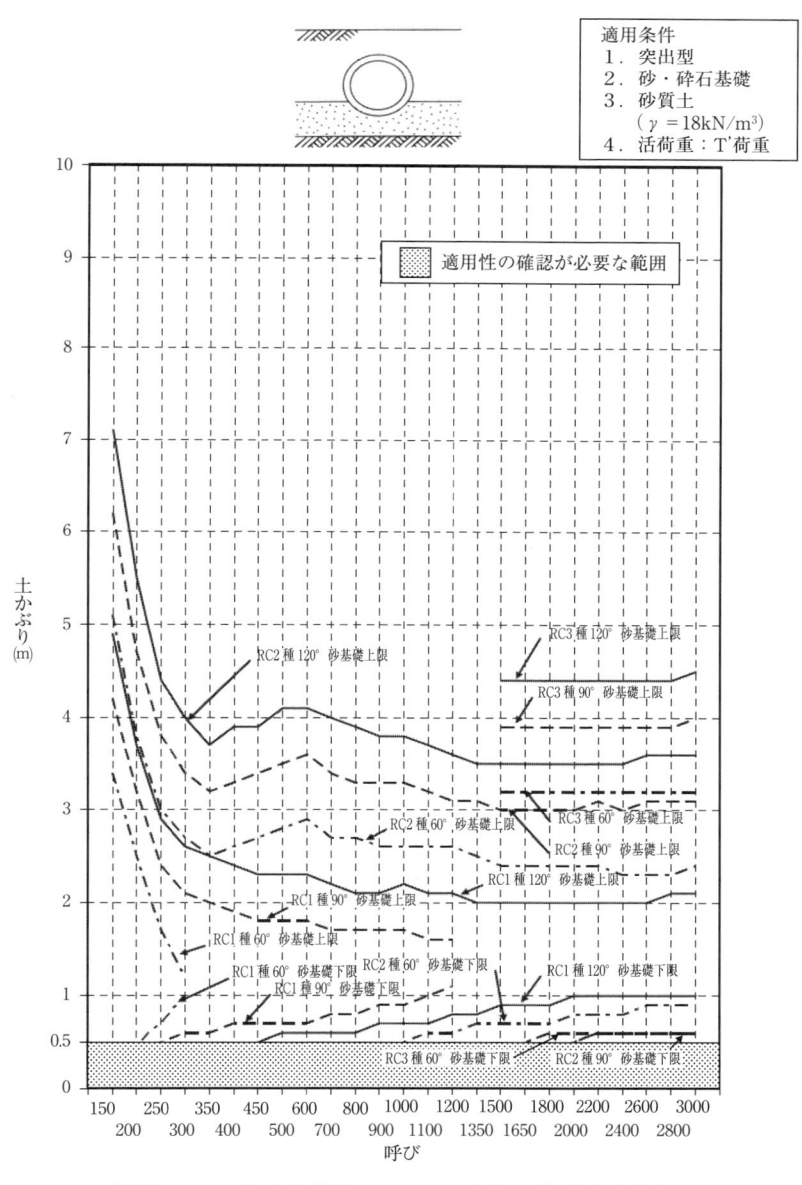

解図 6−15 遠心力鉄筋コンクリート管の基礎形式選定図
(突出型：砂・砕石基礎，砂質土)

適用条件
1. 突出型
2. 砂・砕石基礎
3. 粘性土
   ($\gamma = 18\text{kN/m}^3$)
4. 活荷重：T'荷重

適用性の確認が必要な範囲

解図 6－16 遠心力鉄筋コンクリート管の基礎形式選定図
（突出型：砂・砕石基礎，粘性土）

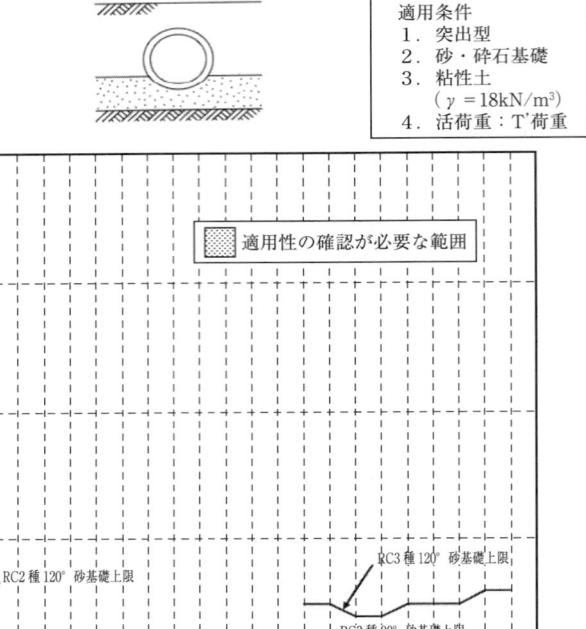

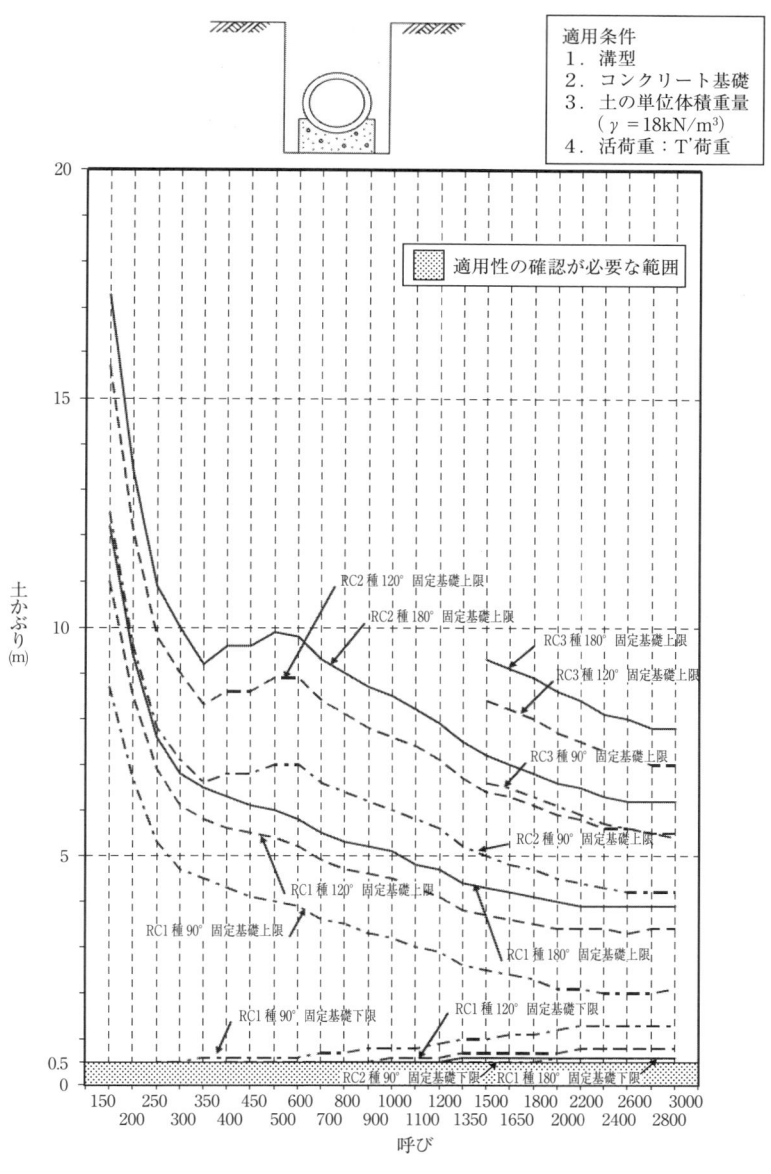

解図 6-17 遠心力鉄筋コンクリート管の基礎形式選定図
（溝型：コンクリート基礎）

適用条件
1．溝型
2．砂・砕石基礎
3．土の単位体積重量
　（$\gamma = 18\text{kN/m}^3$）
4．活荷重：T'荷重

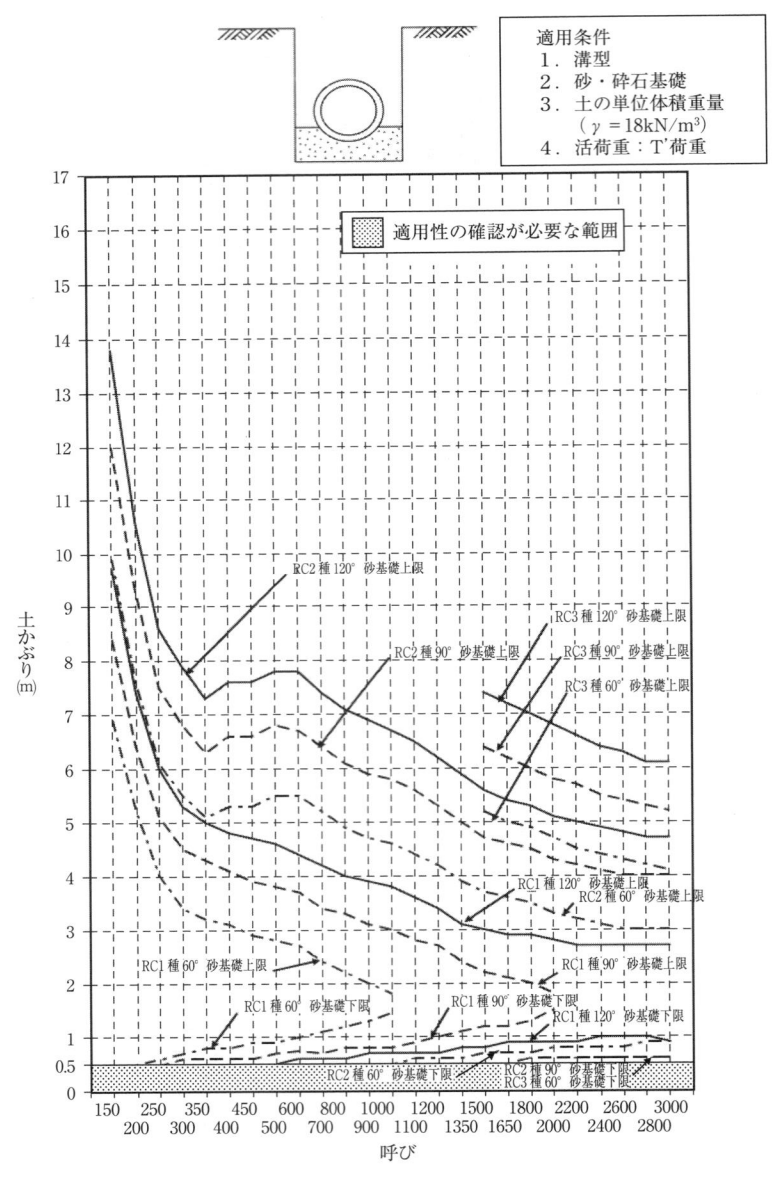

適用性の確認が必要な範囲

土かぶり(m)

RC2種120°砂基礎上限
RC3種120°砂基礎上限
RC2種90°砂基礎上限
RC3種90°砂基礎上限
RC3種60°砂基礎上限
RC1種120°砂基礎上限
RC2種60°砂基礎上限
RC1種60°砂基礎上限
RC1種90°砂基礎上限
RC1種60°砂基礎下限
RC1種90°砂基礎下限
RC1種120°砂基礎下限
RC2種60°砂基礎下限
RC2種90°砂基礎下限
RC3種60°砂基礎下限

呼び

解図 6－18　遠心力鉄筋コンクリート管の基礎形式選定図
（溝型：砂・砕石基礎）

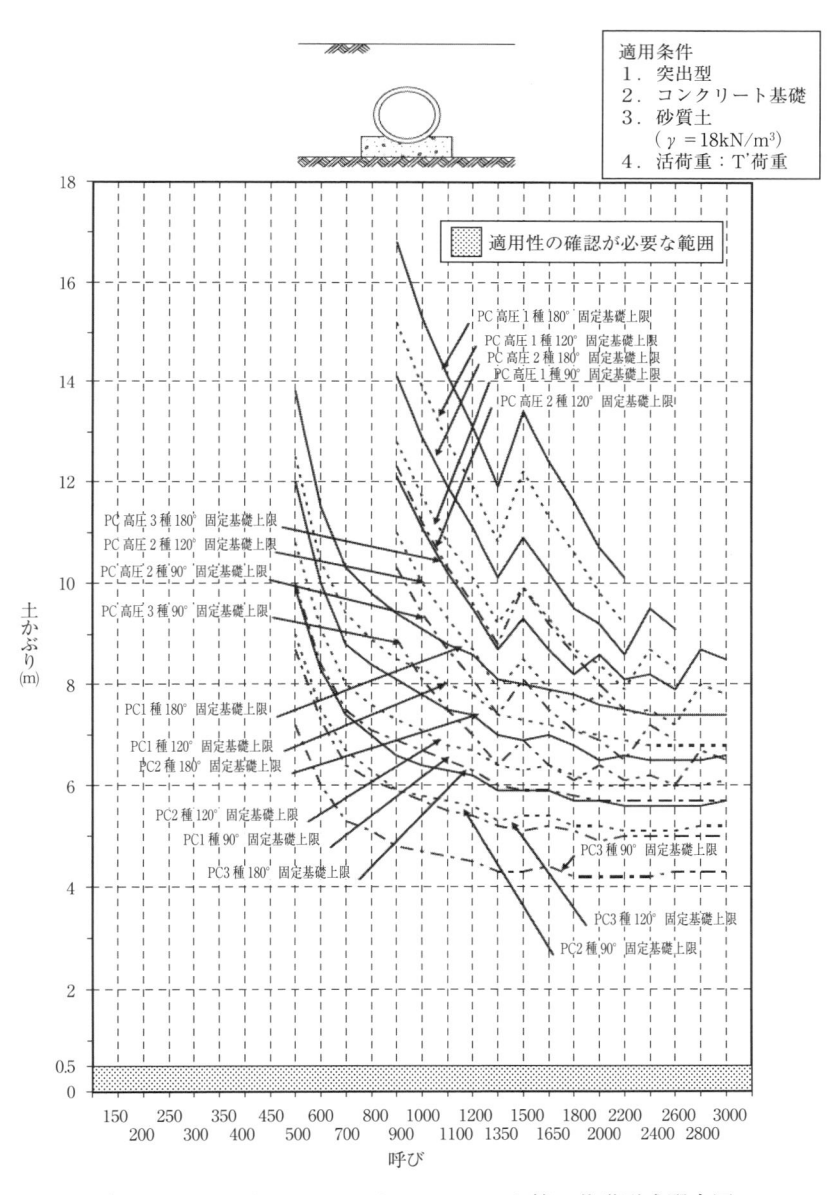

適用条件
1. 突出型
2. コンクリート基礎
3. 砂質土
   ($\gamma = 18 \text{kN/m}^3$)
4. 活荷重：T荷重

解図 6-19 プレストレストコンクリート管の基礎形式選定図
（突出型：コンクリート基礎，砂質土）

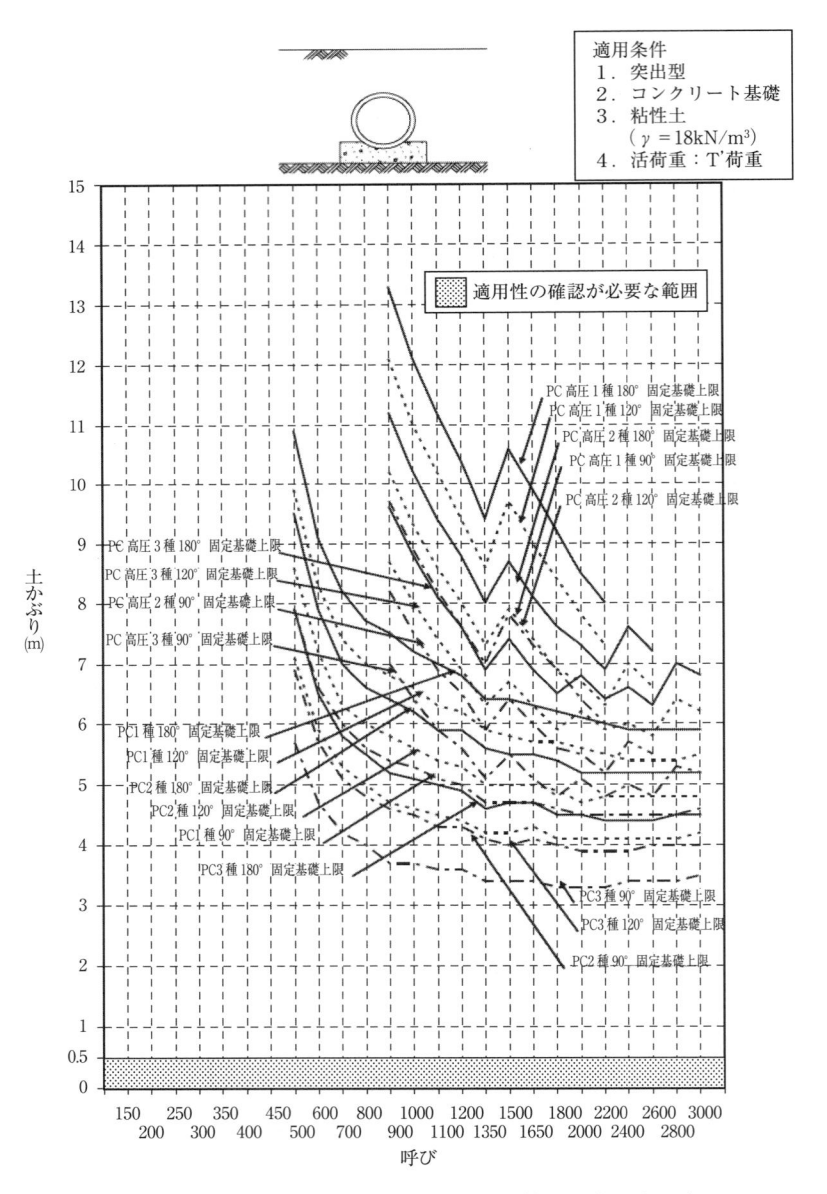

解図 6−20　プレストレストコンクリート管の基礎形式選定図
（突出型：コンクリート基礎，粘性土）

適用条件
1. 突出型
2. 砂・砕石基礎
3. 砂質土
　（$\gamma = 18 \text{kN/m}^3$）
4. 活荷重：T'荷重

解図 6−21 プレストレストコンクリート管の基礎形式選定図
（突出型：砂・砕石基礎，砂質土）

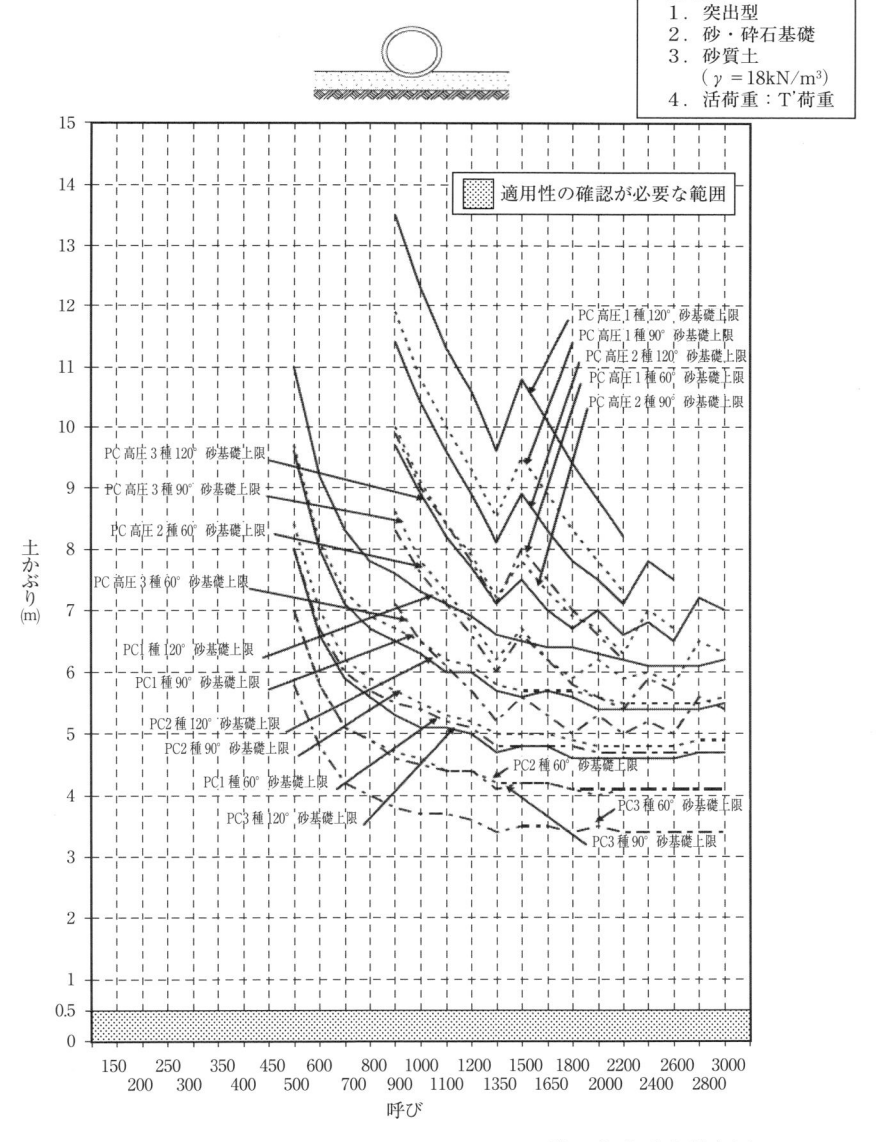

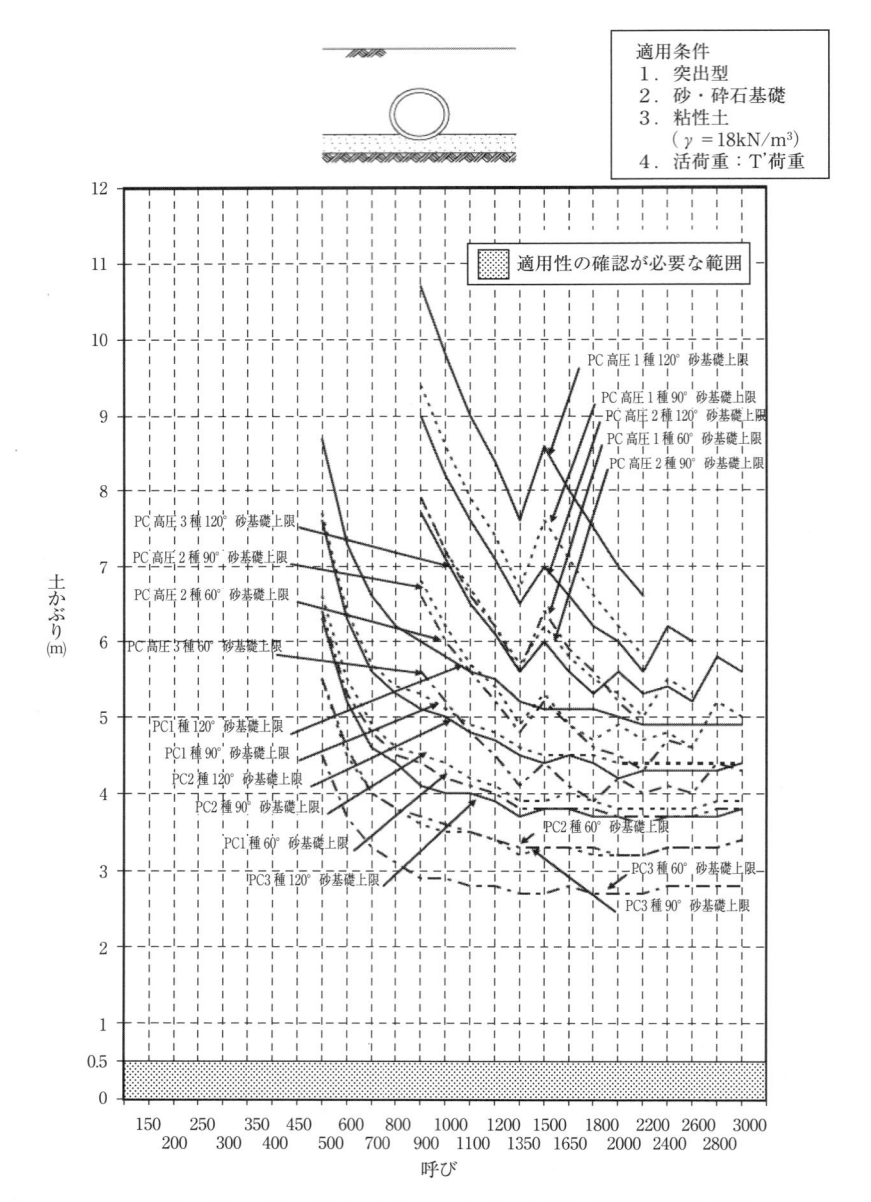

解図 6−22 プレストレストコンクリート管の基礎形式選定図
（突出型：砂・砕石基礎，粘性土）

適用条件
1. 突出型
2. 砂・砕石基礎
3. 粘性土
 （$\gamma = 18\mathrm{kN/m^3}$）
4. 活荷重：T'荷重

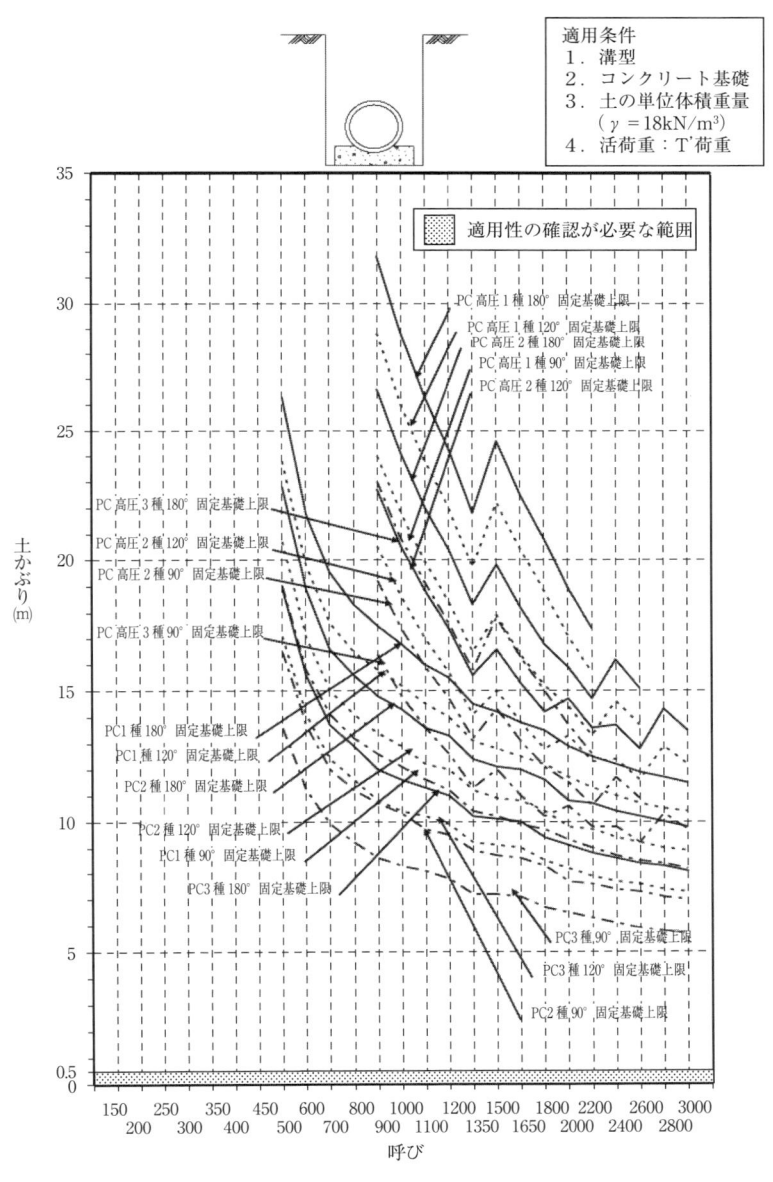

解図 6-23 プレストレストコンクリート管の基礎形式選定図
（溝型：コンクリート基礎）

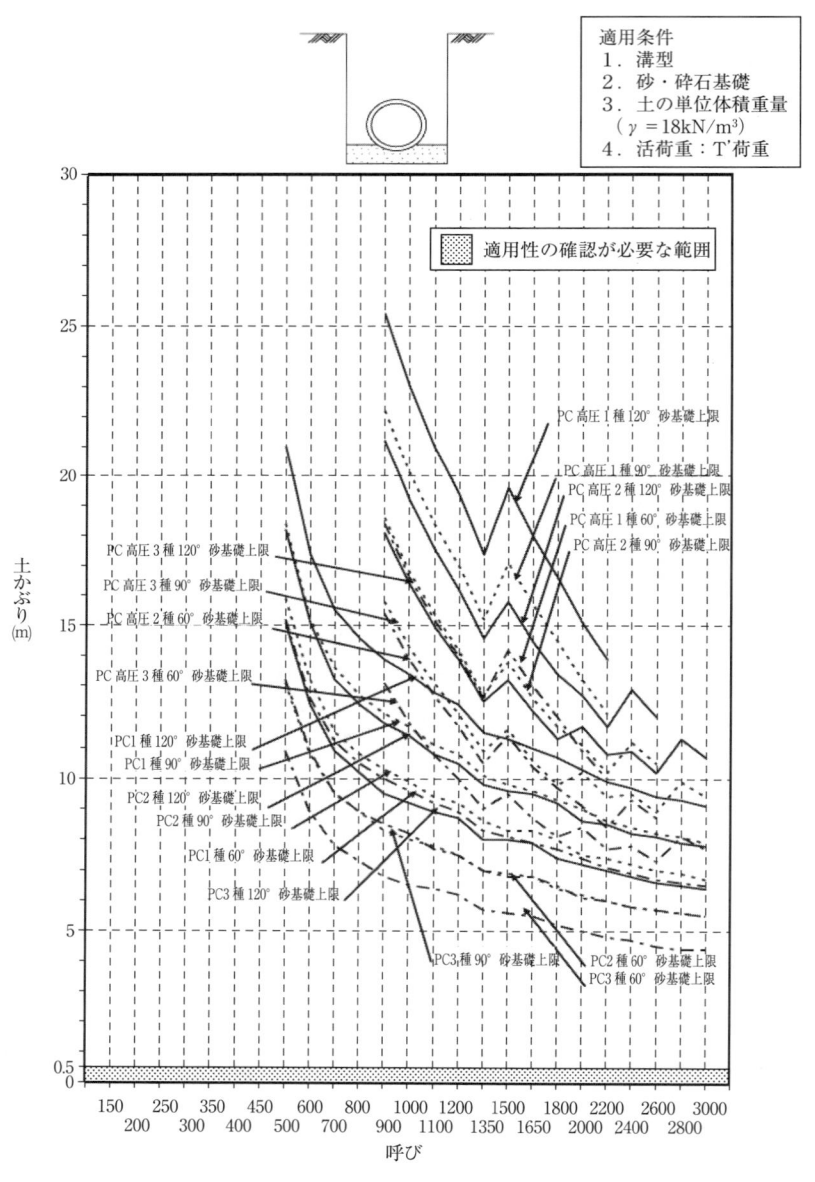

解図 6−24　プレストレストコンクリート管の基礎形式選定図
（溝型：砂・砕石基礎）

7) 掘削幅

矢板等を使用する場合の掘削幅は，管の吊り下ろし，管基礎の築造，十分な締固め作業等に必要な幅を考慮して設定する。矢板等を使用する場合の掘削幅は，式（解6-9）または式（解6-10）により算定する。

① 砂基礎，砕石基礎の場合

砂基礎，砕石基礎の掘削幅は，管の吊り下ろしに必要な幅を考慮する（**解図6-25**(a)）。

② コンクリート基礎の場合

コンクリート基礎の掘削幅は，管の吊り下ろしに必要な幅とコンクリート基礎の施工に必要な幅とを比較し，いずれか大きい方とする（**解図6-25**(b)）。

(a) 砂基礎・砕石基礎の場合

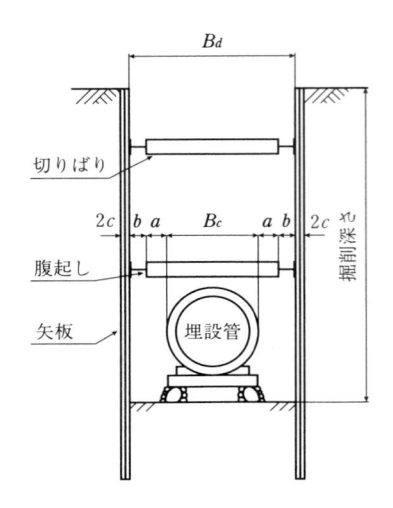

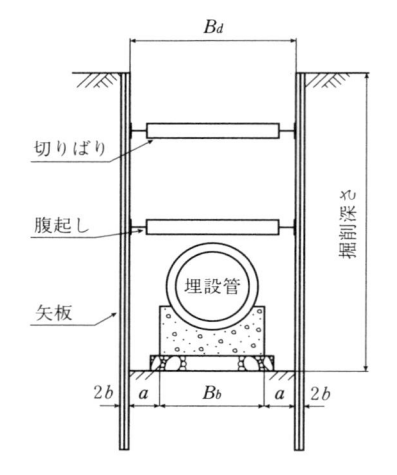

$B_d = B_c + 2(a+b)$ ……… (解 6-9)
 B_d：掘削幅 (m)
 B_c：管外径 (m)
  （継手部を含めた最大管外径）
 a ：余裕幅 (m)
  （管吊り下ろしに必要な幅で管外面と腹起シートの間隔）
 b ：腹起しの厚さ (m)

(b) コンクリート基礎の場合

$B_d = B_b + 2a$ ……………… (解 6-10)
 B_d：掘削幅 (m)
 B_b：コンクリート基礎幅 (m)
 a ：余裕幅 (m)
  （コンクリート打設に必要な幅）

解図 6-25 矢板等を用いる場合の掘削幅の考え方

(4) 被覆部・埋戻し部の設計

被覆部は管頂から30cmまで，埋戻し部は被覆部より上の部分とする。

被覆部，埋戻し部に使用する埋戻し材は，道路盛土や原地盤と同等以上の支持力が得られるとともに，締固めが可能なものとする。一般的に，砂，砕石，改良土等を用いる。なお，道路管理者が指定する良質な発生土や改良土等を用いてもよい。再生材料を用いる場合は再生クラッシャラン，再生砂等とする。

(5) 構造物周辺の配管

剛性パイプカルバートをマンホールまたはその他の構造物に直接接続する場合，不同沈下や地震等による両者の相対的な変位によって取付部分が折損するおそれがあるので留意が必要である。このような損傷は比較的小径の管に多い。

折損を生じさせないため，**解図6-26**に示すように弾性体のシール材（マンホールジョイント），短管，可とう性管，耐震ジョイント等を用いる方法がある。

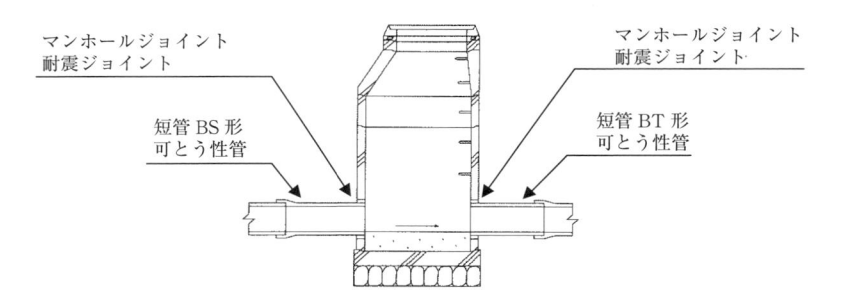

解図6-26　構造物周辺の配管例

[参考6-2]

(1) 呑口，吐口部の構造

盛土に用いる管の呑口，吐口部の翼壁は，**参解図6-2**及び**参解図6-3**を参考にして現場条件に合わせて別途設計する。

(2) 止水壁の構造

急勾配の水路では，管基礎への浸透等を防ぐために止水壁を設けるのが一般的

である。止水壁の深さhは，**参図6-4**に示すh'以上を標準とする。

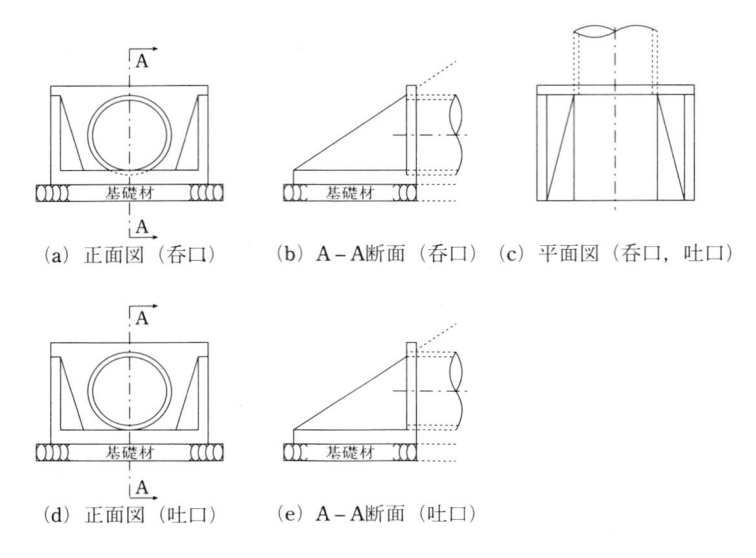

(a) 正面図（呑口）　(b) A-A断面（呑口）　(c) 平面図（呑口，吐口）

(d) 正面図（吐口）　(e) A-A断面（吐口）

参図6-2 呑口，吐口部の構造(1)

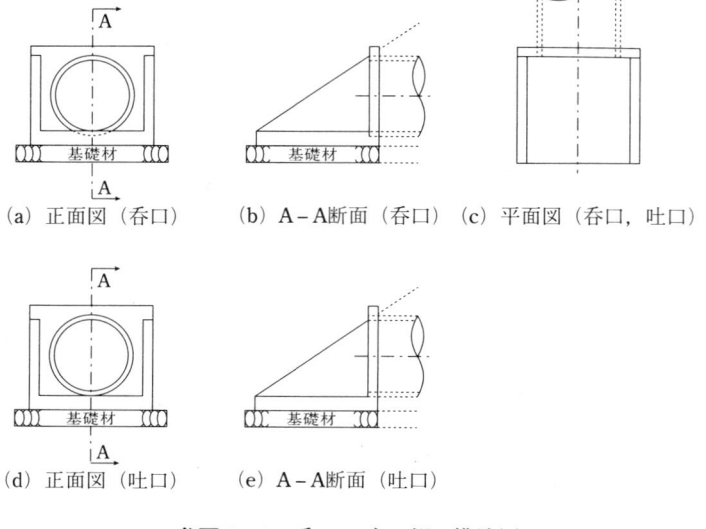

(a) 正面図（呑口）　(b) A-A断面（呑口）　(c) 平面図（呑口，吐口）

(d) 正面図（吐口）　(e) A-A断面（吐口）

参図6-3 呑口，吐口部の構造(2)

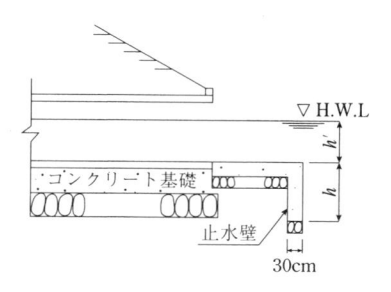

参図6-4　止水壁の構造

(6) 構造細目
1) 継手

解表6-3に示す荷重に対して，継手に損傷が生じないことを確認する必要がある。しかし，これまでの経験・実績から本章に示す継手構造を採用する場合には，継手の耐震照査を省略してもよい。

耐震照査を必要とする場合には，「下水道施設の耐震対策指針と解説」((社)日本下水道協会)を参考にして検討するとよい。

6-3　たわみ性パイプカルバートの設計

6-3-1　一般

> 従来型たわみ性パイプカルバートの設計に当たっては，埋設形式，荷重，基礎形式を適切に設定し，カルバートの安定性及び部材の安全性を照査するものとする。

たわみ性カルバートは，鉛直土圧によってたわみ，カルバート両側の土砂を圧縮し，その時生じる受働土圧を受けることによって，カルバートに加わる外圧を全周に渡り均等化して抵抗するものである。したがって，十分な側方受働土圧抵抗を発揮するため，「7-4　たわみ性パイプカルバートの施工」に示した施工条件に留意し，適切に埋戻し材を選定し，十分な締固めを行うことが，本節で示す

設計の前提となっている。

従来型たわみ性パイプカルバートについては，これまでの経験・実績等を踏まえて，以下に示す従来の照査手法及び構造細目に従って設計を行ってよい。

(1) 埋設形式

たわみ性パイプカルバート（以下，管またはパイプという）の埋設形式は，突出型と溝型の2種類がある（「6-2-1(1)　埋設形式」参照）。埋設形式の細部については，管の種類により異なるので，各管種の基礎の設計に関する記載を参照されたい。なお，設計条件が突出型及び溝型と異なる場合は，別途検討を行う。

(2) 荷重

たわみ性カルバートの設計において考慮すべき荷重には，活荷重，土圧，管内の水の重量があるが，一般的には，盛土または埋戻し土による鉛直土圧及び活荷重による鉛直土圧を考慮すればよい。

1) 盛土または埋戻し土による鉛直土圧

たわみ性パイプカルバートに作用する土圧のうち，盛土または埋戻し土による鉛直土圧 q_d は，突出型及び溝型のいずれの埋設形式でも式（解6-11）で計算する。

$$q_d = \gamma \cdot h \,(\mathrm{kN/m^2}) \quad \cdots\cdots\cdots\cdots\cdots\cdots\cdots\cdots\cdots (解6-11)$$

ここに，γ：土の単位体積重量（$\mathrm{kN/m^3}$）

h：土かぶり（m）

2) 活荷重による鉛直土圧

剛性パイプカルバートの場合と同様，「6-2-1(2)　荷重」に準じて求める。その際，断面力の低減係数 β は**解表6-15**の値を用いる。

解表6-15　たわみ性パイプカルバートの断面力の低減係数

カルバートの種類	断面力の低減係数 β
・コルゲートメタルカルバート ・硬質塩化ビニルパイプカルバート ・強化プラスチック複合パイプカルバート ・高耐圧ポリエチレンパイプカルバート	・土かぶり $h \leq 1\mathrm{m}$ かつ内径またはスパン $\geq 4\mathrm{m}$ の場合は1.0 ・上記以外の場合は0.9

(3) 基礎形式

たわみ性パイプカルバートの基礎部は，**解図6-27**に示すとおり基床と裏込め部（または，管側部）及び被覆部（管種により被覆部がないものもある）から構成され，その材料の選定と掘削幅等，基礎部の形状，寸法及び施工の良否が管の安定性に大きく影響する。掘削幅は，施工上必要なスペースの確保だけでなく，たわみ性パイプカルバートが鉛直土圧によってたわみ，側方に受働土圧が生じることにより外圧に抵抗するのを妨げないようにする観点から，適切に設定する。基礎部や埋戻し部は，十分な受働土圧抵抗が発揮されることや，液状化対策の観点からも十分な締固めを行う必要があり，その他必要と判断される場合には安定処理等を行う。

基礎部の材料と形状，寸法は管の種類により異なるので，各管種の基礎の設計に関する記載を参照されたい。

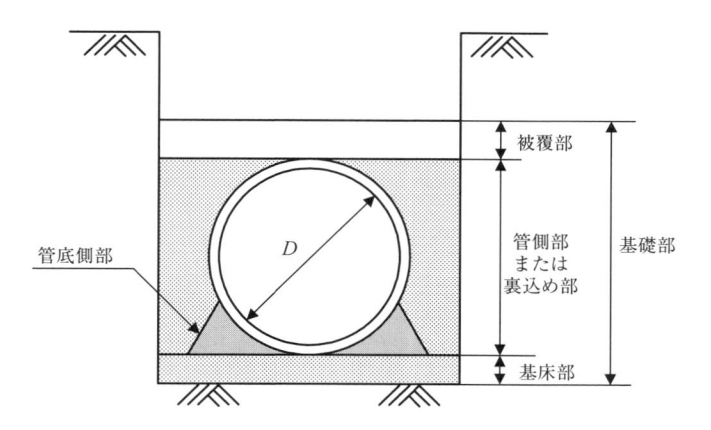

（注）図は溝型の埋設形式の場合で，突出型でも同様である。

解図6-27 たわみ性パイプカルバートの基礎部

6-3-2　コルゲートメタルカルバートの設計

> (1) コルゲートメタルカルバートは，現地の条件や用途に応じた種類を適切に選定して用いる。
> (2) 管体の設計では，コルゲートセクションの板厚を適切に選定する。
> (3) コルゲートメタルカルバートは，安定した土質の地盤または適切な基床の上に設置されなければならない。
> (4) 裏込め部は，材料の選定と締固めを適切に行う。
> (5) カルバートを他の構造物に直接接続する場合，不同沈下や地震等による相対変位によって管の過大な変形や構造物の破損が生じるのを防ぐ対策を行う。
> (6) コルゲートメタルカルバートの継手や端部形状を適切なものとし，必要に応じて水密処理やカルバート内部のペービングを行う。
> (7) コルゲートメタルカルバートでは，腐食対策として，通常の溶融亜鉛めっきの他，設置条件に応じて塗装を行う。

(1) 管の種類と規格

1) 材料

各種構造物に用いるコルゲートメタルカルバートは，「JIS G 3471」に規定されており，材料は**解表 6-16**に示すとおりである。

解表 6-16　コルゲートセクションの材質

規格	記号	引張り強さ (N/mm²)	化学成分 (%) P（リン）	化学成分 (%) S（硫黄）
JIS G 3131	SPHC	270 以上	0.050 以下	0.050 以下
JIS G 3101	SS330	330～430		

2) 種類及び形状

コルゲートメタルカルバートの種類は，コルゲートシートの波形，断面形状及び継手方式により，**解表 6-17**及び**解図 6-28**のように分類される。

解表6-17 コルゲートメタルカルバートの諸元

パイプの種類		記号	寸法範囲 (mm)	使用板厚 (mm)	継手方式
断面形状	波形				
円形	1形	SCP 1 R	$400^D \sim 1{,}800^D$	1.6, 2.0, 2.7, 3.2, 4.0（5種類）	構造物軸方向：フランジ方式 円周方向：ラップ方式
	2形	SCP 2 R	$1{,}250^D \sim 4{,}500^D$	2.7, 3.2, 4.0, 4.5, 5.3, 6.0, 7.0（7種類）	構造物軸方向，円周方向ともラップ方式
エロンゲーション形	2形	SCP 2 E	$1{,}330^D \sim 4{,}500^D$	同上	同上
パイプアーチ形	2形	SCP 2 P	$2{,}000^S \times 1{,}500^R$ $\sim$ $5{,}800^S \times 3{,}200^R$	同上	同上
アーチ形	2形	SCP 2 A	$1{,}500^S \times 810^R$ $\sim$ $7{,}000^S \times 3{,}560^R$	同上	同上

注）寸法範囲の記号は，D：直径，S：スパン，R：ライズを示す。

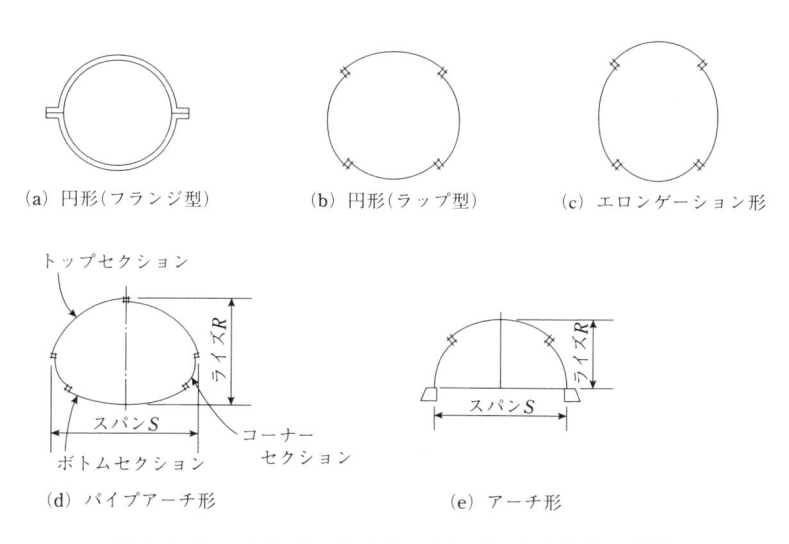

(a) 円形（フランジ型）　(b) 円形（ラップ型）　(c) エロンゲーション形

(d) パイプアーチ形　(e) アーチ形

解図6-28 コルゲートメタルカルバートの種類と形状

3) 断面形状の選定

コルゲートメタルカルバートの基本的な断面形状は，**解表6-17**に示す円形，エロンゲーション形，パイプアーチ形及びアーチ形の4種があり，適正な断面形状の選定をする必要がある。

① 円形

円形は，コルゲートメタルカルバートの基本形であり，その力学的挙動も比較的明らかで安定した形状である。また，組立，施工も他の形状に比較して容易である。したがって，形状選定に際してはまず円形を検討することが望ましい。

また，波形により1形と2形があり，それぞれの寸法範囲は**解表6-17**に示すとおりである。ただし，直径1500mm以上については，主に強度上の理由から，なるべく2形を使用することが望ましい。

② エロンゲーション形

円形パイプの径を鉛直方向に5％増した形のエロンゲーション形は，あらかじめ逆変形5％を与えてあるので，たわみ制限値を10％としている。したがって，円形ではたわみ制限値を超えるような高盛土の場合等に使用する。

③ パイプアーチ形

パイプアーチ形は，土かぶりが薄くて円形2形では最小土かぶりが確保できない場合に主として使用される。また，円形2形の管径とライズが等しい場合，パイプアーチは水理上流量を大きく取れるため，円形よりも大きな流量を処理できる。

④ アーチ形

アーチ形は主として，道路下の人道や車道用等の建築限界を大きく取りたい場合や，大きな流量を必要とする水路に使用される。

(2) 管体の設計

コルゲートメタルカルバートの設置条件，断面形状，直径またはスパン及び土かぶりが定まると，次にこれらからその板厚を決定する。

板厚を決定するには，次に示す4項目の検討を行う。詳しくは，「資料-2 コルゲートメタルカルバートの板厚の計算と粗度係数」または「コルゲートメタ

ルカルバートマニュアル」（(社) 地盤工学会）を参考にされたい。
1) 施工中の断面剛性の検討
2) 軸方向継手強さの検討
3) コルゲートセクションの座屈強さの検討
4) コルゲートメタルカルバート断面内のたわみの検討

　道路埋設物として円形，エロンゲーション形，パイプアーチ形の板厚の選定に当たっては，**解表6-19**～**解表6-22**に示す板厚選定表を適用することを原則とする。これらの板厚選定表を適用することにより，上記の検討項目の照査を省略できる。

　なお，板厚選定表の適用に当たっては，次の事項に留意しなければならない。

①　この板厚選定表が対象とする活荷重は，「6-3-1(2)　荷重」に示す活荷重による鉛直荷重とする。また，土の単位体積重量は19.6kN/m³とする。

②　2形のコルゲートメタルカルバートを組み立てる場合のボルトの材質は，板厚4.0mm以下では「JIS B 1180」の4.6（引張強度400N/mm²）とし，板厚4.5mm以上では8.8（引張強度830N/mm²）を使用する。さらに板厚が6.0mm以上の場合は軸方向継手のボルト数を50％増とする。

③　コルゲートメタルカルバートの裏込め材料とその締固め度については，**解表6-18**に示す範囲Aを標準とするが，管径が大きくさらに高盛土の場合には，十分な施工管理のもとで，範囲B及び範囲Cを適用することができる。

④　板厚選定表に示されていない径またはスパンの場合，これより大きな呼称径に対応する板厚とする。

⑤　円形，エロンゲーション形を仮設で使用するときの板厚選定表は，「コルゲートメタルカルバートマニュアル」（(社) 地盤工学会）を参考にされたい。

解表6－18　裏込め材料とその締固め度

範　　囲	裏込めの変形係数 (MN/m²)	裏込め材料とその締固め度
範囲A ゴシック体で示す部分 （**解表 6－19～解表6－22**）	7.4～14.7	砂または切込み砂利を用いるのが望ましいが，若干細粒分のある山砂でも，最大乾燥密度の90％以上に締め固めればよい。
範囲B 明朝体で示す部分 　　　　　（同　上）	14.7～24.5	砂または切込み砂利を用い，最大乾燥密度の95％以上に締め固める。
範囲C 明朝体に（　）付きで示した部分 　　　　　（同　上）	24.5以上	特に粒度の良い切込み砂利を選定して，十分な施工管理のもとで最大乾燥密度の95％以上に締め固める。

注）裏込めの締固め度は，「JIS A 1210（突固めによる土の締固め試験方法）」に規定するうち，突固め方法のＥ－ａによって求めた最大乾燥密度を基準とした百分率による。

解表6－19　板厚選定表（円形１形）　　　　　　　　（mm）

直径 (mm)	最小土かぶり (m)	土かぶり (m) ～1.5	～3.0	～4.5	～6.0	～7.5	～9.0	～10.5	～12.0	～13.5	～15.0	～16.5	～18.0	～21.0	～24.0	～27.0	～30.0	～33.0	～36.0
400	0.4	1.6	1.6	1.6	1.6	1.6	1.6	1.6	1.6	1.6	2.0	2.0	2.7	2.7	3.2	3.2	4.0	4.0	4.0
600	0.6	1.6	1.6	1.6	1.6	1.6	2.0	2.0	2.7	2.7	3.2	3.2	3.2	4.0	(4.0)				
800	0.6	2.0	1.6	1.6	2.0	2.0	2.7	2.7	3.2	3.2	4.0	(4.0)	(4.0)						
1000	0.6	2.7	2.0	2.0	2.0	2.7	2.7	3.2	4.0	4.0									
1200	0.6	2.7	2.0	2.0	2.0	2.7	2.7	3.2	4.0	(4.0)									
1350	0.6	2.7	2.0	2.0	2.0	2.7	3.2	4.0	(4.0)										
1500	0.6	3.2	2.7	2.7	3.2	4.0													
1650	0.6	4.0	2.7	2.7	3.2	4.0													
1800	0.6	4.0	3.2	3.2	3.2	4.0													

範囲A（**ゴシック体**で示す部分），範囲B（明朝体で示す部分），範囲C（明朝体に（　）付きで示した部分）
［各範囲の材料と締固め度は，**解表6－18**参照］
（注１）直径1,500mm以上のパイプには，なるべく２形を使用することが望ましい。
（注２）最小土かぶりは，車道下では最低限（舗装厚＋0.3ｍ）または0.6ｍのうち大きい方を確保すること。設計条件は活荷重をＴ'荷重，土の単位体積重量を19.6kN/m³としている。

解表6-20　板厚選定表（円形2形）　　　　　　　　　　　　　　（mm）

直径 (mm)	最小土かぶり (m)	~1.5	~3.0	~4.5	~6.0	~7.5	~9.0	~10.5	~12.0	~13.5	~15.0	~16.5	~18.0	~21.0	~24.0	~27.0	~30.0	~33.0	~36.0	~39.0	~42.0	~45.0	~51.0	~60.0
1250	0.6	2.7	2.7	2.7	2.7	2.7	2.7	2.7	2.7	2.7	2.7	3.2	3.2	4.0	4.5	5.3	5.3	6.0	6.0	6.0	6.0	6.0	7.0	(7.0)
1500	0.6	2.7	2.7	2.7	2.7	2.7	2.7	2.7	2.7	3.2	4.0	4.0	4.0	5.3	5.3	6.0	6.0	7.0	(7.0)	(7.0)	(7.0)			
1750	0.6	2.7	2.7	2.7	2.7	2.7	2.7	2.7	3.2	4.0	4.0	4.5	5.3	6.0	6.0	(6.0)	(6.0)	(7.0)						
2000	0.6	2.7	2.7	2.7	2.7	2.7	2.7	3.2	4.0	4.0	4.5	5.3	6.0	(6.0)	(6.0)	(6.0)	(7.0)							
2500	0.6	2.7	2.7	2.7	2.7	2.7	3.2	4.0	4.5	5.3	6.0	(6.0)	(6.0)	(6.0)	(6.0)									
3000	0.6	3.2	3.2	3.2	3.2	4.0	4.5	5.3	5.3	6.0	(6.0)	(6.0)	(6.0)	(7.0)										
3500	0.8	3.2	3.2	3.2	4.0	4.5	5.3	6.0	6.0	(6.0)	(6.0)	(7.0)												
4000	0.8	4.0	4.0	4.0	4.5	4.5	5.3	6.0	6.0	(6.0)	(6.0)	(7.0)												
4500	0.8	4.5	4.5	4.5	5.3	6.0	6.0	6.0	(6.0)	(7.0)	(7.0)													

範囲A（**ゴシック体**で示す部分），範囲B（明朝体で示す部分），範囲C（明朝体に（　）付きで示した部分）
[各範囲の材料と締固め度は，**解表6－18参照**]
（注）最小土かぶりは，車道下では最低限（舗装厚＋0.3m）または0.6mのうち大きい方を確保すること。
　　　設計条件は活荷重をT'荷重，土の単位体積重量を19.6kN/m³としている。

解表6-21　板厚選定表（エロンゲーション形）　　　　　　　　　（mm）

呼称径 (mm)	最小土かぶり (m)	~1.5	~3.0	~4.5	~6.0	~7.5	~9.0	~10.5	~12.0	~13.5	~15.0	~16.5	~18.0	~21.0	~24.0	~27.0	~30.0	~33.0	~36.0	~39.0	~42.0	~45.0	~48.0	~51.0	~54.0	~57.0
1330	0.6	2.7	2.7	2.7	2.7	2.7	2.7	2.7	2.7	2.7	2.7	3.2	3.2	4.0	4.0	4.5	5.3	6.0	6.0	6.0	6.0	6.0	6.0	6.0	7.0	7.0
1500	0.6	2.7	2.7	2.7	2.7	2.7	2.7	2.7	2.7	2.7	3.2	3.2	4.0	4.0	4.5	5.3	5.3	6.0	6.0	6.0	6.0	6.0	7.0	7.0	7.0	
1750	0.6	2.7	2.7	2.7	2.7	2.7	2.7	2.7	2.7	3.2	4.0	4.0	4.5	5.3	6.0	6.0	6.0	6.0	6.0	7.0						
2000	0.6	2.7	2.7	2.7	2.7	2.7	2.7	3.2	4.0	4.0	4.5	5.3	6.0	6.0	6.0	6.0	6.0	7.0	7.0							
2500	0.6	2.7	2.7	2.7	2.7	2.7	3.2	4.0	4.5	5.3	6.0	6.0	6.0	7.0	7.0											
3000	0.6	3.2	3.2	3.2	3.2	4.0	4.5	5.3	5.3	6.0	7.0	7.0														
3500	0.8	3.2	3.2	3.2	4.0	4.5	5.3	6.0	6.0	7.0	7.0															
4000	0.8	4.0	4.0	4.0	4.5	4.5	5.3	6.0	6.0	6.0	7.0															
4500	0.8	4.5	4.5	4.5	5.3	6.0	6.0	6.0	7.0	7.0																

範囲A（**ゴシック体**で示す部分），範囲B（明朝体で示す部分）
[各範囲の材料と締固め度は，**解表6－18参照**]
（注）最小土かぶりは，車道下では最低限（舗装厚＋0.3m）または0.6mのうち大きい方を確保すること。
　　　設計条件は活荷重をT'荷重，土の単位体積重量を19.6kN/m³としている。

解表6-22　板厚選定表（パイプアーチ形）　　　　　　　　　　（mm）

呼称径 (mm)	最小土かぶり (m)	土かぶり (m)								
		～1.0	～1.5	～2.0	～2.5	～3.0	～3.5	～4.0	～4.5	～5.0
2000	0.6	2.7(1)	2.7(1)	2.7(1)	2.7(1)	2.7(1)	2.7(1)	2.7(1)	3.2(1)	3.2(2)
2300	0.6	2.7(1)	2.7(1)	2.7(1)	2.7(1)	2.7(1)	2.7(1)	3.2(1)	3.2(2)	3.2(2)
2700	0.6	3.2(2)	3.2(1)	3.2(1)	3.2(1)	3.2(2)	3.2(2)	3.2(2)	3.2(2)	4.0(2)
3000	0.6	3.2(2)	3.2(1)	3.2(1)	3.2(1)	3.2(2)	3.2(2)	3.2(2)	4.0(2)	4.0(3)
3700	0.6	4.0(2)	4.0(2)	4.0(2)	4.0(2)	4.0(2)	4.0(2)	4.0(3)	4.5(3)	5.3(3)
4400	0.7	4.5(3)	4.5(2)	4.5(2)	4.5(2)	4.5(3)	4.5(3)	4.5(3)	5.3(4)	5.3(4)
5100	0.7	5.3(3)	5.3(3)	4.5(3)	4.5(3)	5.3(3)	5.3(4)	5.3(4)	5.3(4)	
5800	0.9	6.0(4)	6.0(3)	6.0(3)	6.0(3)	6.0(4)	6.0(4)			

範囲A（ゴシック体で示す部分）［各範囲の材料と締固め度は，**解表6-18**参照］
表中の（　）内は，コーナー部の土の支持力が，(1)は 0.20MN/m^2 以上，(2)は 0.29MN/m^2 以上，
(3)は 0.39MN/m^2 以上，(4)は 0.49MN/m^2 以上必要である。
したがって，コーナー部については，それに見合う材料の選定及び締固めが必要である。
（注）最小土かぶりは，車道下では最低限（舗装厚＋0.3 m）または0.6mのうち大きい方を確保すること。
設計条件は活荷重をT'荷重，土の単位体積重量を 19.6kN/m^3 としている。

(3) 基礎の設計

コルゲートメタルカルバートの基礎の設計及び設置計画に当たっては，以下の事項を考慮して検討する必要がある。

1) 埋設形式

埋設形式には，その埋設方法により突出型と溝型があるが，溝型は一般的に鉛直土圧が小さくなる。

2) 基礎部の定義

基礎部は，基床部，裏込め部及び厚さ60cm程度の被覆部から構成される。

3) 基床材料，基床の形状及び大きさ

コルゲートメタルカルバートの特性を最大限に生かすためには，荷重をパイプ全周にできるだけ均等に分布させる必要があるため，安定した土質の地盤に設置しなければならない。したがって，地盤の状況に応じて以下に述べるような基床を設けなければならない。

① 基床材料

基床材料は，圧縮性が少なく締め固めやすい切込み砂利，砂，砂質土とし，粒

径100mm以上の礫,凍結した土砂,粘土,草木その他有機質の土等を含まないものとする。

② 基床の形状及び大きさ

各種の地盤の状況に応じた基床の一般的な形状寸法は,**解表6−23**及び**解表6−24**に示すとおりである。

また,カルバートの縦断方向(構造物軸方向)に地盤が変化している場合には,各部分の土質に応じて**解表6−23**及び**解表6−24**に示す基床を用いればよい。

解表6−23 良好な地盤への設置方法

設置方法の種類 地盤の種類	設 置 方 法	設 置 断 面 図
砂,砂礫地盤の場合	地盤を成形して設置する場合	(90°以上)
	地盤上に基床を作って設置する場合	(90°以上)

解表6−24 各種地盤の基床幅及び最小基床厚

地盤の種類	基床幅 B(cm) 溝型	基床幅 B(cm) 突出型	最小基床厚 h 直径 D (cm)	最小基床厚 h h (cm)	設置断面
普通の地盤の場合	$D+100$ 以上	$D \sim 2D$	90以下	20	
			90〜200	30	
			200以上	$0.2D$	
岩盤の場合	—	$1.5D$	20cm以上 管径や盛土高が大きい場合30cm以上		
軟弱地盤の場合	$3D$	$2D \sim 3D$	50cm以上または $0.3D \sim 0.5D$ で最大1m		

注) 溝型の基床幅は掘削幅となる。

③ 基礎地盤

　基礎地盤の良否によって基床の形状寸法が決定される。したがって，その埋設位置が自由に選定できる場合は，良質な基礎地盤である位置を選定するのがよい。

④ 軟弱地盤対策

　軟弱地盤等に設置する場合には，盛土荷重による基礎地盤の沈下を考慮して，**解図6−29**のように上げ越して設置するとよい。この場合の上げ越し量は，カルバート延長の1/100以下とする。

⑤ 斜角が付くコルゲートメタルカルバートの設置

　道路を横断して設置する場合には，直角にすることが望ましいが，やむを得ず斜め方向になる場合には，その斜角が45°以上になるようにする。なお，斜角が小さい場合には，できるだけ端部に偏土圧がかからないように**解図6−30**に示すような対策が必要である。

　また，偏土圧が作用すると予想される場所にコルゲートメタルカルバートを設置することは，避けなければならない。

⑥ 縦断勾配

縦断勾配のある場合は，傾斜角が20°を超えないことが望ましい。

⑦ 並列設置

カルバートを並列して設置する場合は，カルバート間の裏込め土砂を締め固める必要があるため，少なくとも**解図6－31**に示す間隔を確保する必要がある。

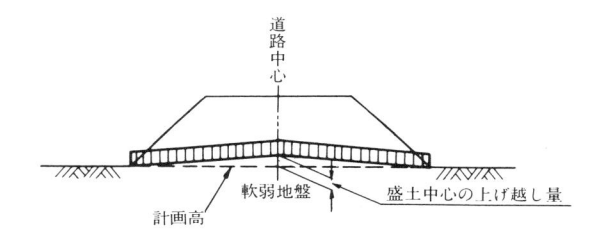

解図6－29 上げ越し

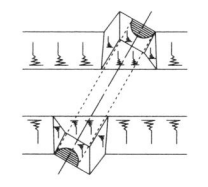

解図6－30 偏土圧対策の例

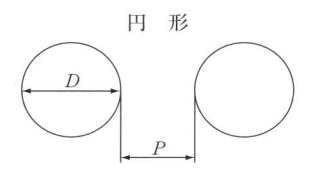

(a) ヘッドウォールのない場合　(b) ヘッドウォールを造る場合

円　形

直　径(mm)	パイプ間最小間隔 P (m)
1,000 ϕ 以下	0.5
1,000 ϕ ～ 2,000 ϕ	0.5D
2,000 ϕ ～ 4,000 ϕ	1.0

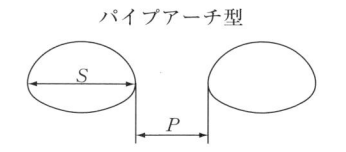

パイプアーチ型

スパン (mm)	パイプアーチ間最小間隔 P (m)
1,000 以下	0.5
1,000 ～ 2,000	0.5S
2,000 以上	1.0

解図6－31 並列設置時の最小間隔

(4) 裏込め部（基礎部）の設計

　コルゲートメタルカルバートの裏込め工の良否は，パイプ周辺の抵抗土圧に直接影響し，抵抗土圧が小さい場合，**解図6-32**のような変形を生じさせる原因となる。したがって，裏込め部の材料の選定と裏込め工を行う範囲については，十分に注意しなければならない。

1) 裏込め材

　裏込め材は，基床材料と同様，圧縮性が少ない砂，砂質土，切込み砂利等で粒度分布のよいものが望ましく，粒径100mm以上の礫，凍結した土砂，粘土，草木等を含まないものとする。

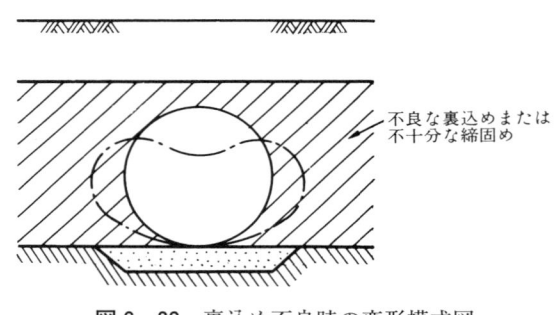

図6-32　裏込め不良時の変形模式図

2) 裏込め範囲

　コルゲートメタルカルバートの裏込めの幅は，溝型の場合は，十分な側方受働土圧抵抗を発揮する，構造の安定上必要な掘削幅として設定された**解表6-24**の基床幅と，管の組立て，裏込め作業ができる空間を両側に設けた掘削幅のうち大きい方となる。突出型の場合は，パイプの左右に少なくともパイプ径に相当する範囲を必要とする。

　裏込め時，管底側部（くさび部）は突き棒等を用いて十分に締め固める必要がある。また，裏込めの高さはパイプ頂部までとする。裏込めを施工した後，コルゲートメタルカルバートの頂部から約60cm程度の被覆部の施工を行う。被覆部の材料は裏込め材と同じものが望ましい。

(5) 構造物周辺の配管

　コルゲートメタルカルバートを桝（ます），またはその他の構造物に直接接続する場合，不同沈下や地震等による両者の相対的な変位によってパイプの過大な変形，あるいは構造物の破損が生じるおそれがあるので，留意が必要である。

　これを防止するためには，コルゲートメタルカルバートが裏込めになじみ，土圧に対してもある程度安定した時点で，桝またはその他の構造物を施工するのがよい。また，構造物とコルゲートメタルカルバートの間を瀝青材等の柔軟な目地材で縁切りし，亀裂防止のため鉄筋で補強するのが望ましい。

(6) 構造細目

1) 継手

　コルゲートメタルカルバートの継手は，**解表6-17**に示すとおり，構造物軸方向と円周方向のボルト継手がある。継手部のボルト規格，ボルトサイズ及び本数は，基本的に波の種類，板厚ごとに本体の座屈強度以上になるよう設定されているので，板厚表に示すものについては，所定のボルトを用いれば照査を省略することができる。継手部の強度の詳細については，「資料-2　コルゲートメタルカルバートの板厚の計算と粗度係数」を参照されたい。

2) 端部形状

　コルゲートメタルカルバートの端部は，原則としてヘッドウォールを設けるのがよい（**解図6-33**）。この場合，(5)に示すのと同様にパイプが土圧に対してもある程度安定した時点で施工するのがよい。また，ヘッドウォールと管の間を瀝青材（ペービング等）等の柔軟な目地材で縁切りし，亀裂防止のため鉄筋で補強するのが望ましい。なお，ヘッドウォールを設けない場合は，できるだけのり面から突き出した形にしておくのが望ましい。

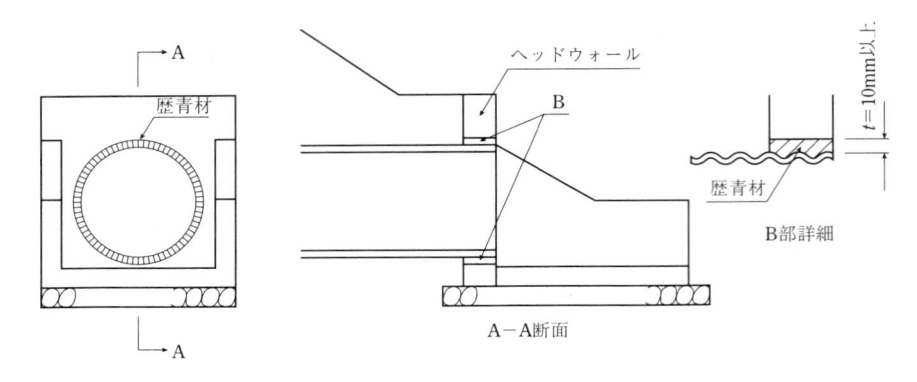

解図 6−33 コルゲートメタルカルバートの端部形状

3) 水密処理

　コルゲートメタルカルバートで水密性を必要とする場合には，継手部にパッキングを使用する。パッキング材は，合成ゴム系や，ウレタンフォームにアスファルト等を含浸させたもので，その形状寸法は**解表 6−25**に示すとおりである。

解表 6−25 パッキングの形状寸法 （mm）

波形	パッキングの厚さ	パッキングの幅	
1形	10	50	
2形	10	構造物軸方向	120
		円周方向	100

4) ペービング

　コルゲートメタルカルバートを水路として使用する場合，流石，砂等による磨耗を軽減したり，流水抵抗を小さくするため，その内面にペービングを施すことが有効である。ペービングは，アスファルトにフィラーを混合して作ったペーブメントブロックをパイプ内部に張ったもので，その厚さ及び形状は**解図 6−34**のとおりである。一般には 1/2 ペーブまたは 1/4 ペーブを標準とする。

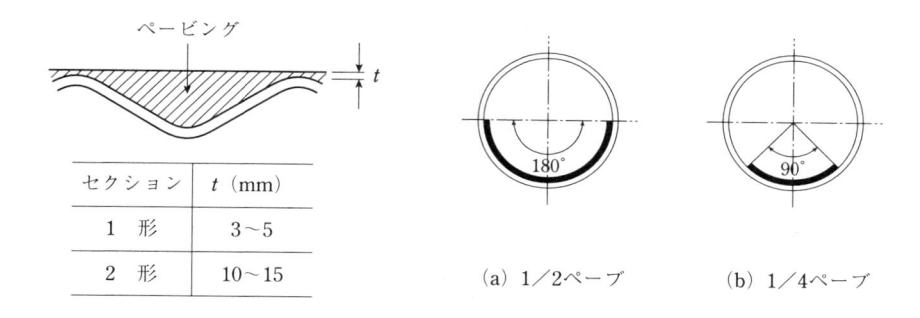

セクション	t (mm)
1 形	3〜5
2 形	10〜15

(a) 1/2ペーブ　　(b) 1/4ペーブ

解図6-34　ペービング

(7) 腐食対策

　コルゲートメタルカルバートは通常，溶融亜鉛めっきが施されているが，用途に応じて耐食性をさらに向上させるため，瀝青系塗料を塗布することがある。

1） 亜鉛めっきの耐食性

　亜鉛は，pH値が7〜12の範囲で比較的耐食性に優れているが，これよりも酸性あるいはアルカリ性が強くなると腐食率は急増する。亜鉛の腐食とpH値の関係は**解図6-35**のとおりである。これによると，亜鉛めっきは中性に近い環境においてのみ耐食性を有するため，強酸性，強アルカリ性の土壌及び汚水等にさらされる場合には，さらに塗装を施す必要がある。

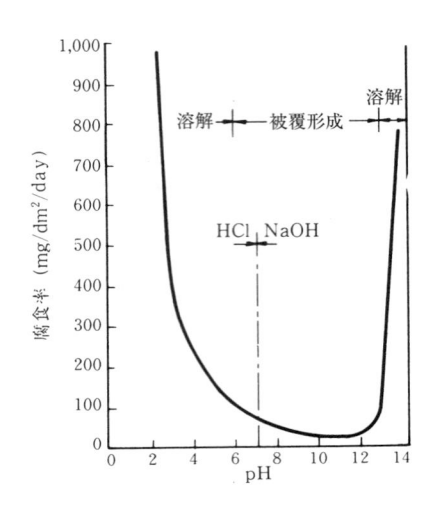

解図6−35　亜鉛の腐食に及ぼす水溶液のpHの影響

2) 塗装

　酸性，有機質の土あるいは塩水，汚水等の排水に対しては，亜鉛めっきだけでは十分な耐食性が得られないので，アスファルト系またはコールタール系瀝青塗料を0.3〜1.0mm程度の厚さに塗装することが必要である。

6-3-3 硬質塩化ビニルパイプカルバートの設計

> (1) 硬質塩化ビニルパイプカルバートは，現地の条件や用途に応じた種類及び規格を適切に選定して用いる。
> (2) 管体の設計では，管に生じる最大曲げ応力度及びたわみ率がいずれも許容値を満足することを確認する。
> (3) 基礎の設計では，施工条件に応じて，材料の選定や締固めを適切に行う。
> (4) 埋戻し部は，材料の選定や締固めを適切に行う。
> (5) カルバートを他の構造物に直接接続する場合，不同沈下や地震等による相対変位によって接続部分に過大な応力が発生するのを防ぐ対策を行う。
> (6) 継手による管の接続は適切に行う。

(1) 管の種類と規格

1) 種類別の呼び径及び適用規格

① 硬質塩化ビニルパイプカルバートには，円形管，リブ付円形管の2種類がある。種類別の呼び径の範囲及び適用規格は**解表6-26**に示すとおりである。

解表6-26 硬質塩化ビニルパイプカルバートの種類と規格

種類			呼び径の範囲	規格
円形管	硬質ポリ塩化ビニル管	VP	13～300	JIS K 6741
		VM	350～500	JIS K 6741
		VU	40～700	JIS K 6741
			75～600	JSWAS K-1
リブ付円形管	リブ付硬質塩化ビニル管		150～450	JSWAS K-13

備考1. 呼び径とは，一般に，管の近似内径を mm 単位の数値で表した管径の呼称である。
備考2. 排水・下水関係の用途で使用されるVUは，JIS K 6741 に排水・下水特有の性能を追加規定しているJSWAS K-1品が使用される。

2) 断面形状

① 本体

円形管及びリブ付円形管の断面形状，側面図は，**解図6-36**に示すとおりである。

　　　　(a) 円形管　　　　　　　　(b) リブ付円形管

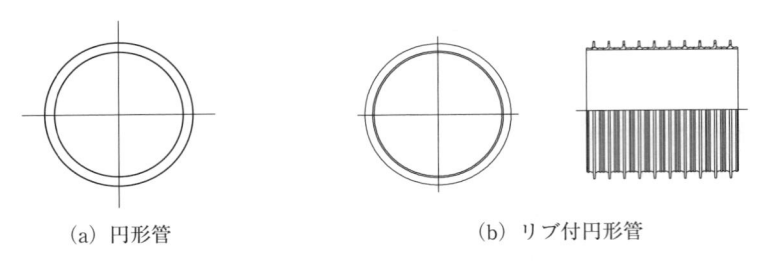

解図 6-36　管の断面形状

② 継手

　硬質塩化ビニルパイプカルバートの接合方式には，接着接合とゴム輪接合があり，それらの接合状態は，**解図 6-37** に示すとおりである。

　接着接合とは，接着剤により受口と差口を一体化する接合方式である。

　ゴム輪接合とは，ゴム輪の反発弾性を利用して，管体同士の水密性を持たせるもので，ゴム輪及び差口先端部（リブ付円形管の場合は受口内面）に滑剤を塗布し，規定の標線まで挿入する接合方式である。

　なお，硬質塩化ビニルパイプカルバートの管端部を受口加工している接着形受口及びゴム輪形受口の形状及び寸法は，JISまたはJSWASに規定されている。

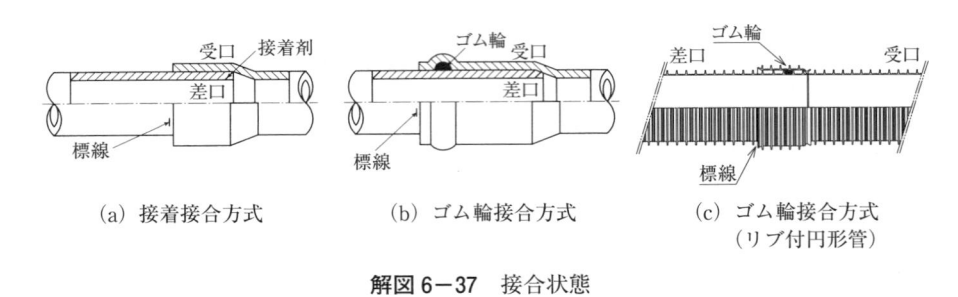

　(a) 接着接合方式　　　(b) ゴム輪接合方式　　　(c) ゴム輪接合方式
　　　　　　　　　　　　　　　　　　　　　　　　　　　　（リブ付円形管）

解図 6-37　接合状態

(2) 管体の設計

　硬質塩化ビニルパイプカルバートの設計では，管体に発生する最大曲げ応力度及びたわみ率のいずれもが許容値を満足することを確認する。

1) 管体に生じる最大曲げ応力度

　盛土または埋戻し土及び活荷重による鉛直土圧によって生じる最大曲げ応力度

σ は，式（解 6-12）により計算する。

$$\sigma = \frac{(k_1 \cdot q_d + k_2 \cdot q_l) r^2}{Z} \quad (\text{N/mm}^2) \quad \cdots\cdots\cdots\cdots\cdots\cdots\cdots\cdots\cdots (\text{解 } 6-12)$$

ここに，k_1：盛土または埋戻し土による鉛直土圧に対する係数で，**解表 6-27**による。

k_2：活荷重に対する係数で，**解表 6-27**による。

q_d：盛土または埋戻し土による鉛直土圧（N/mm^2）で，式（解 6-11）により計算する。

q_l：活荷重による鉛直土圧（N/mm^2）で，式（解 6-5）により計算する。

r：管厚中心半径（mm）で，**解表 6-30**，リブ付円形管の場合は，**解表 6-31**のr'（管断面の中立軸までの半径）を用いる。

Z：管の断面係数（mm^3/mm）で，**解表 6-30**または**解表 6-31**による。

なお，最大曲げ応力度は，円形管及びリブ付円形管は管頂部と管底部の両方について計算を行い，その大きい方の値をとる。

解表 6-27 k_1，k_2の値

種　　類	円形管，リブ付円形管	
係　　数	k_1	k_2
管頂部	0.107	0.079
管底部	0.121	0.011

注1）k_1，k_2の値は，**解図 6-40**の土圧分布状態で計算した値である。
　　なお，**解図 6-40**における荷重状態は，道路盛土の通常の締固めにより得られるものである。

注2）埋設条件等を考慮して安全を見込む場合は，有効な反力支承角を 90° とし，円形管及びリブ付円形管のk_1は頂部 0.120，底部 0.160 を用いる。

2) 管のたわみ量及びたわみ率

盛土または埋戻し土及び活荷重によって生じる，管のたわみ量 δ 及びたわみ率 V はそれぞれ，式（解6-13），（解6-14）で計算する。

$$\delta = (k_3 \cdot q_d + k_4 \cdot q_l) \frac{r^4}{E \cdot I} \quad (\text{mm}) \quad \cdots\cdots\cdots\cdots\cdots\cdots\cdots\cdots (\text{解}6-13)$$

$$V = \frac{\delta}{2r} \times 100 \quad (\%) \quad \cdots\cdots\cdots\cdots\cdots\cdots\cdots\cdots\cdots\cdots\cdots\cdots (\text{解}6-14)$$

ここに，k_3：盛土または埋戻し土による鉛直土圧に対する係数で，**解表6-28**による。

k_4：活荷重に対する係数で，**解表6-28**による。

E：硬質塩化ビニルの弾性係数で2,942N/mm^2 とする。

I：パイプカルバートの断面二次モーメント（mm^4/mm）で，**解表6-30**または**解表6-31**による。

解表6-28 k_3，k_4 の値

種　　類	円形管，リブ付円形管	
係　　数	k_3	k_4
	0.070	0.030

注）埋設条件等を考慮して安全を見込む場合は，有効な反力支承角を90°とし，円形管及びリブ付円形管の k_3 は 0.085 を用いる。

3) 許容曲げ応力度及び許容たわみ率

硬質塩化ビニル管の許容曲げ応力度及び許容たわみ率は，**解表6-29**のとおりである。この場合の有効支承角は，円形管，リブ付円形管のいずれも120°とする。

解表6-29 許容曲げ応力度及び許容たわみ率

許容曲げ応力度 σ_a	17.7N/mm^2	
許容たわみ率 V_a	硬質塩化ビニル管	5%
	リブ付硬質塩化ビニル管	4%

なお，硬質塩化ビニルパイプ管ＶＰの許容たわみ率は5％であるが，推進管に使用するJSWAS K-6のＶＰは，推進抵抗を小さくする接合形状のため，シール性の点から許容値を3％としている。

4) 適用土かぶり

硬質塩化ビニルパイプカルバートの適用土かぶりは，**解図6-38**，**解図6-39**に示す。ここに示す適用土かぶりは，活荷重はT'荷重，土の単位体積重量γは18kN/m^{3}を考慮して求めたものである。

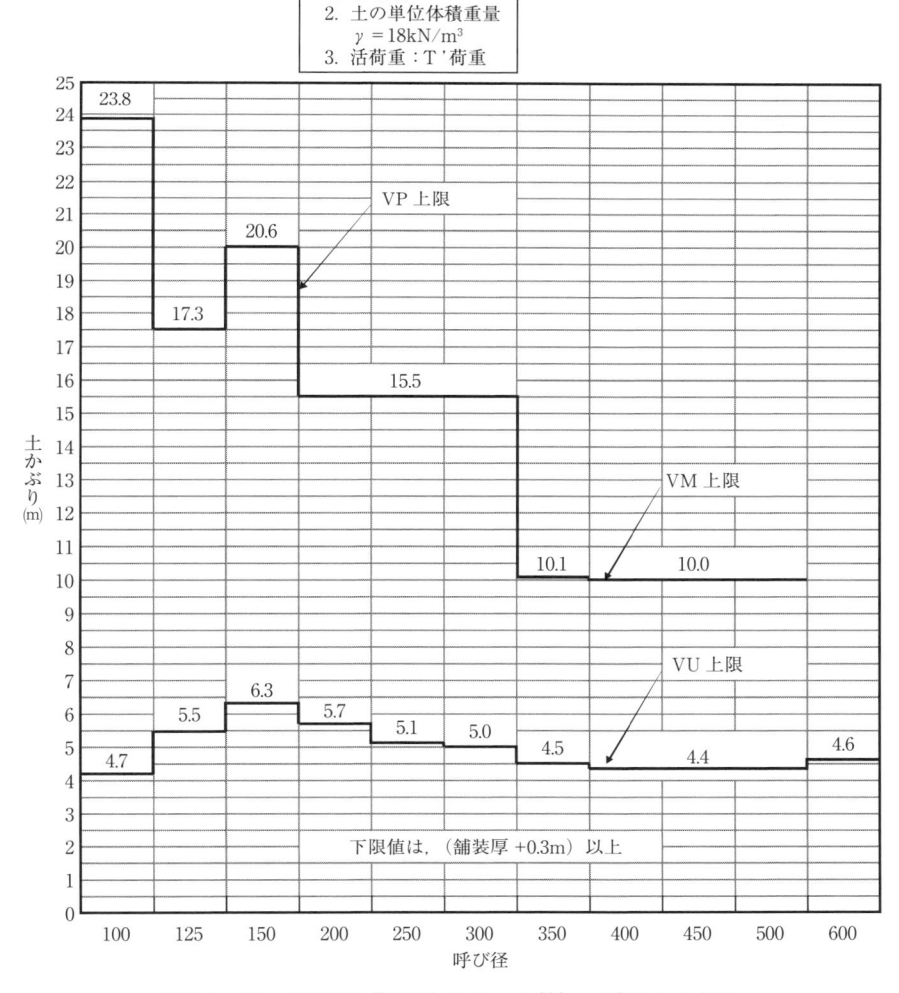

適用条件
1. 砂基礎
2. 土の単位体積重量 $\gamma = 18\text{kN/m}^3$
3. 活荷重：T'荷重

解図6-38 円形管（硬質塩化ビニル管）の適用土かぶり

適用条件
1. 砂基礎
2. 土の単位体積重量
   $\gamma = 18 \text{ kN/m}^3$
3. 活荷重：T'荷重

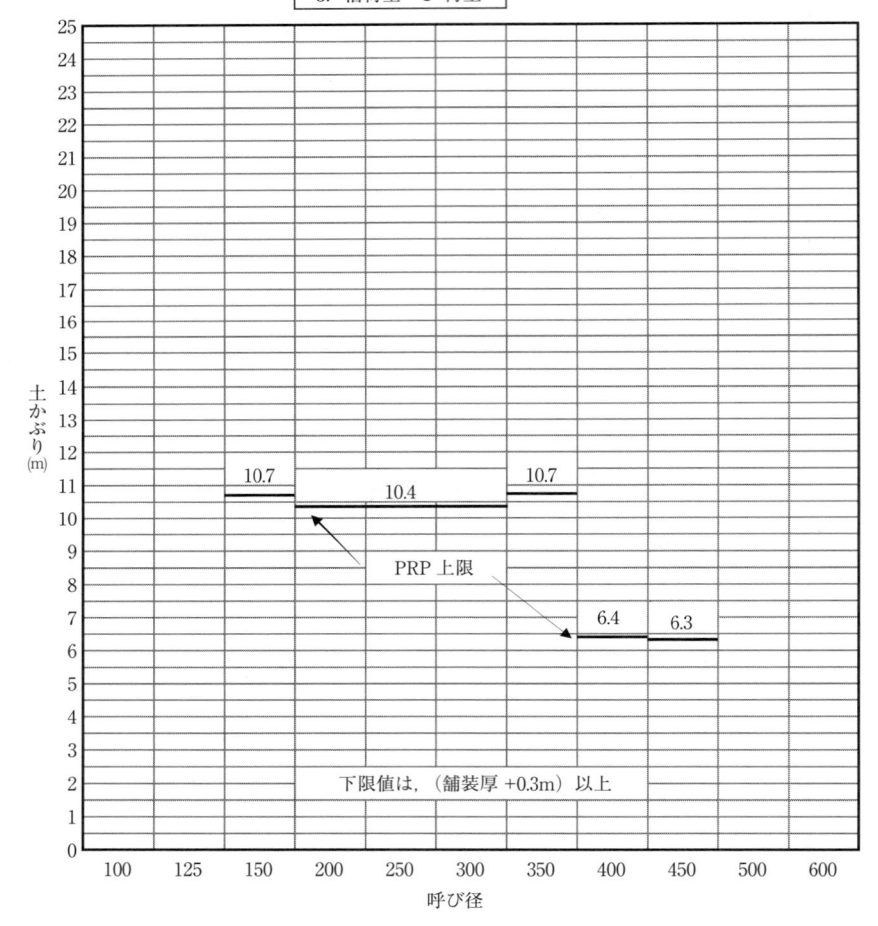

解図6－39 リブ付円形管（リブ付硬質塩化ビニル管）の適用土かぶり

5) 土圧分布状態

埋設管に加わる荷重は，盛土または埋戻し土による鉛直土圧及び活荷重による

鉛直土圧とし，円形管及びリブ付円形管の土圧分布は**解図6－40**のとおりとする。

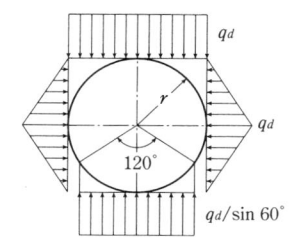

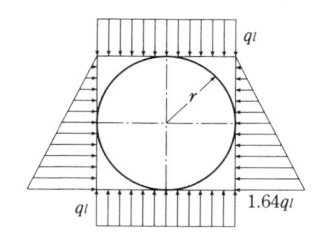

（a）盛土または埋戻し土による鉛直土圧分布

（b）活荷重による鉛直土圧分布

注）q_d：盛土または埋戻し土による鉛直土圧（N/mm²）
　　q_l：活荷重による鉛直土圧（N/mm²）
　　r：管厚中心半径（mm）

解図6－40　土圧分布状態

6) 硬質塩化ビニルパイプカルバートの設計に用いる諸係数

円形管及びリブ付円形管の設計に用いる諸係数は，**解表6－30**，**解表6－31**のとおりである。

解表 6−30　円形管の設計に用いる諸数値

種類	呼び径	管厚中心半径 r (mm)	断面係数 Z (mm^3/mm)	断面二次モーメント I (mm^4/mm)
VP	100	53.45	8.40	29.8
	125	66.25	9.38	35.2
	150	77.70	15.4	73.7
	200	102.5	20.2	111
	250	126.7	30.8	210
	300	150.9	43.7	354
VM	350	177.3	39.0	298
	400	201.3	49.9	431
	450	225.3	62.7	608
	500	249.3	76.3	817
VU	100	55.25	2.04	3.57
	125	67.75	3.38	7.59
	150	79.75	5.04	13.9
	200	104.5	8.17	28.6
	250	129.3	11.8	49.4
	300	154.1	16.3	80.9
	350	179.4	20.9	117
	400	203.7	26.5	167
	450	228.0	33.1	234
	500	252.2	40.6	316
	600	305.4	61.4	590
	700	354.7	85.1	962

解表 6−31　リブ付円形管の設計に用いる諸数値

種類	呼び径	管断面の中立軸までの半径 r' (mm)	断面係数 Z (mm^3/mm)	断面二次モーメント I (mm^4/mm)
PRP	150	77.87	9.51	27.3
	200	103.75	16.94	63.0
	250	129.73	25.63	122.5
	300	155.69	36.60	211.9
	350	181.88	49.88	344.7
	400	204.77	63.21	301.6
	450	229.98	85.29	424.3

注 1) 管断面の中立軸までの半径 r' 及び断面二次モーメント I は，リブ断面の各部寸法の最小＋（許容差 /2) から求め，性能規格値から定められたものである。

注 2) 断面係数 Z は，強度計算の対象となる管内面に対する値として $I/(r'-$ 管内半径$)$ である。

(3) 基礎の設計
1) 基礎の形式

　硬質塩化ビニルパイプカルバートの基礎は，原則として円形管は砂基礎とし，リブ付円形管は砂基礎または砕石基礎とするが，軟弱地盤等では，地盤の条件に応じて基礎を補強した形式の基礎とする。

　一般的な基礎の種類は**解図6-41**のとおりであり，これらの選定の目安を示したものが**解表6-32**である。

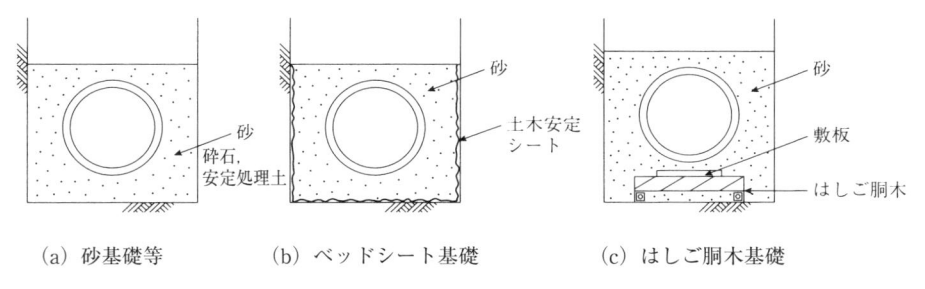

(a) 砂基礎等　　　(b) ベッドシート基礎　　　(c) はしご胴木基礎

注）はしご胴木基礎における敷板と管との間の砂厚は，呼び径に応じて10～15cmとする。

解図6-41　基礎の種類

解表6-32　基礎選定の目安

地　　盤	普通地盤	軟弱地盤
基礎の種類	砂基礎 砕石基礎（リブ付円形管のみ）	ベッドシート基礎 はしご胴木基礎 安定処理土基礎

2) 基礎部の定義

　硬質塩化ビニルパイプカルバートの基礎部は，基床部，管側部及び厚さ10cm以上の被覆部から構成される。基礎部を構成する各部においては，同一材料を用いるものとする。

3) 基礎材

　硬質塩化ビニルパイプカルバートの基礎部に使用する基礎材は，原則として円形管は砂または細粒分の少ない砂質材料，リブ付円形管は細粒分の少ない砂質材

料または砕石，再生砕石を用い，十分な締固め度が容易に得られるものを使用する。ただし，礫の最大粒径は，円形管は20mm以下，リブ付円形管は50mm以下とする。現場の施工条件によっては安定処理土，再生砂，砕石等を使用することもあるが，原地盤が軟弱な程，良好な素材を選定することが望ましい。

4） 基礎寸法

① 基床部の厚さは，管の安全性を高めるため，管底部の支持が堅固で均一になるよう，原地盤の状況を勘案して決定する。地盤別の標準的な基床厚は**解表6－33**のとおりである。

② 被覆部の厚さは，10cm以上とする。

③ 基礎幅は，溝型の場合，掘削幅と同一とする。突出型の場合は，管の中心位置で溝型の標準的な掘削幅以上となるようにする。

解表6－33 標準的な基床厚

地盤 呼び径	普通地盤	岩盤・転石地盤	軟弱地盤
200 以下	10cm 以上	30cm 以上	50cm 以上
250～450	15cm 以上		
500 以上	20cm 以上		

注1） 円形管・リブ付円形管共通
注2） 軟弱地盤において
　①人が掘削作業のできる程度の地盤状態においては，普通地盤の2倍程度の基床厚とする。
　②基床の下に切込砕石，はしご胴木等を設ける場合は，普通地盤程度の基床厚とする。

5） 掘削幅

硬質塩化ビニルパイプカルバートの標準的な掘削幅は，施工上必要なスペースの確保だけでなく，硬質塩化ビニルパイプカルバートが鉛直土圧によってたわみ，側方に受働土圧が生じることにより外圧に抵抗するのを妨げないようにする観点から，概ねパイプカルバート外径＋0.6m程度を目安とする。土留めを使用する場合は，土留材の厚さ等を別途考慮する必要がある。標準的な掘削幅を**解表6－34**に示す。

解表6-34　標準的な掘削幅

呼び径（mm）	150以下	200	250	300	350
掘削幅（cm）	50～60	70	80	85	90
呼び径（mm）	400	450	500	600	700
掘削幅（cm）	100	105	110	135	145

注）円形管・リブ付円形管共通

6) 管底側部

管底側部は，基礎材がまわり込みにくく，締固め不足を生じやすいため，突き棒等で十分締め固める。

(4) 埋戻し部の設計

1) 被覆部の上部で，管頂から30cm以内の部分

管頂10cmから30cmまでの被覆部の上部に用いる埋戻し材については，岩塊等の管に有害なものを含まない材料とし，埋戻し材に含まれる最大粒径は，円形管では20mm以下，リブ付円形管では50mm以下とする。

なお，埋戻し材には，道路管理者が指定する良質な発生土や改良土等を用いてもよい。再生材料を用いる場合は，再生砕石，再生砂等とする。

2) 管頂から30cm以上の部分

埋戻し材は，道路盛土や原地盤と同等以上の地耐力が得られるとともに，締固めが可能なものとする。また，耐久性があり，ごみや不純物等を含まず，凍結していないものとする。

(5) 構造物周辺の配管

硬質塩化ビニルパイプカルバートをマンホール等のコンクリート構造物に接続する場合は，不同沈下や地震等による両者の相対的な変位によって接続部分に過大な応力が発生するおそれがある。これを防止するためには，構造物から1m以内にゴム輪接合部を設けなければならない（**解図6-42**(a)）。また，コンクリート構造物に接続する場合，既製の砂付き短管を使用する（**解図6-42**(b)）。

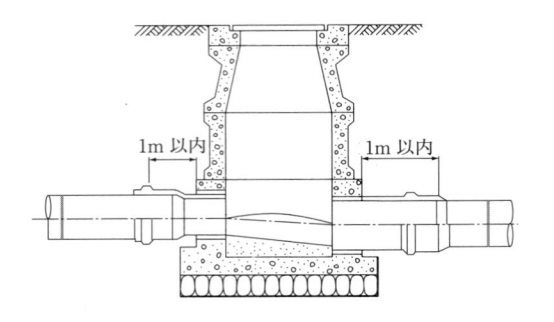

(a) マンホールへの取付け例

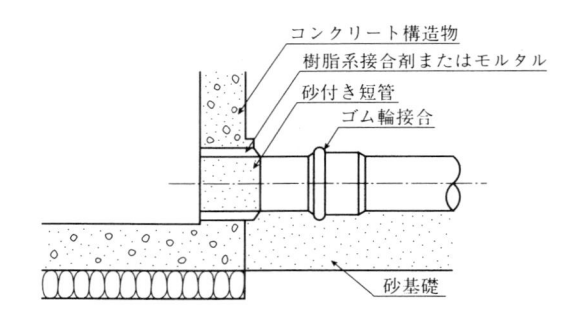

(b) 接続部の詳細図

解図 6-42　構造物周辺の配管図

(6) **構造細目**

1) **継手**

　硬質塩化ビニルパイプカルバートの接合方式（継手）として，接着接合方式及びゴム輪接合方式（**解図 6-37**）があり，地盤条件，地震対策等を考慮して選択される。水密性は同等であるが，管路として柔軟構造を取る場合には，ゴム輪接合方式の継手を検討することが望ましい。構造物との接続は，(5)による。

　継手の水密性については，「JIS K 6741（接合部水圧試験）」及び「JSWAS K-1（接合部負圧試験）」に規定されており，継手部の照査は省略できるものとする。

また，耐震計算を行う場合のゴム輪受口の屈曲角，抜出し量は，「下水道施設耐震計算例－管路施設編－前編」((社)日本下水道協会)に示される中から選定することができるが，屈曲角，抜出し量の選定に当たっては，地盤及び埋戻し土の液状化に留意する必要がある。

6-3-4　強化プラスチック複合パイプカルバートの設計

(1)　強化プラスチック複合パイプカルバートは，現地の条件や用途に応じた種類及び規格を適切に選定して用いる。
(2)　管体の設計では，管に生じる最大曲げ応力度及びたわみ率がいずれも許容値を満足することを確認する。
(3)　基礎の設計では，施工条件に応じて，材料の選定や締固めを適切に行う。
(4)　埋戻し部は，材料の選定や締固めを適切に行う。
(5)　カルバートを他の構造物に直接接続する場合，不同沈下や地震等による相対変位によって接続部分に過大な応力が発生するのを防ぐ対策を行う。
(6)　継手による管の接続は適切に行う。

(1)　管の種類と規格
1)　強化プラスチック複合パイプカルバートの種類

　本指針で対象とする強化プラスチック複合パイプカルバートは，「JIS A 5350」に規定されている外圧管に適合するものとする。強化プラスチック複合パイプカルバートの種類は，解表6-35のように区分する。

解表6-35　強化プラスチック複合パイプカルバートの種類

形状	呼び径	外圧強さ	製造方法
B形	200～3000	1種，2種	フィラメントワインディング成形
C形	200～2400		
D形	200～2400		遠心力成形

形状は以下に示すとおりである。
① B形
　B形とは，継手部のゴム輪が挿口部外面に接着剤によってあらかじめ接着されている構造のものをいう。B形の例を**解図6－43**(a)に示す。
② C形
　C形とは，継手部のゴム輪が受口部内面に接着剤によってあらかじめ接着されている構造のものをいう。C形の例を**解図6－43**(b)に示す。
③ D形
　D形とは，継手部のゴム輪が受口部内面に設けられた溝に，あらかじめ装着されている構造のものをいう。D形の例を**解図6－43**(c)に示す。

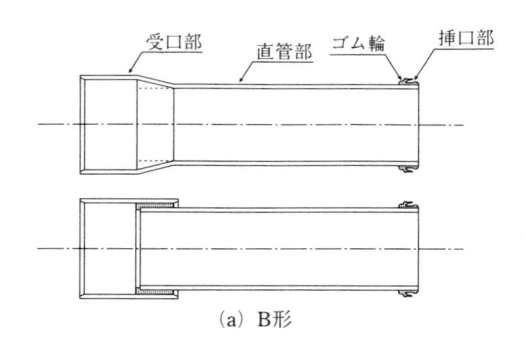

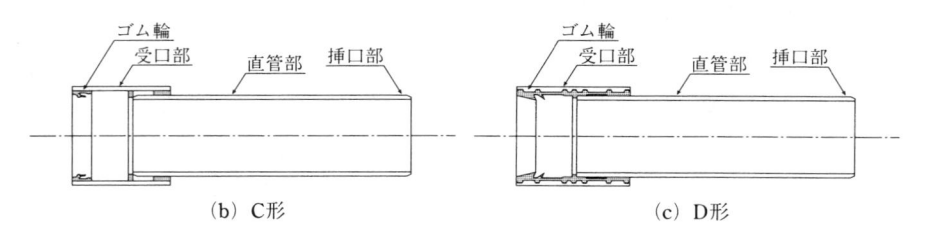

(a) B形

(b) C形　　　　　　　　　(c) D形

解図6－43　強化プラスチック複合パイプカルバートの形状

(2) 管体の設計

強化プラスチック複合パイプカルバートの設計では，管体に発生する最大曲げ応力度及びたわみ率のいずれもが許容値を満足することを確認する。

1) 管体に発生する最大曲げ応力度

盛土または埋戻し土及び活荷重によって生じる最大曲げ応力度 σ は，「6-3-3(2) 管体の設計」に準じて計算する。

この際，管厚中心半径 r（m）及び管の断面係数 Z（m^3/m）は，**解表6-36**，**解表6-37**の値による。

2) 管のたわみ率

盛土または埋戻し土及び活荷重によって生じる管のたわみ率 V は，「6-3-3(2) 管体の設計」に準じて計算する。

この際，管厚中心半径 r（m）及び管の曲げ剛性 EI（$kN \cdot m^2$/m）は，**解表6-36**，**解表6-37**の値による。

解表6−36　設計に用いる諸元（B形及びC形）

呼び径	管厚中心半径 r (m)	管の曲げ剛性 EI 値 (kN・m²/m) 1種	管の曲げ剛性 EI 値 (kN・m²/m) 2種	断面係数 Z (m³/m)
200	0.10350	0.49163	0.32299	8.17×10^{-6}
250	0.12875	0.60469	0.39727	9.38×10^{-6}
300	0.15400	0.79360	0.52480	10.67×10^{-6}
350	0.17925	0.95189	0.62948	12.04×10^{-6}
400	0.20450	1.19070	0.80190	13.50×10^{-6}
450	0.22975	1.40040	0.94311	15.04×10^{-6}
500	0.25500	1.84170	1.22500	16.67×10^{-6}
600	0.30600	3.18240	2.11680	24.00×10^{-6}
700	0.35700	5.05350	3.36140	32.67×10^{-6}
800	0.40800	7.54350	5.01760	42.67×10^{-6}
900	0.45900	10.74100	7.14420	54.00×10^{-6}
1000	0.51000	14.73300	9.80000	66.67×10^{-6}
1100	0.56100	19.61000	13.04400	80.67×10^{-6}
1200	0.61200	25.45900	16.93400	96.00×10^{-6}
1350	0.68850	36.25000	24.11200	121.50×10^{-6}
1500	0.76500	49.72500	33.07500	150.00×10^{-6}
1650	0.84150	66.18400	44.02300	181.50×10^{-6}
1800	0.91800	85.92500	57.15400	216.00×10^{-6}
2000	1.02000	117.87000	78.40000	266.67×10^{-6}
2200	1.12200	156.88000	104.35000	322.67×10^{-6}
2400	1.22400	203.67000	135.48000	384.00×10^{-6}
2600	1.32600	258.95000	172.24000	450.67×10^{-6}
2800	1.42800	323.43000	215.13000	522.67×10^{-6}
3000	1.53000	397.80000	264.60000	600.00×10^{-6}

解表6－37　設計に用いる諸元（D形）

呼び径	管厚中心半径 r (m)	管の曲げ剛性 EI 値 (kN・m²/m)		断面係数 Z (m³/m)
		1種	2種	
200	0.10500	0.51332	0.33724	16.67×10^{-6}
250	0.13025	0.62607	0.41131	18.38×10^{-6}
300	0.15550	0.81702	0.54028	20.17×10^{-6}
350	0.18075	0.97599	0.64541	22.04×10^{-6}
400	0.20600	1.21710	0.81968	24.00×10^{-6}
450	0.23125	1.42800	0.96171	26.04×10^{-6}
500	0.25650	1.87440	1.24670	28.17×10^{-6}
600	0.30775	3.23730	2.15330	40.04×10^{-6}
700	0.35900	5.13890	3.41820	54.00×10^{-6}
800	0.41000	7.65490	5.09180	66.67×10^{-6}
900	0.46100	10.87400	7.23800	80.67×10^{-6}
1000	0.51250	14.95100	9.94480	104.17×10^{-6}
1100	0.56400	19.92600	13.25400	130.67×10^{-6}
1200	0.61550	25.89900	17.22700	160.17×10^{-6}
1350	0.69200	36.80500	24.48100	192.67×10^{-6}
1500	0.76850	50.41100	33.53600	228.17×10^{-6}
1650	0.84550	67.13200	44.65400	280.17×10^{-6}
1800	0.92250	87.19500	57.99800	337.50×10^{-6}
2000	1.02450	119.43000	79.44200	400.17×10^{-6}
2200	1.12700	158.99000	105.75000	486.00×10^{-6}
2400	1.22950	206.43000	137.31000	580.17×10^{-6}

3）　許容曲げ応力度及び許容たわみ率

　強化プラスチック複合パイプカルバートの許容曲げ応力度及び許容たわみ率は，**解表6－38**のとおりである。

解表 6−38 強化プラスチック複合パイプカルバートの
許容曲げ応力度及び許容たわみ率

呼び径	許容曲げ応力度 σ_a (MN/m^2)				許容たわみ率 V_a (%)	
	B形・C形		D形		砂基礎	砕石基礎
	1種	2種	1種	2種		
200〜250	85.0	55.7	42.3	27.7	4	5
300〜350	90.0	60.3	48.1	32.2		
400〜450	94.6	65.3	53.6	37.0		
500〜900	105	72.0	62.3	42.9		
1000〜1500			63.1	43.4		
1650〜2000			67.3	46.3		
2200〜3000					−	

4) 適用土かぶり

　強化プラスチック複合パイプカルバートの適用土かぶりは，**解図 6−44**のとおりである。ここに示す適用土かぶりは，活荷重はT'荷重，土の単位体積重量は 18 kN/m^3 を考慮して求めたものである。

　なお，B形・C形とD形では，同じ呼び径に対する設計諸元及び許容曲げ応力度が異なるが，適用土かぶりは同じである。

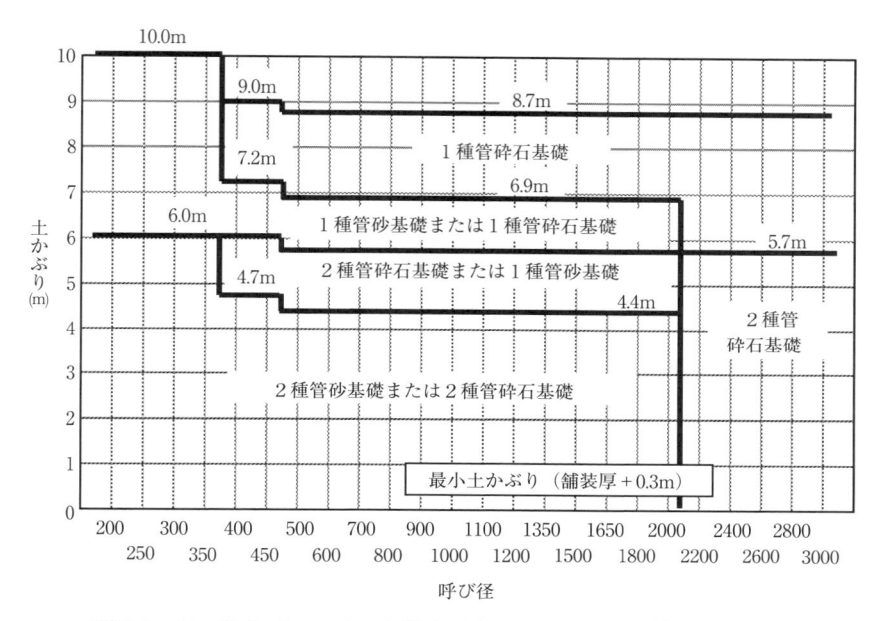

解図 6−44 強化プラスチック複合パイプカルバートの適用土かぶり

(3) 基礎の設計
1) 基礎部の定義
　強化プラスチック複合パイプカルバートの基礎部は，基床部，管側部及び厚さ30cm程度の被覆部から構成される（**解図 6−27参照**）。
2) 基礎材
　基礎材は，原則として砂または砕石とし，呼び径に応じて，**解表 6−39**により選定する。また，砕石を使用する場合，その最大粒径は**解表 6−40**による。なお，たわみの抑制効果を高めるために，安定処理土を使用することもある。

　管底側部は，基礎材がまわり込みにくく，締固め不足が生じやすいため，少量の基礎材を盛り付けた後，突き棒やサンドランマー等で十分突き固める。特に，内径の大きな管では入念に突き固める。締固め度は，「JIS A 1210（突固めによる土の締固め試験方法）」に規定される試験方法A-aによる最大乾燥密度の90％以上を目安とする。

管頂から30cmまでの被覆部は，管に直接大きな礫等が当たることを防止するために設ける。強化プラスチック複合パイプカルバートは，管径が大きく被覆部の土量も多いため，コスト面を考慮し，原地盤の土質が良質な場合は，被覆部に購入土ではなく**解表6－40**に示す最大粒径以上の礫等を除去した現場発生土を用いてもよい。

解表6－39　呼び径に対する基礎材

呼び径	基礎材
200～2000	砂または砕石，再生砕石
2200～3000	砕石または再生砕石

解表6－40　砕石の最大粒径

呼び径	砕石の最大粒径
200～450	20mm 以下
500～3000	50mm 以下

3） 基床厚

　基床部の厚さは，**解表6－41**を標準とする。基床厚は管路の安全性を高めるため，管底部の支持が堅固で均一になるよう原地盤の状況を勘案して決定する。

解表6－41　標準的な基床厚　　　　（cm）

呼び径	地盤		
	普通地盤	岩盤・転石地盤	軟弱地盤
200	10 以上	30 以上	50 以上
250～450	15 以上		
500～1000	20 以上		
1100～2000	30 以上	40 以上	
2200～3000	50 以上	50 以上	

4） 掘削幅

　強化プラスチック複合パイプカルバートの掘削幅は，管接合作業及び転圧機による締固め作業に支障が出ないように，管側部の余裕を考慮して決定する必要が

ある。また，強化プラスチック複合パイプカルバートが鉛直土圧によってたわみ，側方に受働土圧が生じることにより外圧に抵抗するのを妨げないようにする観点からも，適切に設定する必要がある。溝型の場合の標準的な掘削幅は，**解表6－42**に示すとおりである。突出型の場合は，パイプの左右に少なくともパイプ径に相当する範囲（ただし，50cm以上）を必要とする。

解表6－42 標準的な掘削幅　　　　　　　　　　(cm)

呼び径	200	250	300	350	400	450	500	600
掘削幅	70	80	85	90	100	105	110	150
呼び径	700	800	900	1000	1100	1200	1350	1500
掘削幅	160	170	190	205	215	225	240	265
呼び径	1650	1800	2000	2200	2400	2600	2800	3000
掘削幅	285	300	320	355	375	395	420	440

(4) 埋戻し部の設計

埋戻し材は，道路盛土や原地盤と同等以上の地耐力が得られるとともに，締固めが可能なものとする。また，耐久性があり，ごみや不純物等を含まず，凍結していないものとする。

(5) 構造物周辺の配管

強化プラスチック複合パイプカルバートをマンホール等のコンクリート構造物に接続する場合，不同沈下や地震等による両者の相対的な変位によって接続部分の管体に過大な応力が発生するおそれがある。

これを防止するため，砂付き短管（マンホール短管）を使用する。また，コンクリート壁孔と管の隙間に樹脂系接合剤またはモルタルを充填する。

標準的な構造を**解図6－45**に示す。

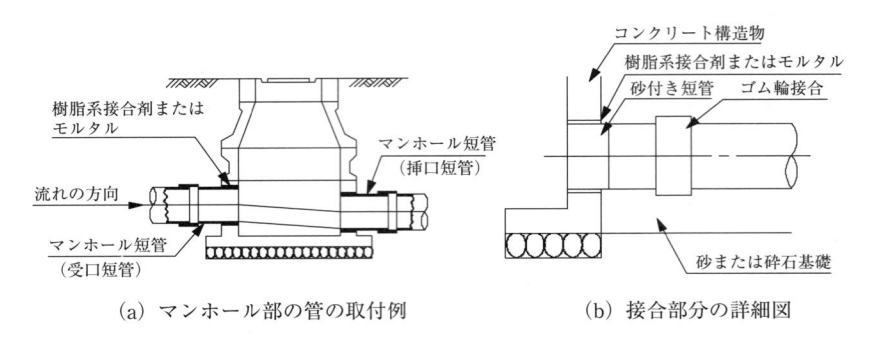

(a) マンホール部の管の取付例　　　(b) 接合部分の詳細図

解図 6-45　構造物周辺の配管図

(6) 構造細目

1) 継手

強化プラスチック複合パイプカルバートの継手は，ゴム輪によるスリップオン継手であり，**解表6-43**に示す抜け，屈曲が生じても水密性は維持されるため，照査の必要はない。

解表6-43　継手の抜け出し余裕量と許容曲げ角度

呼び径	抜出し余裕量（mm）		許容曲げ角度[1] θ（°）
	B・C形	D形	
200	75	66	6°00'
250	75	66	6°00'
300	85	66	5°00'
350	85	66	4°30'
400	95	77	4°30'
450	95	77	4°00'
500	105	77	4°00'
600	105	77	4°00'
700	105	77	4°00'
800	125	85	4°00'
900	125	85	3°30'
1000	105	85	3°30'
1100	105	85	3°00'
1200	105	85	2°50'
1350	105	85	2°40'
1500	135	95	2°30'
1650	160	95	2°30'
1800	160	95	2°30'
2000	190	95	2°30'
2200	190	105	2°30'
2400	225	105	2°30'
2600	225	－	2°30'
2800	255	－	2°30'
3000	255	－	2°30'

注1）許容曲げ角度は最大曲げ角度の約1/2である。

6-3-5 高耐圧ポリエチレンパイプカルバートの設計

(1) 高耐圧ポリエチレンパイプカルバートは，現地の条件や用途に応じた種類及び規格を適切に選定して用いる。
(2) 管体の設計では，管に生じる最大曲げ応力度及びたわみ率がいずれも許容値を満足することを確認する。
(3) 基礎の設計では，施工条件に応じて，材料の選定や締固めを適切に行う。
(4) 埋戻し部は，材料の選定や締固めを適切に行う。
(5) カルバートを他の構造物に直接接続する場合，不同沈下や地震等による相対変位によって接続部分に過大な応力が発生するのを防ぐ対策を行う。
(6) 継手による管の接続は適切に行う。

(1) 管の種類と規格

1) 高耐圧ポリエチレンパイプカルバートの種類

高耐圧ポリエチレンパイプカルバートは，「JIS K 6780」に規定されている管で，その種類は**解表6-44**に示すとおりである。

解表6-44 高耐圧ポリエチレンパイプカルバートの種類

形状	管　種	呼び径	製造方法
R形	SR = 30	300～2,400	スパイラルワインディング成形
	SR = 60	300～2,000	
	SR = 90		
	SR = 120	200～1,000	
F形	SR = 30	300～2,000	
	SR = 60		
	SR = 90		
	SR = 120	200～1,000	

① R形

R形とは，受口部，直管部及び差口部が一体に成形された外圧管で，管壁外面に円形，方形等の中空リブを持った管をいう。R形の例を**解図6-46**(a)に示す。

R形は，高耐圧ポリエチレンパイプカルバートのうち，一般的に用いられる管種である。
② F形
F形とは，受口部，直管部及び差口部が一体に成形された外圧管で，管壁内に円形中空部を持つ（F），中空部を持たない中実の管（S）がある。F形の例を**解図6－46**(b)，(c)に示す。
F形（F）は，管に部材を取り付ける場合等，R形のリブが支障をきたす場合に用いられる。F形（F）及びF形（S）はそれぞれ，曲管，分岐管等の加工用としても用いられる。

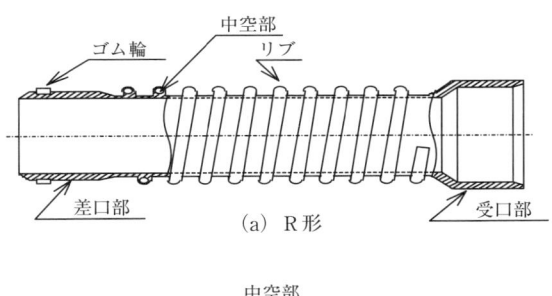

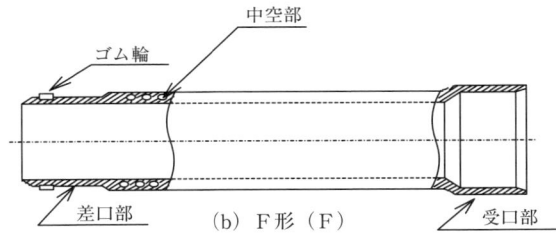

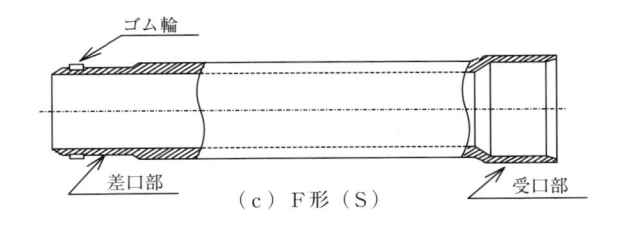

解図6－46 高耐圧ポリエチレンパイプカルバートの形状

(2) 管体の設計

高耐圧ポリエチレンパイプカルバートの設計では，管体に発生する最大曲げ応力度及びたわみ率のいずれもが許容値を満足することを確認する。

1) 管に発生する最大曲げ応力度

盛土または埋戻し土及び活荷重によって生じる曲げ応力度は，式（解6-15）により計算する。

$$\sigma = \frac{6(k_1(q_d+q_l)r_m^2 + k_2 \cdot P \cdot r_m^2)}{t^2} \quad (\text{N/mm}^2) \quad \cdots\cdots\cdots\cdots\cdots (\text{解}6-15)$$

ここに，k_1, k_2：基礎の設計支承角による曲げモーメント係数で，**解表6-45**による。

解表6-45 基礎支承角による曲げモーメント係数（管底）

基礎支承角	120°
k_1	0.275
k_2	-0.166

q_d：盛土または埋戻し土による鉛直土圧（N/mm²）で，式（解6-11）により計算する。

q_l：活荷重による鉛直土圧（N/mm²）で，式（解6-5）により計算する。

r_m：管体の平均半径（mm）で，**解表6-46**による。

t：換算肉厚（mm）で，**解表6-46**による。

解表6−46 高耐圧ポリエチレンパイプカルバートの設計に用いる諸数値

管　種	呼び径	換算肉厚 t (mm)	平均半径 r_m (mm)	管の曲げ剛性 EI (N·mm²/mm)
SR=30	300	11.14	155.57	1.129×10^5
	350	12.99	181.50	1.794×10^5
	400	14.85	207.43	2.680×10^5
	450	16.71	233.36	3.810×10^5
	500	18.57	259.29	5.230×10^5
	600	22.28	311.14	9.032×10^5
	700	25.99	363.00	1.435×10^6
	800	29.71	414.86	2.142×10^6
	900	33.42	466.71	3.051×10^6
	1000	37.13	518.57	4.184×10^6
	1100	40.85	570.43	5.567×10^6
	1200	44.56	622.28	7.231×10^6
	1350	50.13	700.07	1.029×10^7
	1500	55.70	777.85	1.412×10^7
	1650	61.28	855.64	1.879×10^7
	1800	66.85	933.43	2.440×10^7
	2000	74.27	1037.14	3.347×10^7
	2200	81.71	1140.86	4.455×10^7
	2400	89.13	1244.57	5.783×10^7
SR=60	300	14.17	157.09	2.324×10^5
	350	16.53	183.27	3.695×10^5
	400	18.89	209.45	5.514×10^5
	450	21.26	235.63	7.848×10^5
	500	23.62	261.81	1.076×10^6
	600	28.34	314.17	1.861×10^6
	700	33.07	366.54	2.954×10^6
	800	37.79	418.90	4.411×10^6
	900	42.52	471.26	6.278×10^6
	1000	47.24	523.62	8.615×10^6
	1100	51.97	575.99	1.146×10^7
	1200	56.69	628.35	1.489×10^7
	1350	63.78	706.89	2.120×10^7
	1500	70.87	785.44	2.907×10^7
	1650	77.96	863.98	3.870×10^7
	1800	85.04	942.52	5.024×10^7
	2000	94.49	1047.25	6.892×10^7

管　種	呼び径	換算肉厚 t (mm)	平均半径 r_m (mm)	管の曲げ剛性 EI (N·mm²/mm)
SR=90	300	16.33	158.17	3.563×10^5
	350	19.06	184.53	5.655×10^5
	400	21.78	210.89	8.438×10^5
	450	24.50	237.25	1.202×10^6
	500	27.22	263.61	1.649×10^6
	600	32.67	316.34	2.850×10^6
	700	38.12	369.06	4.524×10^6
	800	43.56	421.78	6.755×10^6
	900	49.01	474.51	9.614×10^6
	1000	54.45	527.23	1.319×10^7
	1100	59.90	579.95	1.755×10^7
	1200	65.35	632.68	2.279×10^7
	1350	73.51	711.76	3.245×10^7
	1500	81.68	790.84	4.452×10^7
	1650	89.85	869.93	5.926×10^7
	1800	98.02	949.01	7.693×10^7
	2000	108.91	1054.46	1.055×10^8
SR=120	200	12.05	106.03	1.429×10^5
	250	15.06	132.53	2.795×10^5
	300	18.08	159.04	4.827×10^5
	350	21.09	185.55	7.661×10^5
	400	24.10	212.05	1.145×10^6
	450	27.12	238.56	1.629×10^6
	500	30.13	265.07	2.234×10^6
	600	36.16	318.08	3.861×10^6
	700	42.18	371.09	6.133×10^6
	800	48.21	424.11	9.156×10^6
	900	54.24	477.12	1.303×10^7
	1000	60.27	530.14	1.788×10^7

　　　P：鉛直土圧と活荷重による水平荷重（N/mm²）で，式（解6－16）により計算する。

$$P = \frac{E' \cdot \delta}{2 \cdot F_d \cdot r_m} \quad (\text{N/mm}^2) \quad \cdots\cdots\cdots\cdots\cdots\cdots\cdots\cdots\cdots\cdots\cdots (\text{解} 6-16)$$

ここに，F_d：変形遅れ係数（$F_d = 1.0 \sim 1.5$）で，**解表6－47**による。

　　　E'：土の受働抵抗係数（N/mm²）で，式（解6－17）により計算する。

$$E' = \frac{E_s}{2(1-v^2)} \quad (\text{N/mm}^2) \quad \cdots\cdots\cdots\cdots\cdots\cdots\cdots\cdots (\text{解}6-17)$$

ここに，E_s：土の変形係数（N/mm²）で，**解表6-47**による。

v：土のポアソン比（一般に0.5とする）

解表6-47　裏込めの範囲と土の諸係数

裏込めの範囲[注)]	変形遅れ係数 F_d	変形係数 E_s（N/mm²）
B	1.25	14.7
C	1.25	24.5

注）ここで，裏込め範囲B，Cとは解表6-18に示す，範囲B，Cの裏込め材料と締固め条件のことである。

δ：盛土または埋戻し土と活荷重による管体のたわみ量（mm）で，式（解6-18）による。

$$\delta = \frac{2F_k \cdot F_d \cdot r_m^4}{EI + 0.061 E' \cdot r_m^3} \cdot (q_d + q_l) \quad (\text{mm}) \quad \cdots\cdots\cdots\cdots\cdots\cdots (\text{解}6-18)$$

ここに，F_k：基礎の支承角係数で，**解表6-48**による。

解表6-48　基礎の支承角係数

基礎支承角 2α	120°
支承角係数 F_k	0.090

F_d：変形遅れ係数（$F_d = 1.0 \sim 1.5$）で，**解表6-47**による。

r_m：管体の平均半径（mm）で，**解表6-46**による。

EI：管の曲げ剛性（N・mm²/mm）で，**解表6-46**による。

E'：土の受働抵抗係数（N/mm²）で，式（解6-17）により計算する。

q_d：盛土または埋戻し土による鉛直土圧（N/mm²）で，式（解6-11）により計算する。

q_l：活荷重による鉛直土圧（N/mm²）で，式（解6-5）により計算する。

2) 管のたわみ率

盛土または埋戻し土及び活荷重によって生じる管のたわみ率 V は式（解 6-19）で計算する。

$$V = \frac{\delta}{2r_m} \times 100 \ (\%) \quad \cdots\cdots\cdots\cdots\cdots\cdots\cdots\cdots\cdots\cdots\cdots\cdots\cdots (解 6-19)$$

ここに，δ：盛土または埋戻し土と活荷重による管体のたわみ量（mm）で，式（解 6-18）による。

3) 許容曲げ応力度及び許容たわみ率

高耐圧ポリエチレンパイプカルバートの許容曲げ応力度及び許容たわみ率は，**解表6-49**のとおりである。

解表 6-49　許容曲げ応力度及び許容たわみ率

許容曲げ応力 σ_a	16.2 N/mm^2
許容たわみ率 V_a	5%

4) 適用土かぶり

高耐圧ポリエチレンパイプカルバートの適用土かぶりを**解図6-47**に示す。ここに示す適用土かぶりは，活荷重はT'荷重，土の単位堆積重量は19kN/m^{3}を考慮して求めたものである。

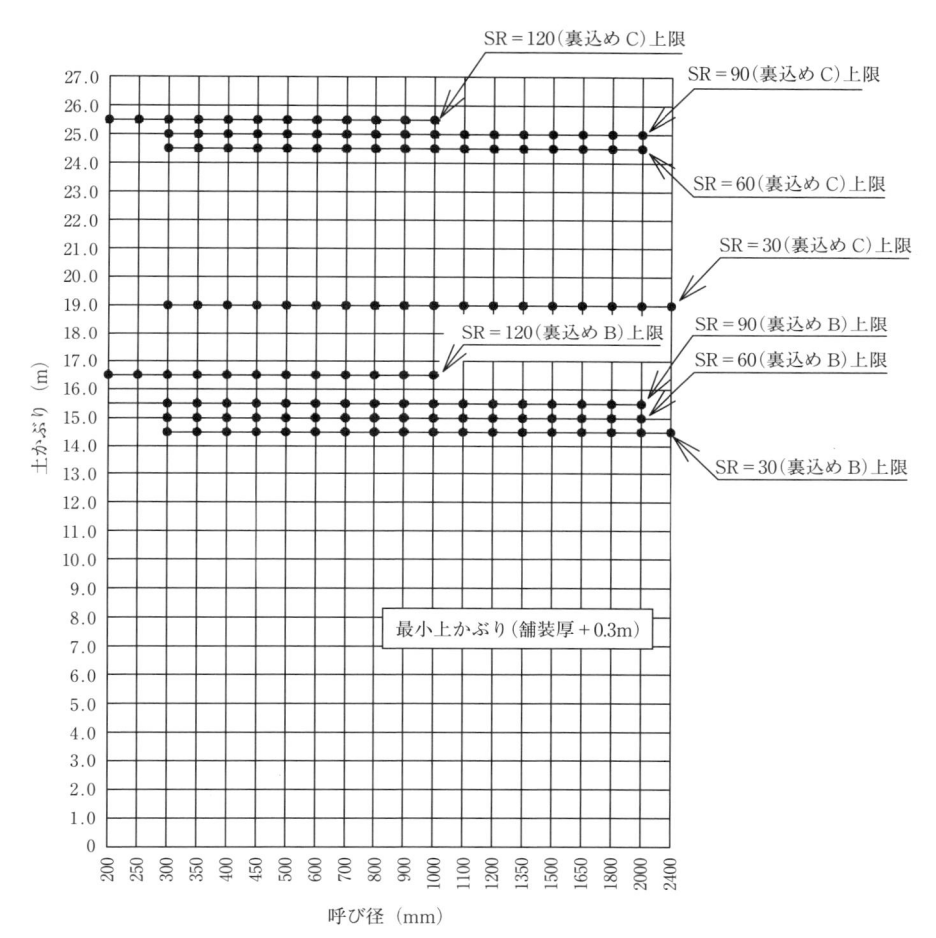

適応条件：
　　土の単位体積重量　：19kN/m³
　　活荷重　　　　　　：T'荷重
　　裏込材の変形係数　：裏込の種類 B の場合 $E_s = 14.7\text{N/mm}^2$
　　　　　　　　　　　：裏込の種類 C の場合 $E_s = 24.5\text{N/mm}^2$
　　変形遅れ係数　　　：$F_d = 1.25$
　　基礎の支承角係数　：$F_k = 0.090$

　　解図 6-47　高耐圧ポリエチレンパイプカルバートの適用土かぶり
　　　　　　　　（基礎の支承角120°）

(3) **基礎の設計**

1) 基礎部の定義

　基礎部には，基床部，管側部及び厚さ30cm程度の被覆部が含まれ，同一材料を用い十分な締固めを行うものとする。

　管底側部，管側部，管頂部の施工は，施工の中で最も重要な部分であり，管側面の抵抗土圧を大きくし，管の耐荷力を十分に発揮させるため，特に注意して入念に材料の締固め作業を行なわなければならない。

2) 基礎材

　基礎材は，原則として砕石または砂とする。また，砕石を使用する場合，その最大粒径は40mmとする。

　なお，たわみの抑制効果を高めるために，安定処理土を使用することもある。

3) 基床厚

　基床厚は，管路に対する安全性を高めるため，管底部の支持が堅固で均一になるよう，原地盤の状況を勘案して決定する。地盤別の標準的な基床厚は**解表6－50**のとおりである。

解表6－50　各種地盤の最小基床厚（管底部）

地盤の種類	寸法及び設置断面	最小基床厚 h	設置断面
普通の地盤の場合	直径 D (cm)	h (cm)	
	90 以下	20	
	90 ～ 200	30	
	200 以上	$0.2D$	
岩盤の場合	20cm 以上（管径や盛土高が大きい場合 30cm 以上）		
軟弱地盤の場合	50cm 以上 または $0.3D ～ 0.5D$ cm		

4) 掘削幅

継手堀りを行った箇所及び管底側部は，埋戻し材が回り込みにくく，締固め不足が生じやすい箇所であり，管の変形の原因になりやすいため，基礎材料を十分に充填し，特に注意をして締め固める。

また，高耐圧ポリエチレンパイプカルバートが鉛直土圧によってたわみ，側方に受働土圧が生じることにより外圧に抵抗するのを妨げないよう配慮した，溝型での高耐圧ポリエチレンパイプカルバートの標準的な掘削幅は，**解表6－51**に示すとおりである。突出型の場合は，パイプの左右に少なくともパイプ径に相当する範囲（ただし，50cm以上）を必要とする。なお，土留めを使用する場合には，土留め材の厚さや施工精度等を別途考慮する必要がある。

解表6－51 標準的な溝型の掘削幅　　　　　　（mm）

	呼び径	200	250	300	350	400	450	500	600	700	800	900
掘削幅	SR=30	−	−	1300	1350	1400	1450	1500	1600	1700	1800	2000
	SR=60	−	−	1300	1350	1400	1450	1500	1600	1700	1800	2050
	SR=90	−	−	1300	1350	1400	1450	1500	1600	1700	1800	2050
	SR=120	1200	1250	1300	1350	1400	1450	1500	1600	1700	1800	2050
	呼び径	1000	1100	1200	1350	1500	1650	1800	2000	2200	2400	
掘削幅	SR=30	2000	2200	2350	2500	2750	2900	3150	3350	3550	3750	
	SR=60	2050	2250	2350	2550	2850	3000	3150	3400	−	−	
	SR=90	2050	2250	2350	2550	2850	3000	3150	3400	−	−	
	SR=120	2050	2250	−	−	−	−	−	−	−	−	

注）内径の大きな管を軟弱地盤に埋設する場合は，掘削幅を広げることが望ましい。

(4) 埋戻し部の設計

埋戻し部は，被覆部より上部を指し，埋戻し材は，道路盛土や現地盤と同等以上の地耐力が得られるとともに締固めが可能なものとする。また，耐久性があり，ごみや不純物を含まず，凍結していないものとする。

地下水位が高い地盤に埋設し，施工が一時中断される場合は，浮上がり防止のため，所定の上載荷重を確保する必要がある。

(5) **構造物周辺の配管**

　高耐圧ポリエチレンパイプカルバートをマンホール等のコンクリート構造物に接続する場合，不同沈下や地震等による両者の相対的な変位によって接続部分の管体に過大な応力が発生するおそれがある。

　これを防止するため，構造物との取り合いには短管を用いることが望ましい。また，コンクリート壁孔と管の隙間には，樹脂系接合剤またはモルタルを充填し，この際には水膨張ゴムを併用することが望ましい（**解図6－48**）。

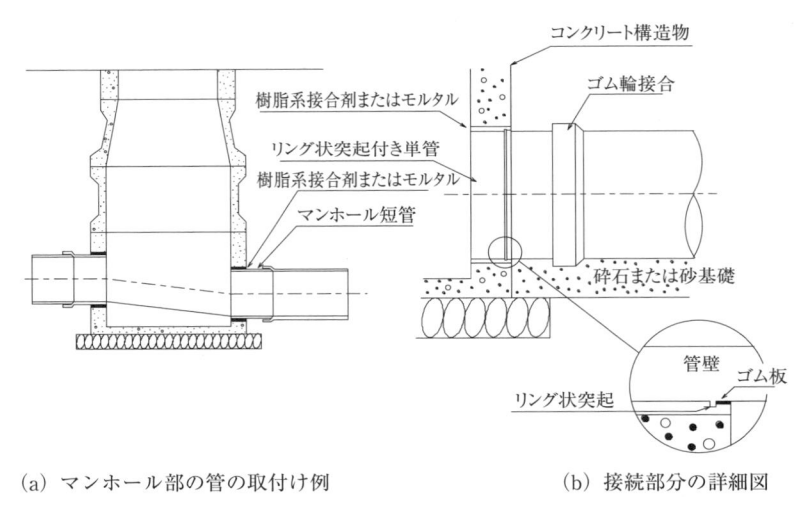

（a）マンホール部の管の取付け例　　　　　　　（b）接続部分の詳細図

解図6－48　構造物周辺の配管図

(6) **構造細目**

1) 継手

　継手部寸法は管種にかかわらず同一であり，継手部の接続状況については，目視により標線の確認を行う。接続部において適正な接続が行われるよう，レベル2地震の抜けしろ，許容曲げ角度による抜けしろと，これらに加えた余裕しろを持った規格が，「日本工業規格　耐圧ポリエチレンリブ管　JIS K 6780」に規定されている。

　上記規格に合致した製品を使用する場合には，継手の照査を省略してよい。

第7章 施 工

7-1 基本方針

> カルバートの施工に当たっては，適切な監督と検査，施工管理を行い，設計で前提とした施工の条件を満足しなければならない。設計時に想定し得ない施工中のカルバートの挙動には臨機応変に対応する必要がある。また，カルバートの施工に当たっては，他の工事の進捗との調整を図りながら，十分な品質の確保に努め，安全を確保するとともに，環境への影響にも配慮しなければならない。

(1) 概要

　カルバートの施工に当たっては，カルバートに要求される性能を満足するために，適切な監督と検査，施工管理を行い，設計図書に明記された施工の条件が遵守されなければならない。設計時において想定し得なかった事象が発生した場合にも，その原因を調査するとともに，設計の意図を十分に理解した上で，適切に対応する必要がある。

　カルバートは道路用，水路用または両者兼用の目的で設置されるものであるが，カルバート前後の道路または水路を遮断することなく施工しなければならない場合が多い。この場合には，道路または水路の一時付替えが必要となるが，この仮設道路及び水路は土工工事全体の工程管理，もしくは管理者の要求等から存置期間に制約を受けることがある。したがって，カルバートの施工についても，他の関連工事等を含めた全体工程の一部として，周到な工程計画を立てる必要がある。

　特に，上部道路上の土運搬は，経済性，交通安全等の面からもますます多用される方向にあるが，カルバートの施工遅延によりこれが制約されることがあるので，十分に注意して施工しなければならない。

　カルバートの施工の流れを**解図7-1**に示す。なお，施工管理の一環として行われる施工計画，道路管理者側で受注者が施工管理を実施し，適切に施工を行っ

ていることを確認するための監督と検査の一般事項については，それぞれ，「道路土工要綱共通編　第5章　施工計画」，「道路土工要綱共通編　第6章　監督と検査」を参照されたい。

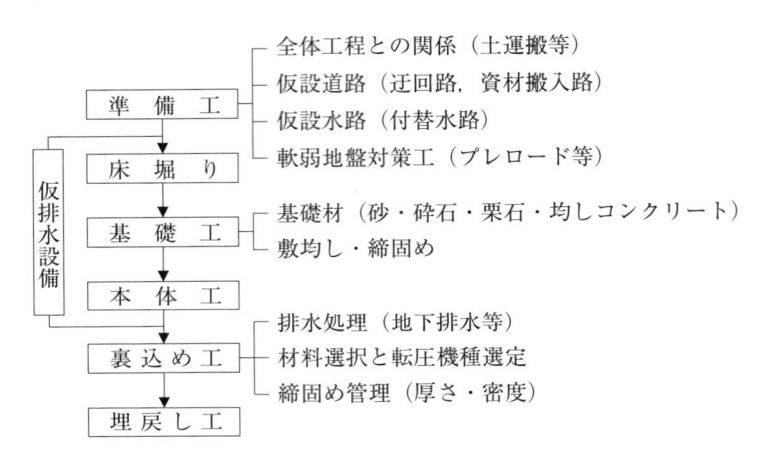

```
           ┌─ 準 備 工 ─┬─ 全体工程との関係（土運搬等）
           │          ├─ 仮設道路（迂回路，資材搬入路）
           │          ├─ 仮設水路（付替水路）
           │          └─ 軟弱地盤対策工（プレロード等）
仮         │
排   ─────┼─ 床 堀 り
水         │
設         ├─ 基 礎 工 ─┬─ 基礎材（砂・砕石・栗石・均しコンクリート）
備         │          └─ 敷均し・締固め
           │
           ├─ 本 体 工
           │
           ├─ 裏 込 め 工 ─┬─ 排水処理（地下排水等）
           │             ├─ 材料選択と転圧機種選定
           │             └─ 締固め管理（厚さ・密度）
           │
           └─ 埋 戻 し 工
```

解図7−1　カルバートの施工の流れ

(2)　留意事項

在来地形が水みちを形成している部分や，道路縦断形状の凹部にカルバートを施工する場合には，周辺からカルバートに向かって水が集まりやすいため，地下排水溝等による仮排水を十分に行わなければ，施工管理が十分にできず仕上がりに支障をきたすばかりでなく，沈下等により上部道路の路面に段差を生じるなど，維持管理上の問題箇所となるので注意しなければならない。

カルバートや上部道路の盛土が段階施工の場合，カルバート並びにその前後の土工区間は，完成断面で施工するのが望ましい。特に軟弱地盤上のカルバートでは，当初施工側と追加施工側において不同沈下が生じやすく損傷を受けるおそれがあるので，当初から完成断面で施工するのが望ましい。

剛性ボックスカルバートまたは剛性パイプカルバートの場合で，やむを得ず段階施工を実施する場合には，**解図7−2**に示すとおりあらかじめ段落ち防止用枕（**解図5−22**）や段差継手（**解図5−23**）を設置するなどの方法により，継手に対

して将来問題が起こらないような構造とし，また止水板を設けておくのが望ましい。

たわみ性パイプカルバートの場合は，当初施工による不同沈下と追加施工による不同沈下が複雑に影響し，沈下予想が実際と合わないことがあり，通水上支障を生じることがあるので注意しなければならない。

安全かつ確実な施工を行うためには，「7-2　剛性ボックスカルバートの施工」，「7-3　剛性パイプカルバートの施工」及び「7-4　たわみ性パイプカルバートの施工」に示す事項を満足しなければならない。また，施工中，完成時よりも土かぶりの薄い状態で工事用車両の交通を開放する場合，その施工時応力についても照査しなければならない。

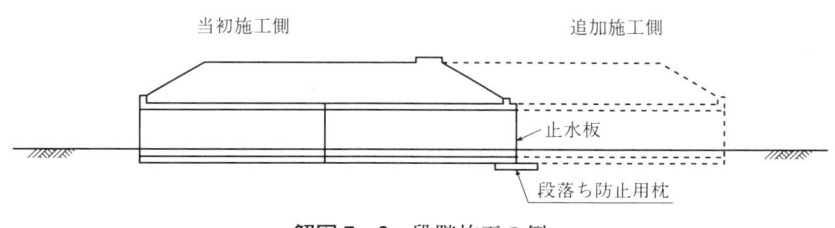

解図7-2　段階施工の例

7-2　剛性ボックスカルバートの施工

> 剛性ボックスカルバートの性能を確保できるように，カルバートの種類に応じて適切な方法で施工を行うものとする。

(1) **場所打ちボックスカルバートの施工**
1) 基礎工

カルバートの基礎において最も重要なことは，設計上要求される支持力を均等に得ることである。このため，地形上あるいは地質上に変化がある場合においては，それに対する設計・施工を行う必要がある。例えば，切り盛り境に設置され

― 265 ―

る場合や，谷あいの地質変化の激しい場所等では，床掘りの施工時に現地条件を的確に把握することが必要であり，設計条件と異なる脆弱な地盤が出た場合には良質材による置換えを行う等，均等性に留意する必要がある（**解図3－4**，**解図3－5**）。

また，軟弱な地盤上に設置する必要のある場合においては，入念な調査を行うことはもちろんのこと，必要に応じてプレロードを行うのがよい。

さらに，基礎の施工は，ドライワークとしなければならない。このため地下水位に留意し，それに適応した基礎材料を選択するとともに，施工条件，天候条件に合わせた仮排水設備が必要である。

基礎材料として個々の材料が問題となることは少ないが，施工形態により不均一なものとなるおそれがあるので注意を要する。例えば，地下水位が高い場合，砂質土は転圧が不十分となることがある。このような場合は，仮排水に重点を置くより，砕石，栗石あるいは均しコンクリートを用いた方が有利な場合がある。

また，水道管，ガス管等の既設埋設物の調査を十分に行い，これらの物件を損傷しないように部分的に人力施工を取り入れる等，臨機の措置により施工する必要がある。

2) 本体工

コンクリートに打継目を設ける場合には，構造物の強度，耐久性，機能及び外観を害さないように，位置，方向，及び施工方法を定め，施工しなければならない。

コンクリートの打設方法としては，シュート，ウィンドリフトコンベヤー，ポンプ等があるが，地形条件，打設位置，打設量等を考慮して最も適したものを選定，もしくは組み合わせる必要があり，型枠及び支保工の計画もこれら施工法と併せて行わなければならない。

コンクリートの打設においては，打継目の位置に留意することが必要であり，曲げモーメント分布を考慮して決定しなければならない。底版とハンチ部は隅角部が構造上の弱点とならないようにするために，底版ハンチは同時にコンクリートを打設するのが望ましい。参考に底版ハンチ型枠の支持方法の例を**解図7－3**に示す。

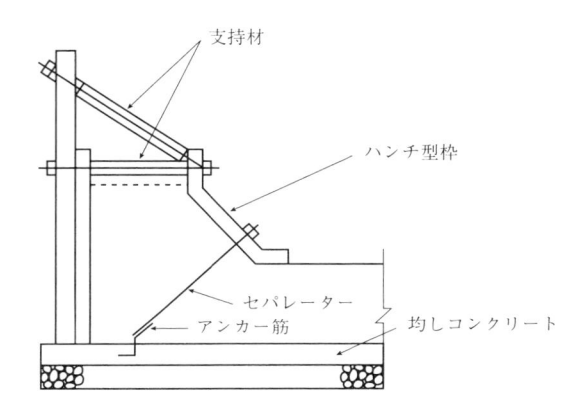

解図7-3 底版ハンチ型枠の設置例

したがって，**解図7-4**(a)に示す順序で打設するのが構造的には望ましいが，型枠の設置，コンクリートの打設の難しさから，**解図7-4**(b)に示す順序で打設することもある。この場合は，側壁コンクリート打設後2時間以上経過してから隅角部及び頂版のコンクリートを打設するようにし，沈下ひびわれを防止しなければならない。

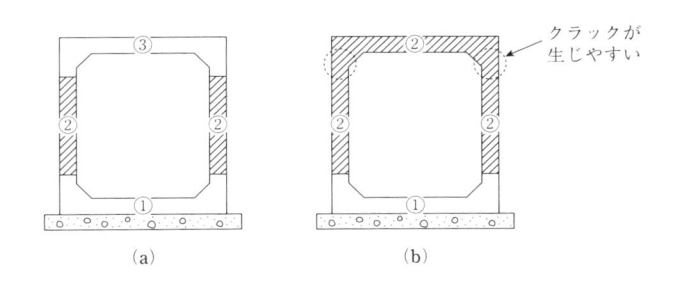

解図7-4 コンクリートの打設順序

また，コンクリートの打設に当たっては，所定の品質を確保できるように，コンクリートの運搬方法，運搬路，打込み場所，打込み方法，打込み順序，1回の打込み量，養生方法，打継目の処理方法について，あらかじめ計画を立てておか

なければならない。また，所定の品質が得られるように，施工時期の気象条件に応じた適切な処置を行なわなければならない。斜角のつくカルバートの端部等の配筋の複雑な部分は，打設時に十分な配慮が必要である。

伸縮継手部の止水板は，所定の位置に型枠で強固に保持し，コンクリート打設の際に移動しないように設置しなければならない。また，周辺にコンクリートの気泡，空隙等が生じないよう，特に念入りに施工しなければならない。目地注入材はアスファルト，ゴム等の混合材で，常温で流動せず，コンクリートに強固に付着し，止水板に悪影響を与えないものでなければならない。

ここに記述されていない事項については，「道路橋示方書・同解説　Ⅲコンクリート橋編」を参考とされたい。

3)　裏込め工

裏込め部は，裏込め材料，十分な転圧及び転圧機械，施工方法及び排水等の要因を十分に考慮し，入念な施工を行う必要がある。

裏込め部は，カルバート前後の上部道路の路面の沈下に影響するだけでなく，土圧の適正な作用を左右するものであり，入念な施工が要求される。

裏込め部の施工方法には，盛土と同時に進行する場合（**解図7-5**(a)），裏込め材が先行する場合（**解図7-5**(b)）及び切土部箇所等で裏込め工が後施工となる場合（**解図7-5**(c)）がある。ただし，裏込め部の後施工（**解図7-5**(c)）は，裏込め材が高まきになりやすく，締固めの施工面積が限られるため転圧機械の大きさにも制限を受けることが多い。また，雨水も溜まりやすいため，可能ならば裏込め部の後施工は避けることが望ましい。

裏込め部の施工に当たっては，いずれの施工方法でも，カルバート両側の盛り立ての進行状態を合わせること，他の材料の混入のおそれが少なく，かつ材料のまき出しが容易となるよう現場を整備して施工すること及び十分な排水処理が必要である。

なお，まき出し及び転圧のための機械搬入が可能なスペースは，裏込め部が後施工となる場合でも，最小幅1.0m以上を確保するのが望ましい。特に問題となるのは，ウイングの巻き込み部の施工であり，裏込め部と巻き込み部を同時に立ち上げる。ウイングで囲まれた箇所の裏込め部を後施工する場合には，施工中の

排水が難しいので，施工中の排水対策を十分に行うなど，より細心の注意が必要である。巻き込み部の施工を**解図7-6**に示す。

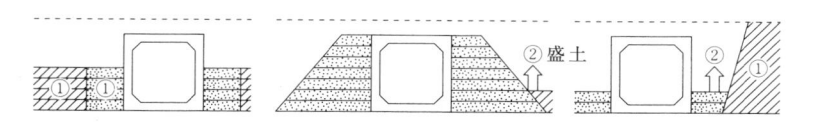

(a) 裏込めと盛土とが同時に進行する場合　(b) 裏込めが先行する場合　(c) 裏込めが後施工となる場合

解図7-5　裏込め部の施工方法

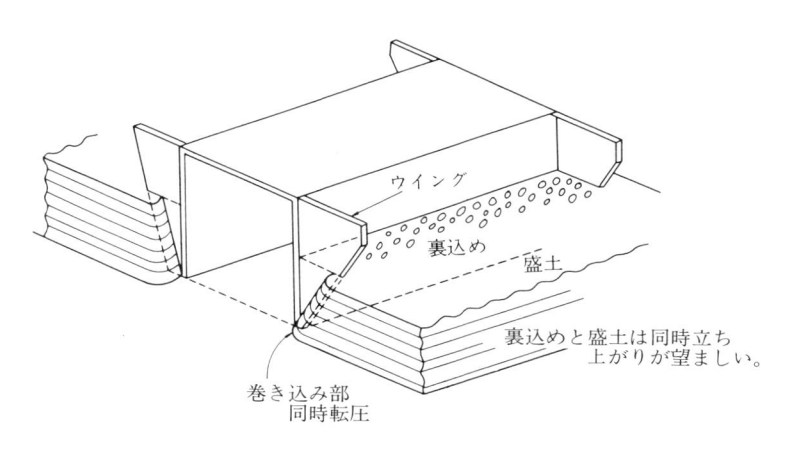

解図7-6　巻き込み部の施工

　裏込め部は，一層仕上がり厚さが20cm程度以下になるようにまき出し，十分に締め固めなければならない。締固めは，通常タンピングランマー，タイヤローラ，振動ローラ等の併用により行われ，大型転圧機と小型転圧機をうまく組み合せる必要がある。カルバートを原地盤以下に埋設する場合には，埋戻し材の液状化対策の観点からも十分な締固めが必要である。その他，必要に応じて安定処理を行う。

　なお，裏込め部が不均一でカルバートに偏心荷重を与えることや，転圧機によ

りカルバートに損傷を与えることがないように注意しなければならない。特に，切り盛り境部に位置するカルバートで原地盤に傾斜がある場合等，山側より盛土がなされて片押し状態となり問題を起こすことがある。

また，斜角の小さいカルバートでは，偏土圧による回転移動等の現象が起こることがあるので注意が必要である。

供用後の裏込め部の沈下は，裏込め部の含水比上昇が原因となることが多い。特に傾斜地や沢部等で湧水が多い箇所に設置されたカルバートではその例が多い。これに対しては，地下排水溝に加えて透水性の高い粗砂，切込砕石等を用いたフィルター層を設置することが望ましい。裏込め排水工の例を**解図7-7**に示す。なお，裏込め部に使用する材料が難透水性（粘性土系）で構造物の位置が集水しやすい地形にある場合には，壁面に沿って適当な間隔で合成樹脂性の網パイプ等の縦排水材を設置するものとする。

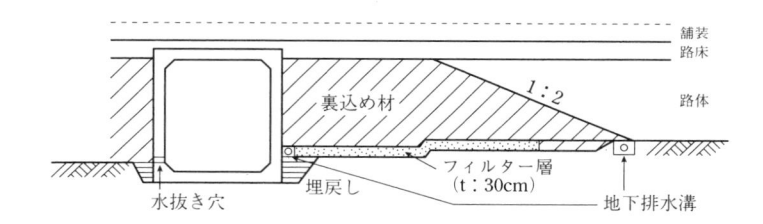

解図7-7 湧水が多い場合のボックスカルバート裏込め排水工の例

4) 防水工

カルバート躯体の防水は，設計図，標準図等に基づき，現場の各種状況を考慮した施工計画を立て，止水の目的を満足する方法で施工しなければならない。

(2) プレキャストボックスカルバートの施工
1) 基礎工

基礎工は，「7-2(1) 場所打ちボックスカルバートの施工」に準じる。

2) 敷設工

プレキャストボックスカルバートの敷設は，コンクリート基礎面を清掃し，空

練りした敷きモルタルを凹凸のないように敷き詰め，原則として基盤の低い方より高い方に向かって敷設するものとする。（**解図7-8**）

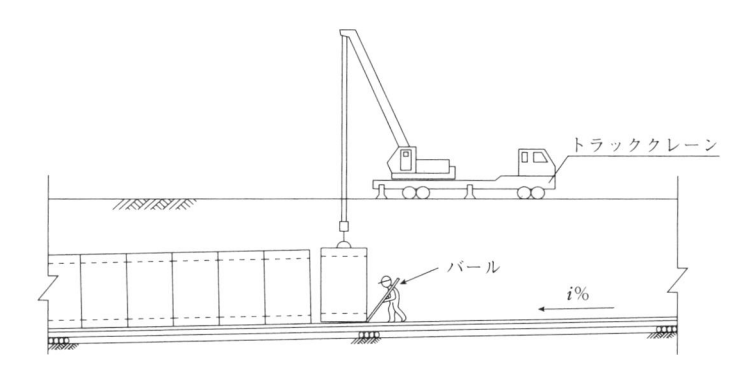

解図7-8 プレキャストボックスカルバートの据付け

プレキャストボックスカルバートの敷設及び連結の方法には，通常敷設型と縦方向連結型とがあり，それぞれの敷設方法に対する留意点は次のとおりである。
① 通常敷設型
・継手面（受口，差口）の清掃及びパッキン材の点検。
・引込み作業（**解図7-9**）に使用する機材の選定。
・接合後，継手部が正しく挿入されていることの確認。

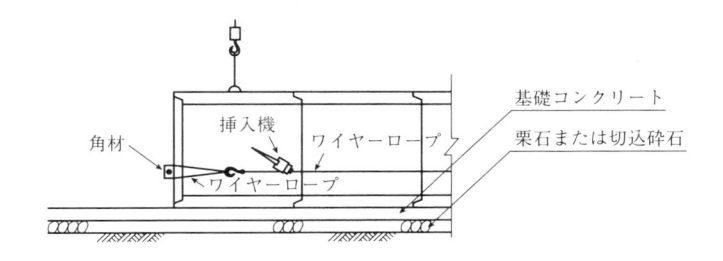

解図7-9 引込み作業

② 縦方向連結型
・縦締めは，作業工程に従って安全かつ確実に行うものとする。

・縦締め用PC鋼材は，所定の引張力が得られるように緊張するものとする。
・縦締め終了後は，グラウト材を注入するものとする。
・高力ボルトによる縦方向連結の場合は，高力ボルトの締付けを十分に行うものとする。
・接続具または切欠き穴には無収縮モルタル等を充填し，表面は滑らかに仕上げるものとする。

なお，プレキャストボックスカルバートの縦締め緊張を行う場合，急激な緊張や偏荷重をかけてはならない。その他の緊張に関する留意点は次のとおりである。
・まず，仮緊張を行い，その後本緊張を行うものとする。
・緊張は，**解図7－10**に示す順序で行うものとする。

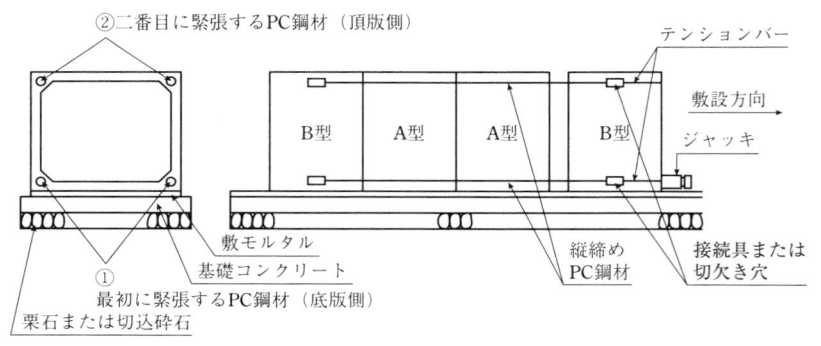

A型：接続具または切欠き穴を有しないボックスカルバート
B型：接続具または切欠き穴を有するボックスカルバート

解図7－10 縦締めの緊張順序

3) 裏込め工

裏込め工は，「7-2(1) 場所打ちボックスカルバートの施工」に準じる。

(3) 門形カルバートの施工

1) 基礎工

門形カルバートは，直接基礎の場合，フーチングによって鉛直支持を確保するため，基礎地盤に大きな地耐力を必要とする。

門形カルバートは，地盤反力度が大きく，閉合断面でないため全体剛性が低く変形しやすい。このため，基礎地盤の支持力について特に注意を要し，基礎地盤に対して適切な方法と位置において原位置試験を行い，基礎地盤の支持力を確認する必要がある。

　その他の事項については，「7-2(1)　場所打ちボックスカルバートの施工」に準じる。

2)　本体工

　本体工は，「7-2(1)　場所打ちボックスカルバートの施工」に準じる。

3)　裏込め工

　裏込め工は，「7-2(1)　場所打ちボックスカルバートの施工」に準じる。

4)　防水工

　防水工は，「7-2(1)　場所打ちボックスカルバートの施工」に準じる。

(4)　場所打ちアーチカルバートの施工

1)　基礎工

　基礎工は，「7-2(1)　場所打ちボックスカルバートの施工」に準じる。

2)　本体工

　本体工に対する型枠及び支保工は，アーチカルバートの断面形状，規模，及び周辺状況に応じて安全で施工性の良い構造としなければなない。

　アーチ部には適切な個所に作業窓を設け，検測やコンクリート打設作業を容易に行えるようにしなければならない。アーチ部では特にコンクリートの打上り速度が速すぎるとコンクリートの締固めが十分でなかったり，型枠に大きな圧力を及ぼしたりすることがあるので，適切な速度で打設しなければならない。また，型枠に偏圧がかからないよう，左右対称にできるだけ水平に，かつ一区画にコンクリートは連続して打設しなければならない。

　その他の事項については，「7-2(1)　場所打ちボックスカルバートの施工」に準じる。

3)　裏込め工

　アーチカルバートの裏込め部は，偏土圧対策や水平土圧の確保について十分検

討して施工しなければならない。

アーチカルバートでは，偏土圧だけでなく，側壁に作用する水平土圧が設計上考慮した値に対して小さすぎると，構造上悪影響を及ぼすことがあるので，**解図7-11**に示すような偏土圧対策や水平土圧の確保について検討しなければならない。

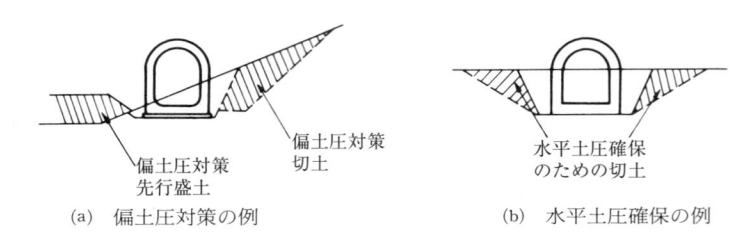

(a) 偏土圧対策の例　　　(b) 水平土圧確保の例

解図7-11　アーチカルバートの裏込め工

馬蹄形アーチの場合，側壁下部の締固めが不十分となりやすいため，**解図7-12**に示す側壁下部を突き固めるなど，裏込め部は特に入念に，かつ左右対称に施工しなければならない。

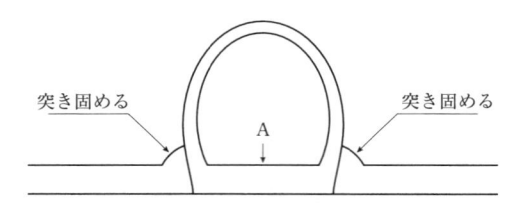

解図7-12　側壁下部の突固め

その他の事項については，「7-2(1)　場所打ちボックスカルバートの施工」に準じる。

4)　防水工

防水工は，「7-2(1)　場所打ちボックスカルバートの施工」に準じる。

(5) プレキャストアーチカルバートの施工

1)　基礎工

基礎工は，「7-2(1)　場所打ちボックスカルバートの施工」に準じる。

2) 敷設工

敷設工は,「7-2(2) プレキャストボックスカルバートの施工」に準じる。

3) 裏込め工

裏込め工は,「7-2(4) 場所打ちアーチカルバートの施工」に準じる。

7-3 剛性パイプカルバートの施工

剛性パイプカルバートの性能を確保できるように,カルバートの種類に応じて適切な方法で施工を行うものとする。

(1) 剛性パイプカルバートの施工

1) 管の仮置き

管の敷設において,敷設箇所の付近に管を仮置きする場合は,支持力が十分で平坦な地盤に台木を置き,その上に管の大きさに応じたころび止めを用いて仮置きする(**解図7-13**)。

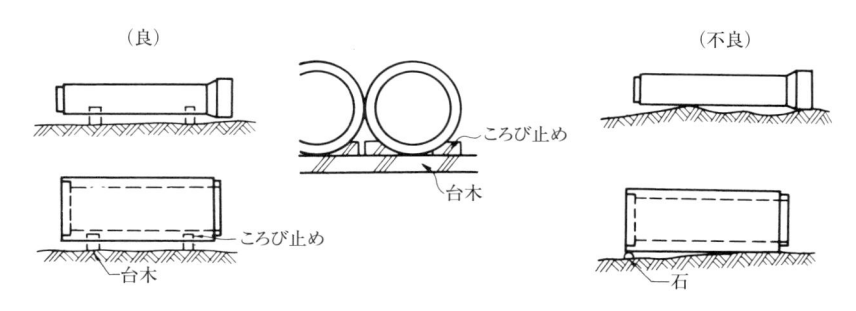

解図7-13 管の仮置き

保管上の注意は次のとおりである。

① 現場での保管は,段積みをしないことが望ましい。置き場の状況によってやむを得ず積み重ねる場合は,小口径管で3~4段,中口径管では2段程度までとし,ころび止めおよびロープによって固定する。

② ゴム輪は，折れ曲がったり，ねじれたりしないようにして屋内の冷暗所に保管し，施工の直前に装着する。
2) 敷設工

管の敷設は，使用する管の呼び径により，**解図7－14**のような接合方法で行うのが一般的である。

接合に当たって留意しなければならない点は，接合完了後の管内側の目地部の開きであるが，通常遠心力鉄筋コンクリート管のB形及びNB形管は5mm程度，NC形管は8mm程度，プレストレストコンクリート管のS形は8～15mm程度に施工することが望ましい。

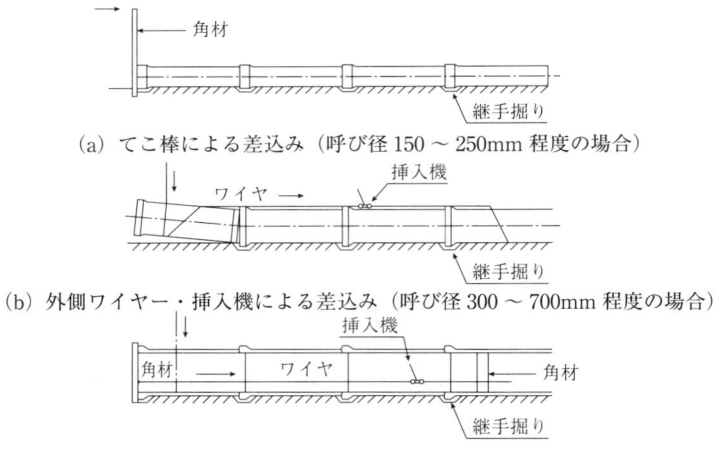

(a) てこ棒による差込み（呼び径150～250mm程度の場合）

(b) 外側ワイヤー・挿入機による差込み（呼び径300～700mm程度の場合）

(c) 内側ワイヤー・挿入機による差込み（呼び径800mm以上の場合）

解図7－14　管の接合方法

管路に不同沈下のおそれがある場合や，将来沈下を予想して上げ越して敷設する場合は，管の目地部に5mm程度のゴム板等をスペーサとして挿入し，沈下後管体に無理を生じさせない配慮が必要である（**解図7－15**）。

なお，プレストレストコンクリート管の場合は構造上，管を現場で加工することができないので，短管等の加工はあらかじめ工場で行っておかなければならない。

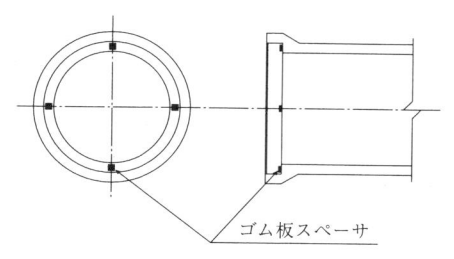

解図 7−15　管端面のスペーサ

3）　基礎工

　基礎は，管体の耐荷力を増やすことのほか，管路の沈下を防止するために施工される。したがって，管路の使用目的や埋設環境に応じて適切な施工を行わなければならない。

① 　砂・砕石基礎の場合

(ⅰ)　基床部及び管側部には最大粒径が40mm以下の埋戻し材を使用し，一層の仕上がり厚さは20cm以内になるように，小型締固め機械等で十分締め固める。

(ⅱ)　管底側部は基礎材が回り込みにくく締固め不足が生じやすいため，基礎材を盛り付け，突き棒等で十分突き固める。

(ⅲ)　継手掘りした箇所は，基礎材を十分に充填し，突き棒等で十分突き固める。

② 　コンクリート基礎の場合

(ⅰ)　コンクリートは，管の両側から均等に投入し，管底まで充填するようにバイブレータ等を用いて入念に行う。

(ⅱ)　基床部と管側部に打継面を設ける場合は，打継面において肌離れを生じないように処置を行う。

4）　埋戻し工

　被覆部及び被覆部より上部の埋戻し部には，道路盛土や原地盤と同等以上の強度が得られるとともに締固めが可能な土を使用し，沈下または液状化を起こさないよう，十分締め固める。締固めの一層当りの仕上がり厚さは，被覆部で20cm以内，埋戻し部で20〜30cm以内とする。締固めは，管に衝撃を与えないよう，小型締固め機械等を用いて行う。

　なお，土留めを行う場合は，埋戻し土を十分転圧した場合でも，土留材を引き

抜く際に埋戻し土や地山がゆるんで管路の不同沈下の原因となることがあるので、注意が必要である（**解図7-16**）。

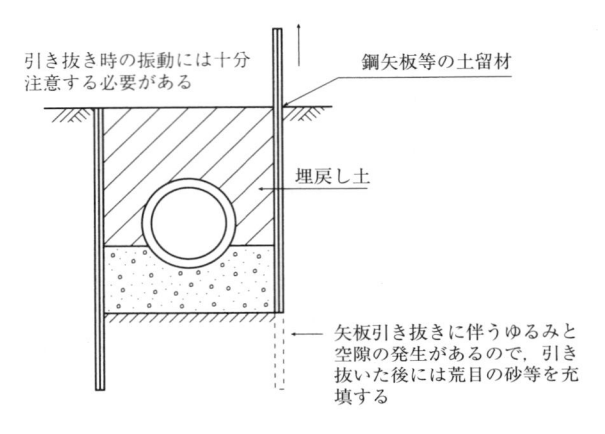

解図7-16 鋼矢板引抜きによる埋戻し土のゆるみ

7-4 たわみ性パイプカルバートの施工

> たわみ性パイプカルバートの性能を確保できるように，カルバートの種類に応じて適切な方法で施工を行うものとする。

(1) コルゲートメタルカルバートの施工

1) 基礎工

基床の締固めは，小型締固め機械等を使用して行うものとする。

基床の仕上げは，コルゲートメタルカルバートの組立てに支障のないよう平坦に敷き均し，十分締め固めなければならない。

2) 本体工

コルゲートメタルカルバート本体は，分割されたセクションを敷設現場で円形等，所定の形状にボルトにて組み立てることにより構築される。

① 円形1形の組立て

円形1形の組立ては，**解図7-17**に示す順序で行い，以下に留意点を述べる。
(i) パイプ一連につき半セクションを両端に各1枚計2枚用いて，セクションの4枚重ねは行わない。
(ii) 組立順序は，最初に下側セクションを下流側より行い，上側セクションは上流側より組み立てる。
(iii) ボルトは全て波の凹側より差し込み，凸側でナットを締める。
(iv) 直径600mm以下でパッキングを使用しない場合，ボルトは1本おきに使用することもできる。
(v) ボルトの適正締付けトルクは20～30N・m程度とする。ただし，塗装，パッキング付きは，10～20N・m程度とする。

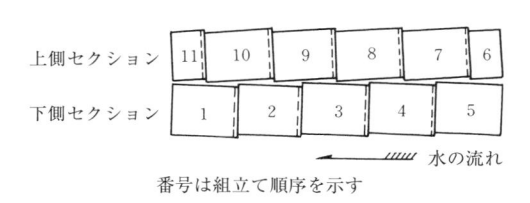

| 上側セクション | 11 | 10 | 9 | 8 | 7 | 6 |
| 下側セクション | 1 | 2 | 3 | 4 | 5 | |

←水の流れ
番号は組立て順序を示す

解図7-17 円形1形の組立て順序

② 円形2形の組立て

円形2形の組立ては，**解図7-18**に示す順序で行うことを標準とする。ただし，施工条件により変更してもよい。以下に留意点を述べる。
(i) 半セクションを端末に用いてセクションの4枚重ねは行わない。
(ii) 組立順序は，最初にボトムセクションを下流側より組み立て，次にサイドセクション，トップセクションを上流側より組み立てる。サイドセクションは，常にトップセクションより2枚程度先行させて組み立てる。
(iii) ボルトは全てパイプの外側より差し込み内側でナットを締める。
(iv) ボルトの適正締付けトルクは，100～150N・m程度とする。ただし，塗装，パッキング付きは，50～80N・m程度とする。

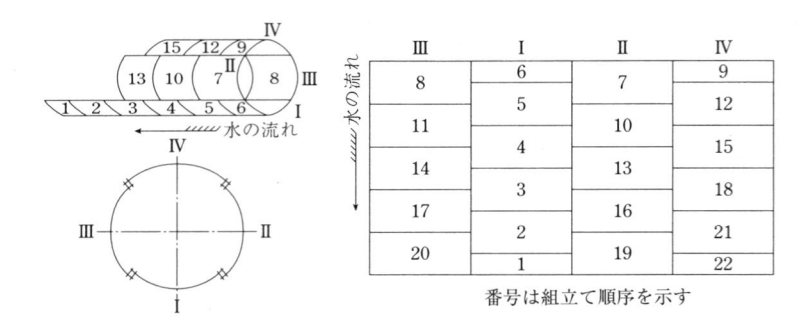

解図7−18　円形2形の組立て順序

③　パイプアーチの組立て

パイプアーチの組立ては，円形2形の組立てに準じて行うが，**解図7−19**に示す順序で行ってもよい。また，コーナー部のセクションは，曲げ半径が小さいためボトムセクションの内側に設置しなければならない。

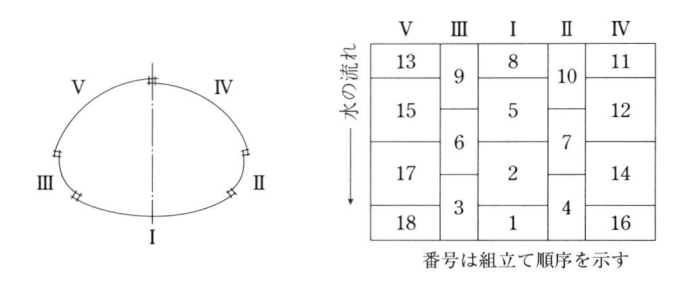

解図7−19　パイプアーチの組立て順序

3）　裏込め工

裏込め部の施工は，コルゲートメタルカルバートの施工のうちで最も重要な点である。不良な裏込め材を使用した場合や裏込め材の締固めが不十分な場合，パイプ周辺の抵抗力が得られず，変形を生じることがある。したがって，裏込め材の選定とその施工については十分注意しなければならない。

また，裏込め材に強酸性または強アルカリ性の土壌を使用する場合は，通常の亜鉛めっきの他に耐食性をさらに向上させる方策（瀝青系塗料を塗布等）を検討

する必要がある。(詳細は,「6-3-2(7) 腐食対策」を参照。)

　裏込め部の締固めに当たり,管底側部（くさび部）は,反力がもっとも大きく必要になる部分であるため,突き棒等を用いて十分に締め固める必要がある。特に,パイプアーチの場合,くさび部が狭く施工しにくいが入念な締固めが必要である。

　裏込め材のまき出しに当たっては,コルゲートメタルカルバートに偏圧がかからないようパイプ両側の埋戻し高さが常に同じになるように施工し,一層の厚さを30cm程度にして,各層ごとに十分な締固めを行わなければならない。締固めには小型締固め機械等を用い,機械が直接コルゲートメタルカルバートに当たらないよう注意しなければならない。なお,裏込め材の締固め度を**解表6-18**に示す。

　裏込め部を施工した後,コルゲートメタルカルバートの頂部から約60cm程度の厚さの被覆部の施工を行う。被覆部の材料は裏込め材と同じものが望ましい。

　裏込め部や被覆部の液状化対策の観点から,十分な締固めが必要である。その他,必要に応じて安定処理等を行う。

(2) 硬質塩化ビニルパイプカルバートの施工

1) 管の仮置き

　管の仮置きに関しては,次の点に留意しなければならない。

① 管台を1m間隔以内に敷き,受口と差口を交互に千鳥積みにして端止めまたはロープ掛けを施す必要がある。なお,保管高さは1.5m以内とする。

② 長時間野積みする場合は,シートをかぶせて直射日光を避ける。この場合,熱気がこもらないよう,すそを開けておくことが必要である。

2) 敷設工

　管の接合形式には,接着接合形式とゴム輪接合形式があるが,いずれの場合も呼び径100以上は挿入機またはてこ棒を用いて行う（**解図7-14**参照）。

　通常は挿入機で接合するが,呼び径100〜150の場合はてこ棒を使用することが多い。

① 接着接合

接合面を乾いたウエスでよく清掃してから，受口内面及び差口外面に接着剤を塗布した後，標線位置まで差口を挿入し，接着強度がある程度生じるまでそのまま挿入力を保持する(**解図7-20**)。はみ出した接着剤は，ウエスで拭き取る。接着強度は，時間とともに増加するので，接着直後は接合部に無理な外力が加わらないよう注意する。

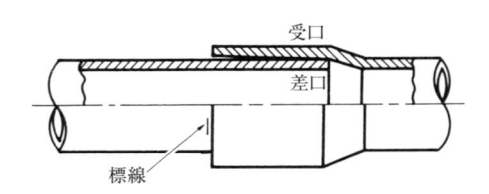

解図7-20 接着接合

② ゴム輪接合

接合部(受口内面及び差口外面)を乾いたウエスでよく清掃するとともに，ゴム輪が正確に溝に入っていることを確認する(**解図7-21**)。

滑剤をゴム輪表面及び差口外面(リブ付円形管の場合は受口内面)に均一に塗布し，標線位置まで挿入した後，チェックゲージによりゴム輪のねじれがないことを確認する。

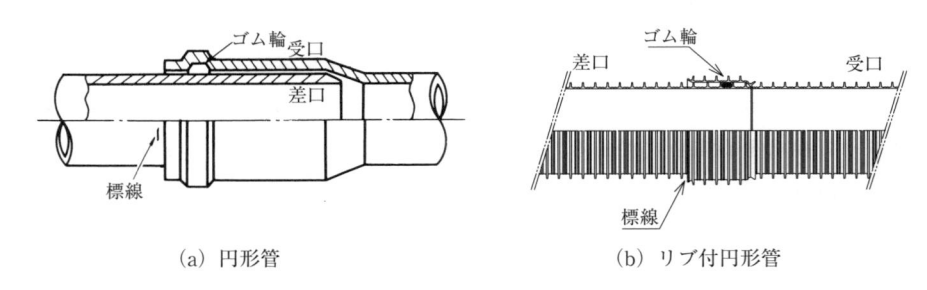

(a) 円形管　　　　　　　　　　(b) リブ付円形管

解図7-21 ゴム輪接合

3) 基礎工

基礎部(**解図6-27**)の締固めに当たっては，次の点に注意しなければならない。

① 基礎部は，一層の仕上がり厚さ20cm以内になるようにし，小型締固め機械等で入念に締固める。基礎部の液状化対策の観点からも，十分な締固めが必要で

ある。ただし，管の直上部の締固めは，機械による振動や衝撃を与えてはならない。
②　管底側部は，基礎材がまわり込みにくく，締固め不足が生じやすいため，基礎材を盛り付け，突き棒等で十分突き固める。
③　継手掘りした箇所は，基礎材を十分に充填し，突き棒等で十分突き固める。
4）　埋戻し工

埋戻し部は，管頂30cmまでは小型締固め機械等で十分締め固める。締固め機械は，管に衝撃を与えないよう衝撃力の小さい軽量のものを使用する。

その他の留意点は，「7－3　剛性パイプカルバートの施工」に準じる。

硬質塩化ビニルパイプカルバートの場合，管径が比較的小さいため，礫等の影響を防止するために，基礎部は基床部から被覆部までとする。

また，周辺地盤及び埋戻し部が液状化するおそれのある場合の対応策としては，硬質塩化ビニル管の場合，地下水位以深を固化改良土で埋戻す方法が適切である（例えば，現場における一軸圧縮強度の平均値で$50kN/m^2 \sim 100kN/m^2$）。

(3)　強化プラスチック複合パイプカルバートの施工
1）　管の仮置き

運搬時及び保管時は，管及びゴム輪が損傷しないように注意しなければならない。

保管は，1段積みとするのが望ましい。なお，やむを得ず積み重ねるときは，**解表7－1**によるものとする。

解表7－1　積み重ね段数

呼び径	段数
200 〜 300	5段以下
350 〜 450	4段以下
500 〜 700	3段以下
800 〜 1200	2段以下
1350 〜 3000	1段

2）　敷設工

管の接合は，以下の手順に従って行うものとする。

① 接合作業前に，受口の位置の管据付け面は継手堀りを行うこと。
② 接合面はよく清掃し，接合には専用滑剤を用いるものとする。
③ 接合は挿入機を用いて確実に行うこと。
④ 接合後，芯出しによる管の位置を正確に決めること。

管の接合例を，**解図7−22**に示す。

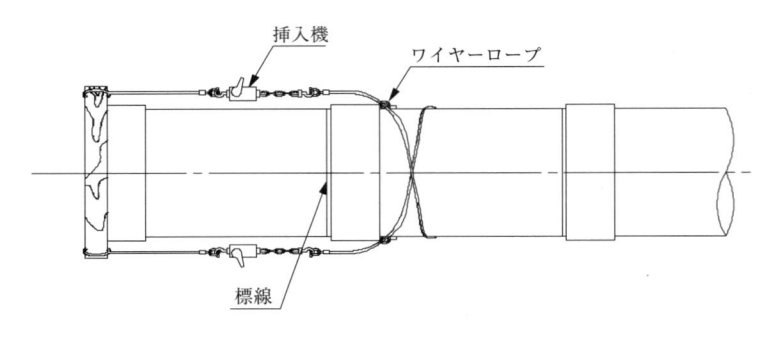

解図7−22 管の接合例

3) 基礎工

　基礎部は，管に偏圧がかからないよう管両側の基礎部高さが常に同じとなるように施工し，一層の仕上がり厚さが20cm以内になるようにし，小型締固め機械等で入念に締め固める。締固め度は，「JIS A 1210（突固めによる土の締固め試験方法）」に規定される試験方法A−aによる最大乾燥密度の90％以上を目安とする。

　その他の留意点は，「7−4(2)　硬質塩化ビニルパイプカルバートの施工」に準じる。

4) 埋戻し工

　被覆部及び埋戻し部は，液状化防止のため一層の仕上がり厚さが20〜30cm以内になるように十分に締固める必要がある。

　その他の留意点は，「7−4(2)　硬質塩化ビニルパイプカルバートの施工」に準じる。

(4) 高耐圧ポリエチレンパイプカルバートの施工

1) 管の仮置き

高耐圧ポリエチレンパイプカルバートの仮置きに関する留意点は，次のとおりである。

① 管台は，厚さ30mm以上，幅150mm以上とし1m間隔以内に敷き，受口と差口を交互に千鳥積みにして，端止めまたはロープがけを施す。管はなるべく水平な場所におき保管高さは1.6m以内とする。

② 直射日光，熱気等により高温となる場所での保管は避ける。長期保管する場合や炎天下で保管する場合には，遮光シート等をかぶせた上，風通しを良くし熱気がこもらないようにする。

2) 敷設工

高耐圧ポリエチレンパイプカルバートの接続は，接合面をよく清掃し滑材を均一に塗布した後，挿入機を用いて確実に行う。

なお，接合箇所の基床部は，あらかじめ継手掘りを行っておくものとする。

3) 裏込め工・埋戻し工

高耐圧ポリエチレンパイプカルバートの裏込め工・埋戻し工は，「7-4(2) 硬質塩化ビニルパイプカルバートの施工」に準じる。その他注意事項は「6-3-5(3) 基礎の設計」及び「6-3-5(4) 埋戻し部の設計」によるものとする。

第8章　維持管理

8−1　基本方針

> カルバートの維持管理は，供用期間中におけるカルバートとしての機能を，常時良好な状態に保つことを目的として行う。

　カルバートは道路の下を横断する道路や水路等の空間及び機能を確保するとともに，上部道路の交通の安全かつ円滑な状態を確保するための機能を果たしており，それぞれの機能に応じて，適切な維持管理に努めることが重要である。
　カルバートの維持管理では，点検を通じて，カルバートの機能保持を図るため，日常的な保守と，構造上の面から，機能低下，機能損失の過程にあるものを回復させ寿命を延ばす補修・補強を行う。点検・保守から異常の発見，その補修等の処置に至る維持管理作業の流れを，**解図8−1**に示す。

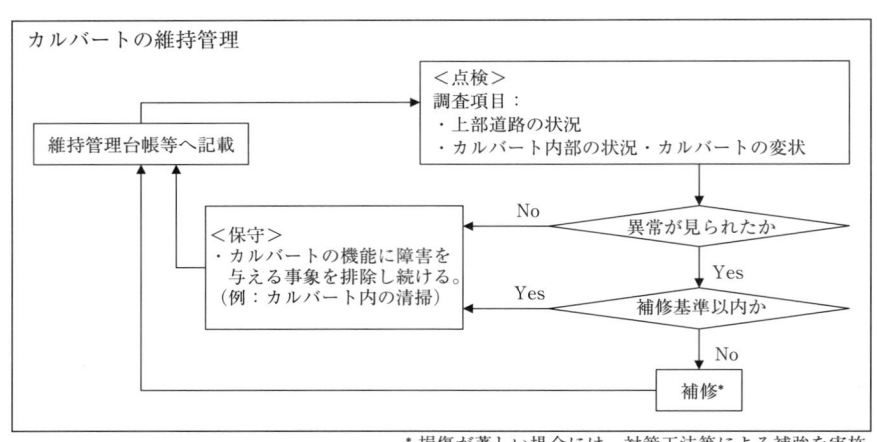

解図8−1　カルバートの維持管理の流れ

8-2 記録の保存

> カルバートの設計資料，工事記録や点検記録は，できるだけ詳細に記録し保存するものとする。

　カルバートの設計資料，工事記録や点検結果の記録は，できるだけ詳細に記録し，保存するものとする。その際には，所定の様式を定め，とりまとめておくことが望ましい。また，これまでの補修履歴も記録するとよい。

　例えば，点検記録の例を示すと**解図 8-2** のようなものが考えられる。

　これらの資料は，カルバートの建設初期段階の状況及び変状経緯を記録となり，カルバートの経年変化の基礎資料として維持管理に活用するうえで重要であるため，保存する必要がある。なお，必要に応じて建設時点の記録を確認するとよい。

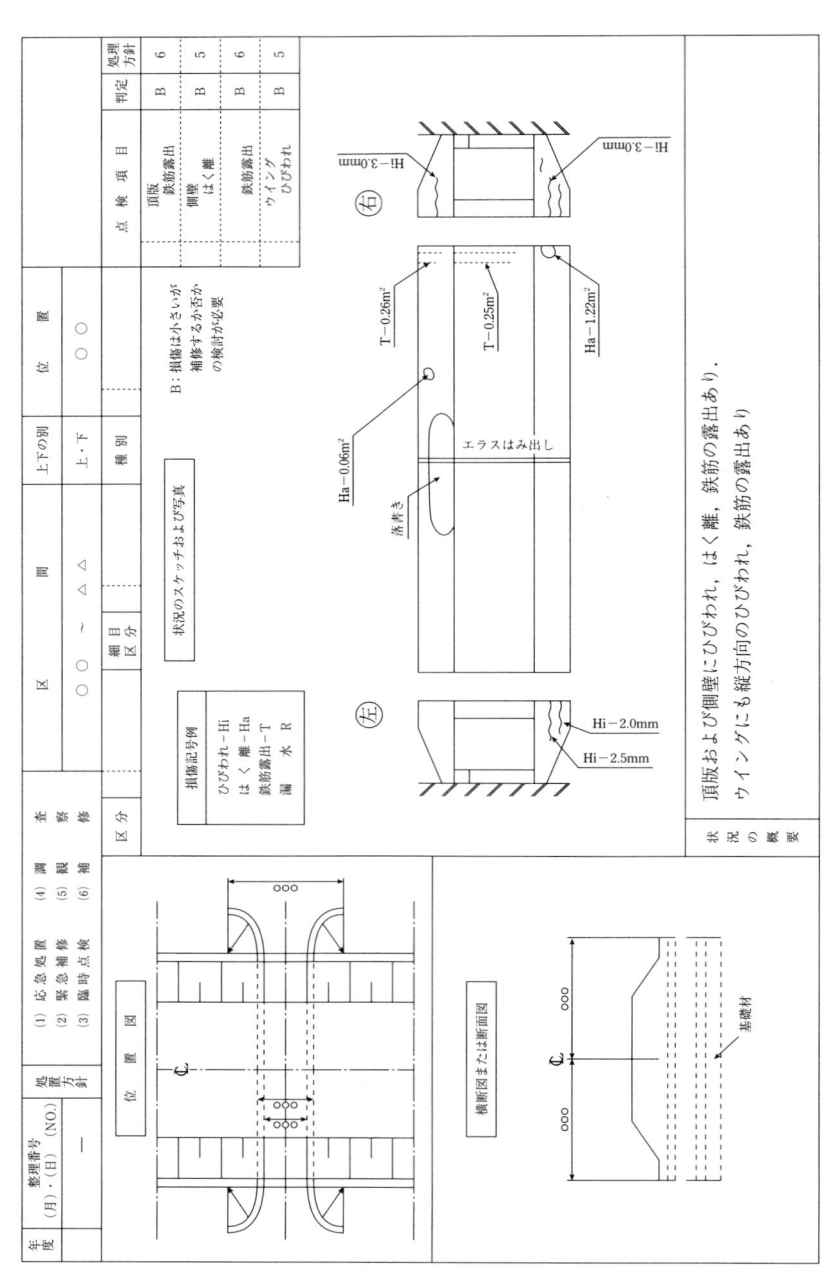

解図 8-2 点検記録の例

8−3 点検・保守

> カルバートの機能を維持するために，点検によりカルバートの状況を的確に把握し，その結果を基に計画的な保守を行う必要がある。

(1) 点検・保守の必要性

点検は，問題点を的確に捉えるための出発点に当たる作業であり，点検作業の質は維持管理として行う対応の効果に大きく影響を及ぼす重要な作業である。

カルバートの点検における調査項目としては，大きく上部道路の状況，上部道路の下を横断するカルバート内部の道路や水路の状況，カルバートの変状の有無がある。

点検には，日常の巡回の一環として行う日常点検，定期的に行われる定期点検がある。この他に，異常気象時等の場合，臨時に行う点検があるが，この点検の内容や方法は，定期巡回時の点検に準じて行えばよい。

保守には，カルバート内部における流水等による塵芥の堆積や草木の繁茂等を防ぐために日常的に実施する清掃等があり，上部道路やカルバートの機能に障害を与える事象を排除するという重要な役割を有する。

点検・保守の結果は，維持管理に活用できるよう，その都度記録し保存する。

(2) 点検・保守のポイント

上部道路の状況に関する点検のポイントは次のとおりである。
1) カルバート付近で上部道路の路面に滞水や溢水が生じていないか。
2) カルバートと一般盛土部との段差により上部道路の走行性に支障が生じていないか。
3) カルバートと一般盛土部との境界付近に不同沈下によるカルバートや盛土の損傷が生じていないか。

また，カルバート内部の状況やカルバートの変状に関する点検のポイントは次のとおりである。
1) 横断道路の内空断面や水路の通水断面が確保され，必要な機能を発揮してい

るか。
2) カルバート内に水たまりが発生していないか。
3) カルバートにひびわれや漏水はないか。
4) 継手のずれ，開き，段差等の異常はないか。
5) コンクリートのはく離，鉄筋の露出や腐食はないか。
6) カルバートの流出入口に異常はないか。

　保守では，上部道路やカルバートの機能に障害を与える上述のような事象を未然に防ぐという観点から，現地の条件に応じた適切な作業を行う。

(3) 点検の方法

　点検は，対象構造物にできるだけ接近した箇所から行うことが望ましい。必要があれば，リフト車やはしご等を利用する。

　点検の手段は，目視観察によるものとし，目視によることが不十分な場合には，双眼鏡等を利用する。また，必要に応じて，ハンマーによる打音点検や，コンベックス，巻尺等を用いた損傷の位置，方向や寸法等の測定を行い，写真撮影またはスケッチ等により記録する。

　なお，目視による点検が困難な小径のカルバートの場合には，必要に応じて注水試験による点検や小型スコープ等の内部点検機器を使用した点検を行う必要がある。

8−4　補修・補強対策

8−4−1　基本方針

> カルバートの上部道路及びカルバートの内部施設の機能の低下が確認された場合，必要な機能を保持するため，補修・補強対策等を行う。

　カルバートの上部道路やカルバートの内部施設の機能の低下，その補修・補強対策としては，主に以下のようなものがある。機能低下の状況や補修・補強対策

については，維持管理に活用できるよう，その都度記録し保存する。

(1) カルバートの上部道路の機能低下の回復

カルバートの設置に伴う上部道路の機能低下として一番多い事例は，裏込め部の沈下による上部道路路面の段差発生である（**解図 8-3**）。橋梁（橋台）の場合に比較し，カルバートの上に土かぶりがあるので，同じ沈下量でも沈下勾配，沈下の曲率は緩やかとなり，上部道路の走行性等の面では幾分有利であるが，常に安全な交通機能を確保するため，段差が発見された場合には，必要な対策を講じる必要がある。補修する基準は，道路の規格や規模に応じて，沈下量，沈下勾配，乗心地（上下方向の加速度による）等を考慮のうえ定める。

段差の補修では，仕上げの精度を考えて適当なすり付け長さをとる必要がある。

裏込めの沈下の原因は種々あるが，その中でも締固め不足が大きな要因となるなど，施工によるところが大きい。したがって，沈下を防止するためには施工時に入念な転圧，十分な排水処理を施す必要がある。

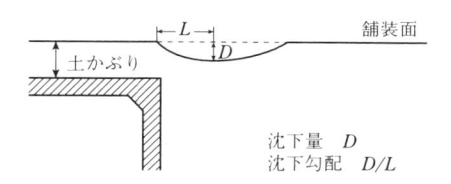

沈下量 D
沈下勾配 D/L

解図 8-3 カルバートの裏込め部の沈下

(2) カルバート内部の施設の補修

カルバート内部の道路，水路等の施設において問題が起こりやすいのは，軟弱地盤上のカルバートの沈下による道路としての空間不足，水路の通水断面不足等である。

補修の方法としては，カルバート内部道路のオーバーレイ，アプローチ部の掘り下げによるすり付け，付属設備の設置，排水ポンプ等の付属設備の設置，水路の嵩上げ等がある。なお沈下が予想される場合の対策は，「3-3-1 カルバートの構造形式及び基礎地盤対策の選定」にも示すとおり設計段階からの十分な配慮

が必要である。

(3) カルバートの更生工法

カルバートの更生工法とは，既設のカルバートに破損，ひびわれ，腐食等が発生し，カルバートの機能が保持できなくなった場合，既設カルバート内部に新たにカルバートを構築して既設カルバートの更生及び流下能力の確保を行うものである。更生工法は，構造分類や機能分類ごとに，**解図 8-4** に示す工法に大別され，それぞれ以下のような特徴がある。

反転工法は，硬化性の樹脂が含浸された材料を既設カルバート内に反転加圧させながら挿入し，既設カルバート内で加圧状態のまま樹脂が硬化することでカルバートを構築するものである。

形成工法は，硬化性の樹脂が含浸された材料や，熱可塑性樹脂の連続パイプを既設カルバート内に引き込み，水圧等で拡張・圧着された後に硬化することでカルバートを構築するものである。

製管工法は，既設カルバートに帯状の硬質塩化ビニル材等を引き込み，製管機で整形して，隣接する帯同士をかみ合わせながら樹脂パイプを製管し，既設カルバートとの隙間にモルタル等を充填することでカルバートを構築するものである。

鞘管工法は，既設カルバートより小さな管径で製作された新設カルバートを牽引挿入し，間隙に充填材を注入することで管を構築するものである。施工が比較的容易であることに加え，材料に特殊なものを用いないこと等から，他の工法に比べ作業に熟練を要しないものである。

いずれの工法も下水道管等で実績があるので，これらを参考にするとよい。

なお，カルバートの更生によってカルバートの断面積が小さくなるので，流量計算を行い，通水能力を確認することが必要である。

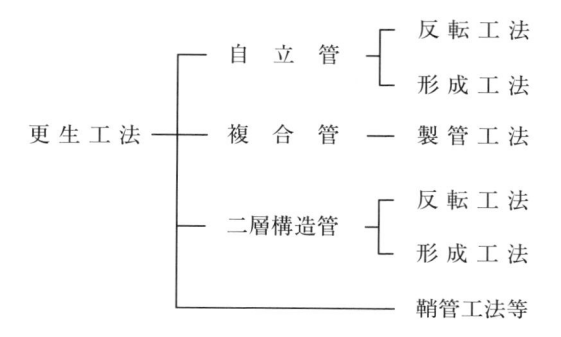

```
                                  ┌─ 反転工法
                    ┌─ 自 立 管 ──┤
                    │             └─ 形成工法
                    │
更生工法 ───────────┼─ 複 合 管 ── 製管工法
                    │
                    │             ┌─ 反転工法
                    ├─ 二層構造管 ┤
                    │             └─ 形成工法
                    │
                    └─────────────── 鞘管工法等
```

自　立　管：更生材単独で自立できるだけの強度を発揮させ，新設管と同等以上の耐荷能
　　　　　　力及び耐久性を有するもの。
複　合　管：既設管きょと更生材が構造的に一体となって，新設管と同等以上の耐荷能力
　　　　　　及び耐久性を有するもの。
二層構造管：残存強度を有する既設管きょとその内側の樹脂等で二層構造を構築するもの。

解図 8-4　カルバートの更生工法の例

8-4-2　剛性ボックスカルバートの補修

> 剛性ボックスカルバートの機能低下として，継手部からの漏水や継手部の開き，カルバートに発生するひびわれ等があるが，これらの不具合に対し，適切な補修を実施する必要がある。

(1) 漏水部の補修

継手部から漏水が発生した場合は，急結止水セメント，樹脂系充填材等を充填する，もしくは，厚さの薄い樋を設置する方法がある。漏水処理の一例を**解図 8-5**及び**解図 8-6**に示す。

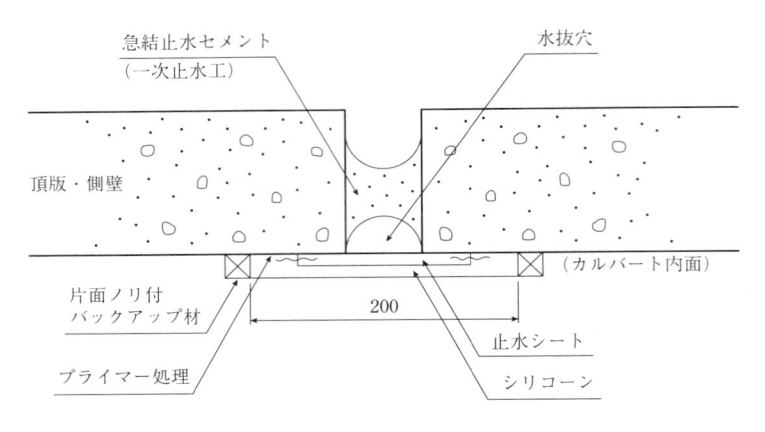

解図 8-5 急結止水セメント等による漏水処理の例

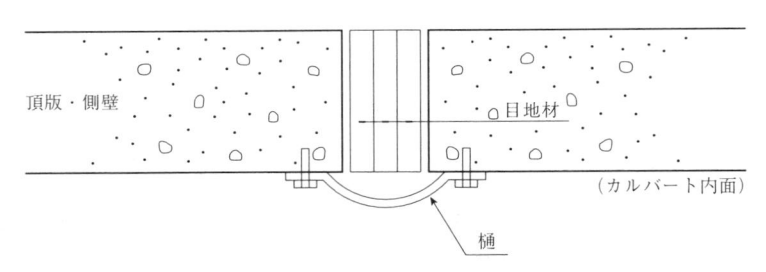

解図 8-6 樋による漏水処理の例

(2) 継手部の補修

継手部が異常に開いたり逆に閉じた状態になる場合や，ブロック間で段差が生じたりすることがある。これらの変状は不同沈下や設計での想定と大きく異なる沈下が生じた場合に多い。

異常を発見した場合，直ちに原因の調査を行い，必要に応じ進行状況を調査して対策を検討しなければならない。継手の開きの処理については，**解図 8-7** に示すように開きを生じた継手部に防水シートを設置し，シール材を圧縮した状態で充填して，さらに外側をホールインアンカーによって固定された鋼板で覆う方法がある。なお，この鋼板は一方を固定し，他方はアンカー穴を長穴として，将

来の変位に対し追随できる構造とする。

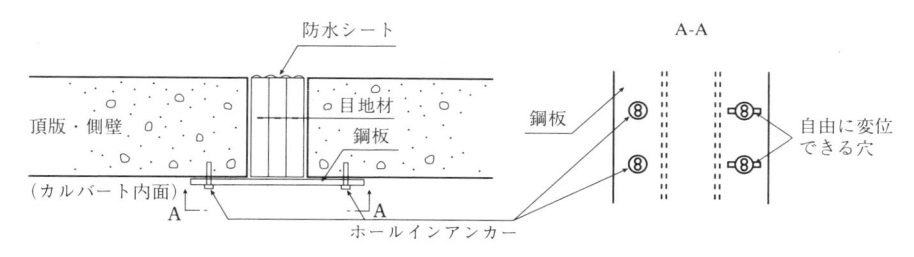

解図8-7　継手の開き，段差処理の例

(3) カルバートの補修

点検で**解図8-8**に示すようなひびわれ等を確認した場合は，ひびわれ幅の計測を行うなど進行状況を調査したうえで，早目にその対策を検討しなければならない。対策を決定する補修基準は，道路の規格や規模，設計時の条件や施工の実態，環境条件等を考慮のうえ定める。

また，カルバートの各損傷に対する補修方法は**解表8-1**のとおりである。

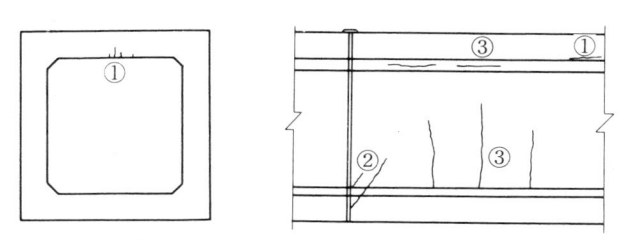

① 曲げ引張りによるひびわれ（縦方向と横方向とがある）
② 継手部の段差等により生じるせん断ひびわれ
③ 温度ひびわれおよび乾燥収縮によるひびわれ

解図8-8　カルバートに見られるひびわれ

解表8-1　カルバートにおける損傷と補修方法

損傷の種類	補修方法
構造物に影響のない小さなひびわれ	無補修，漏水防止コーティングまたは樹脂注入
上記外の大きなひびわれ	Uカットして樹脂注入，カット部に樹脂モルタル充填
コンクリートがはく離したり構造体として危険なもの	部分的なコンクリートの打換え（補強含む）

なお，ひびわれの原因推定，補修・補強の要否の判定，補修方法及び補強方法の選定に関しては，「コンクリートのひび割れ調査・補修・補強指針-2009-」（（社）日本コンクリート工学協会）等を参考にするとよい。

8－4－3　剛性パイプカルバートの補修

剛性パイプカルバートの機能低下として，構造物との取付け部及び継手部からの漏水やカルバートに発生するひびわれ等があるが，これらの不具合に対し，適切な補修を実施する必要がある。

(1) 継手部の補修

構造物またはカルバートの不同沈下等により，継手部が抜け出し，漏水や地下水の浸水が生じることがある。このような場合，カルバート外周部に空洞が生じ，路面や盛土に悪影響を及ぼすことがある。

このように継手部の目地が大きく開いた部分は，一次止水としてセメントモルタルを充填し，二次止水として合成樹脂混入モルタル等により止水する方法がある。

(2) カルバートの補修

カルバートに，過大な土圧，不同沈下や構造物との取付部での折り曲げにより，ひびわれが生じる場合がある。ひびわれの程度に応じて，表面処理，充填，Uカット，注入等による補修を行う。注入は，解図8－9に示すような方法で行う。

なお，小口径のカルバートにおいては，解図8－10に示すように鋼製カラーバンドで補修する方法や，カルバート内で作業ができない場合遠隔操作により合成樹脂で補修する方法等がある。

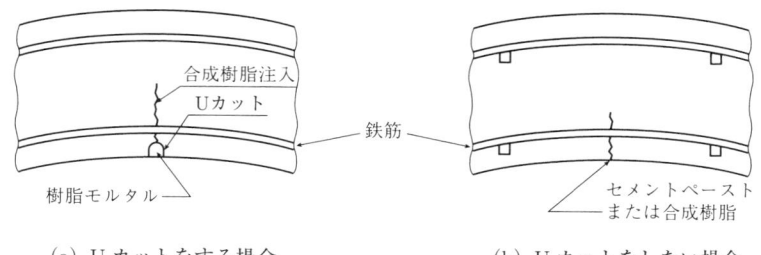

解図 8−9　ひびわれの補修方法（注入方法）の例

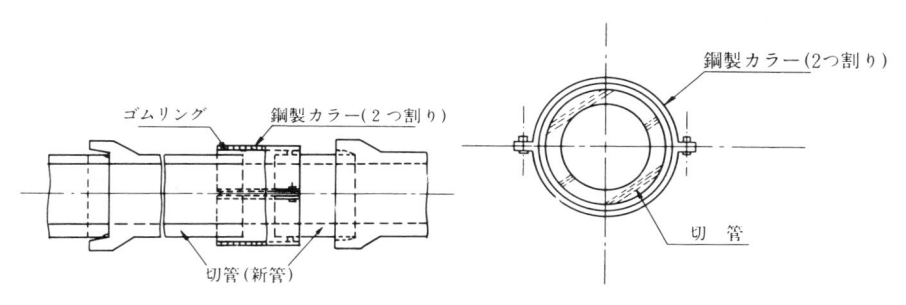

(a) Uカットをする場合　　(b) Uカットをしない場合

解図 8−10　小口径管における折損の補修方法の例

8−4−4　たわみ性パイプカルバートの補修

> たわみ性パイプカルバートの機能低下として，構造物との取付け部及び継手部からの漏水やカルバートに発生する変形や腐食等があるが，これらの不具合に対しては，適切な補修を実施する必要がある。

(1) コルゲートメタルカルバートの補修

1) 継手部の補修

カルバートの組立てが完了した後にボルトのゆるみを点検しながら，再度締め直しを行うが，盛土工事中または工事後にカルバートに変形が生じると，ボルトがゆるむおそれがあるので，適宜点検して適正な締め付けトルクで締め直す。

2) カルバートの補修

① 変形

コルゲートメタルカルバートは，断面と構造物軸方向ともにたわみ性を有するため，地盤の沈下等にもかなりの追随性がある。一般に断面の許容変形量は直径の5％程度とされているが，何らかの理由で許容変形量を上回る変形が生じた場合は，その値が直径の8％以下では変形の進行がないか定期的に観察を行い，変形の進行がある場合または8％を越える場合は安全性を検討し，必要に応じて対策を施さなければならない。

対策工としては，掘削して裏込めを再施工することが望ましいが，盛土の除去，裏込めの再施工が不可能な場合には，応急対策として，カルバートの内側よりH形鋼等で補強を行うことが考えられる（**解図8－11**）。また，恒久対策としては，既設のカルバート内に一回り小さいコルゲートメタルカルバートを挿入して，既設のカルバートとの空隙をグラウトする方法等がある（**解図8－12**）。

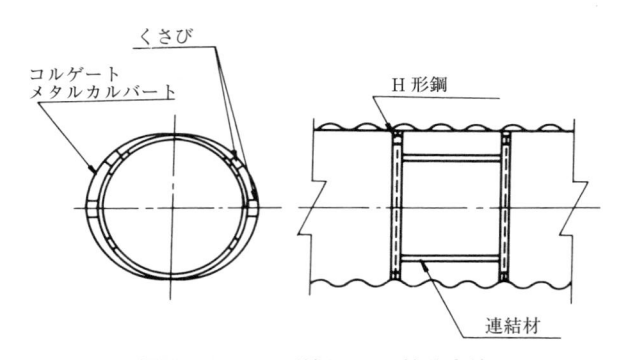

解図8－11 H型鋼による補強方法

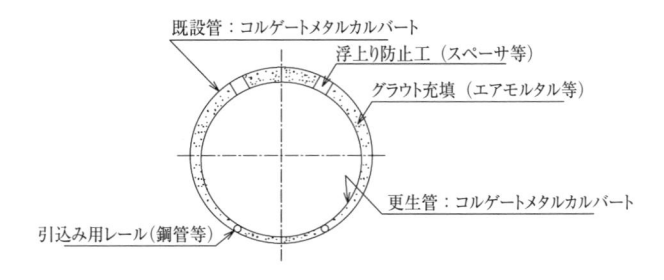

解図8－12 パイプ挿入による補強方法

②　ライニング及びペービングの剥離

ライニングの剥離箇所は補修用の塗料にて補修する。また，ペービングの剥離部はモルタルやアスファルト等で補修する。

③　腐食

コルゲートメタルカルバートの腐食には，腐食がカルバート本体全面に及んだ全面腐食と部分的な部分腐食がある。

全面腐食の補修にはある程度の費用が必要となるのが一般的である。したがって，特に厳しい腐食環境にさらされるおそれがある場合には，あらかじめアスファルト塗装等の防食塗装を施しておく必要がある。

部分腐食で多いのは底面の腐食で，モルタルやアスファルト等でペービングを行い補修する。

また，ボルトの腐食については，**解図8-13**に示すような内締めボルトに交換することが考えられる。

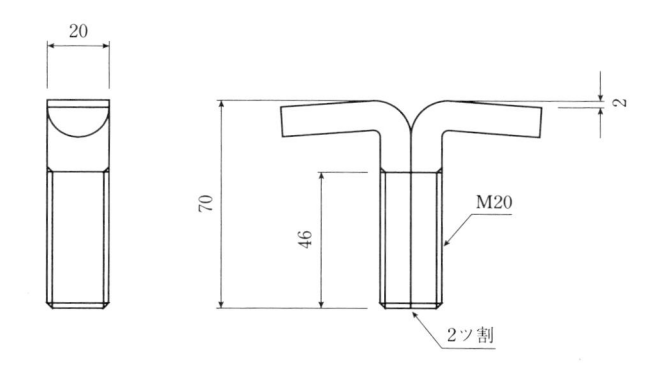

解図8-13　内締めボルト

④　摩耗

流水中の砂礫等によりカルバート底面が摩耗する場合がある。この場合，モルタルやアスファルト等によるペービングを行い補修する。また，流入口にスクリーンを設けて，砂礫，流木等がカルバート内に流れ込まないようにすることも必要である。

(2) 硬質塩化ビニルパイプカルバートの補修

1) 継手部の補修

漏水や浸入水の発生する原因として，接着接合の場合は接着剤の塗り忘れや塗り不足・塗りむら及び挿入時の保持時間の不足による接着部のずれ，ゴム輪接合の場合はゴム輪のねじれや管路の不同沈下による接合部の抜け出し等が考えられる。これらはいずれも配管時に注意すれば防げるものであり，配管時の施工管理が大切である。

硬質塩化ビニルパイプカルバートは管径が小さく管内部面からの止水が困難なので，接合部の外側を掘削し外部から止水するのが一般的である。

2) カルバートの補修

再掘削工事等により管が損傷した場合は，その損傷程度に応じて，管路を新規に入れ換える場合と部分補修を行う場合がある。ここでは，部分補修を行う場合の留意点及び補修方法の例を示す。留意点については以下のとおりである。

① 補修部分は，管と同等以上の強度を有し，かつ水密性においても問題のないものであること。

② 補修が速やかに完了できること。

③ 補修に樹脂系接合剤を使用する場合は，十分に硬化していることを確認した後，良質の埋戻し材料で十分に締め固めながら埋戻しを行うこと。

なお，補修に用いた樹脂系接合剤が硬化して埋戻しが可能となるまでの時間は，接合剤の種類や温度等によって異なるが，一般的には20℃付近でおおむね1時間程度である。

補修部分の大きさに応じた補修方法の例を**解表8-2**に示す。

また，リブ付円形管の補修方法の例を**解表8-3**に示す。

解表8−2　硬質塩化ビニル管（円形管）の補修方法の例

区分	補修工法及び概要図	補修工法のポイント
小破損	（損傷部(線)、割りカラー、樹脂系接合剤、焼なまし鉄線(#10〜#12)の概要図）	①損傷部（線）の両端に直径10mm程度の孔をあけて損傷の進行を止める。 ②割りカラーは，補修管と同質の管または板から製作する。 ③割りカラーの大きさは，損傷部に約30cmの接合部分を加えたものとする。 ④割りカラーの接合には樹脂系接合剤を用いる。 ⑤割りカラー凹面及び破損管の外面（カラー接合部）に接合剤を塗布し圧着する。 はみ出た接合剤はカラー端面に盛付けておく。 ⑥割りカラーの接合時には，焼なまし番線等で十分に圧着する。
中破損	（割りカラー、管片、損傷部(面)、樹脂系接合剤、焼なまし鉄線(#10〜#12)の概要図）	①損傷部（面）をジグソー等を用いて切除し，きれいに仕上げる。 ②割りカラーは補修管と同質の管または板に切除部と同形状の管片を接着して製作する。 ③割りカラーの大きさは，損傷部（仕上げ後）に約30cmの接合部分を加えたものとする。 ④割りカラーの接合に用いる接合剤及び割りカラーの接合方法は，小破損の場合の④，⑤，⑥と同様にする。ただし，割りカラーに接着されている管片の凹面には接合剤を塗布しないこと。
大破損	（割りカラー、既設管、短管(新管)、焼なまし鉄線(#10〜#12)、樹脂系接合剤の概要図）	①損傷部を管軸に直角に切断して除去する。 ②新管と既設管の管端を外面取りする。 ③割りカラーは補修管と同質の管または板から製作する。 ④割りカラーの大きさは管軸方向に約30cmとし，管外周を2〜4等分した周長のものとする。 ⑤割りカラーの接合には樹脂系接合剤を用いる。 ⑥既設管の切除部に新管を入れて面取り部分に樹脂系接合剤を充填する。 ⑦割りカラー凹面に接合剤を塗布し，突合わせ部がちょうど中心になるように，焼なまし番線等で管外面（突き合せ部）に十分圧着する。 ⑧カラー周囲にはみ出た接合剤は，カラー端面に盛りつけておく。

解表8−3 リブ付硬質塩化ビニル管（リブ付円形管）の補修工法の例

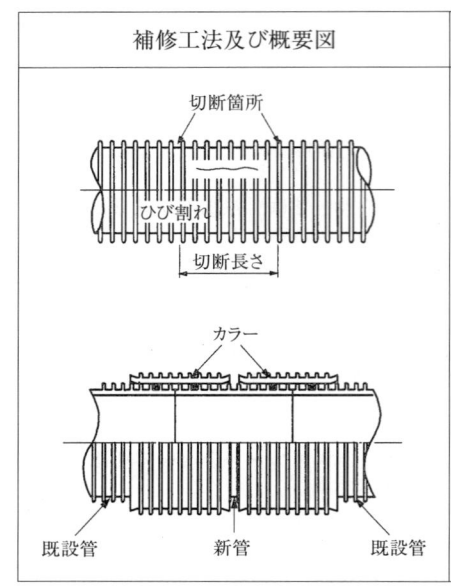

補修工法及び概要図	補修工法のポイント
（切断箇所・ひび割れ・切断長さを示す図、カラー挿入後の既設管・新管・既設管の接合図）	①破損部の次のリブ間中央の切断線に沿って直角に切断し，除去する。 ②カラーを挿入するため，最小切断長さはカラーの全長程度とする。 ③切断箇所の左右の既設管にカラーを挿入する。 ④新管の寸法取りは，正確に行うこと。（切断ピッチ数を合わせて切断するとよい） ⑤新管の両端及び既設管両端を清掃し，所定の位置（端面から第2番目と3番目のリブの間）にゴム輪を装着する。 ⑥除去部に新管を設置し，やり取りにより，左図のように接合する。

(3) 強化プラスチック複合パイプカルバートの補修

解表8-4に強化プラスチック複合パイプカルバートの損傷状況に応じた補修方法の例を示す。補修作業に当たっては，火気に注意し，換気等の処置を十分に施しながら行う。

その他の留意点は「(2)硬質塩化ビニルパイプカルバートの補修」に準じる。

解表8-4 強化プラスチック複合パイプカルバートの補修方法の例

損傷状況	補修方法及び概要図	補修方法のポイント
表面の損傷	FRP積層部／損傷部／FRP層／中間層／FRP層／管厚断面	①損傷部をサンドペーパー等により目荒らしをする。 ②アセトンで汚れをふき取る。 ③FRP積層を施す。
中間層に及ぶ損傷	FRP積層部／樹脂系充填剤／FRP層／中間層／FRP層／管厚断面	①損傷したFRP層及び中間層をディスクグラインダーで取り除く。 ②アセトンで汚れをふき取る。 ③取り除いた中間層に樹脂系充填剤を充填する。 ④FRP積層を施す。
部分的に新管と取り替える必要のある損傷	損傷／切断／切断／新管／FRP積層	①損傷箇所を管軸に直角にカッター等により切断して除去する。 ②切断した損傷管とほぼ同じ長さに新管をカッター等により切断する。 ③積層する箇所をサンドペーパー等により目荒らしし，アセトンで汚れをふき取る。 ④既設管と新管の芯合わせを行った後，管の隙間に樹脂系充填剤を充填する。 ⑤接合部の全周についてFRP積層を施す。

(4) 高耐圧ポリエチレンパイプカルバートの補修

解表8−5に高耐圧ポリエチレンパイプカルバートの破損状況に応じた補修方法の例を示す。

その他の留意点は「(2)硬質塩化ビニルパイプカルバートの補修」に準じる。

解表8−5 高耐圧ポリエチレンパイプカルバートの補修方法の例

損傷状況	補修方法及び概要図	補修方法のポイント
表面の損傷	表面損傷部　樹脂系接合剤　割りカラー　焼なまし鉄線（#10〜12）	①割りカラーは，補修管と同質の管または板から製作する。 ②割りカラーの大きさは損傷部に約30cmの接合部分を加えたものとする。 ③割りカラーの接合には樹脂系接合剤を用いる。 ④焼なまし鉄線で十分圧着する。
部分的に新管と取り替える必要のある損傷	損傷部　切断　切断　新管　専用継手又は溶接	①損傷箇所を管軸に垂直に切断機で切断し除去する。 ②切断面の汚れを除去する。 ③新管を必要寸法準備し，専用継手にて接合する。

第9章　道路占用等

9-1　基本方針

> 道路の占用は，一般交通に供するという道路本来の機能を阻害しない範囲でやむを得ない場合において行うことができる。

　道路の占用は，道路の敷地外に余地がないためにやむを得ない場合に，道路に工作物，物件又は施設（以下「物件」という。）を設け，継続して道路を使用することをいい，一般交通に供するという道路本来の目的に支障を及ぼさない範囲においてのみ認められる。

　道路を占用することのできる物件は法令（道路法第32条，同法施行令第7条）に限定列挙されており，道路管理者は，道路の保全及び円滑な交通の確保を図るという観点に立って道路占用の許可を与えることになる。

　本章では，道路を占用する埋設管等のうち，地下通路，地下電線，水道・ガス管，下水道管，石油管について，望ましい設置位置，施工方法，維持管理方法を述べ，道路管理者が道路占用の許可等を行う場合の技術上の配慮事項を示す。

9-2　設置位置

> 占用物件の設置に当たっては，以下の事項を遵守する必要がある。
> (1) 占用の場所は，路面をしばしば掘削することのないよう計画され，かつ，他の占用物件と錯綜するおそれのないものであること。
> (2) 占用物件は，保安上または工事実施上支障のない範囲で，他の占用物件に近接して設置すること。
> (3) 占用物件は，道路の構造または地上にある占用物件に支障のない範囲で，土かぶりを小さくすること。

　占用物件の設置に関しては，道路法施行令第10条に準拠する。具体的には，道路法施行令第10条及び第11条の2，3，4，5に主な占用物件の占用位置が示されており，それらをまとめたものが**解表9－1**である。なお，共同溝については，「共同溝設計指針」，下水道のマンホールについては，「下水道施設計画・設計指針と解説（前編）」（（社）日本下水道協会）によるものとする。

　また，**解表9－2**に示す管種については，**解表9－3**に示すような位置に設置することができる。（「電線，水管，ガス管又は下水道管を道路の地下に設ける場合における埋設の深さ等について」（平成18年11月15日国道利第33号）並びに「「電線，水管，ガス管又は下水道管を道路の地下に設ける場合における埋設の深さ等について」に規定する条件に附すべき事項等について」（平成12年3月24日建設省道政発第28号，道国発第13号））

　解表9－2に示す以外のものでこれらと同等以上の強度を有するものについては，**解表9－2**に示す管径を超えない範囲で，これを適用することが可能である。

　また，占用物件を歩道下に設置する場合，歩道の切り下げにより土かぶりが0.5m以下となる場合は，所要の防護もしくは十分な強度を有する管路等を使用する必要がある。

解表9−1　占用物件の設置位置（その1）

道路地下占用物件	道路の占用場所		備　考
	平面位置	路面と埋設物（構造物）との距離	
地下通路	・出入口は法面または歩道等の車道寄りの部分に設ける ・原則として，歩道等の通行できる部分の幅員は，歩道では3.0m以下，自転車歩行車道では3.5m以下としない	・3.5m以下としないこと（やむを得ない場合にあっては2.5m以下としないこと）	
地下電線	・原則として車道以外の部分の地下（歩道のない場合には車道の路面幅員の2/3に相当する路面中央部以外の部分の地下）	・車道の地下では0.8m以下としないこと ・歩道の地下では0.6m以下としないこと ただし道路法施行規則第4条の4の2に揚げる以外のもの	
水道・ガス管	・原則として歩道の地下（横断管を除く）	・1.2m以下としないこと（工事実施上やむを得ない場合にあっては0.6m以下としないこと）	○高圧のガスの供給施設の道路占用について ・市街地または人家連担地区等で埋設深度を1.2m以上とする ・市街地または人家連担地区等で人家等から3m以内に埋設する場合，漏洩したガスが人家等の側へ拡散しないような措置を講じる
下水道管	・原則として歩道の地下（横断管を除く）	・3.0m以下としないこと（工事実施上やむを得ない場合にあっては1.0m以下としないこと）	

解表9－1　占用物件の設置位置（その2）

道路地下占用物件	道路の占用場所		備　　考
	平面位置	路面と埋設物（構造物）との距離	
石油管	・原則地下に埋設し，車両の荷重の影響の少ない場所に埋設する ・石油管の導管と道路の境界線との水平距離が保安上必要な距離以上であること	・道路の路面下に埋設する場合 　①市街地において 　　防護構造物により導管を防護する場合は防護構造物の頂部と路面の距離を1.5m以下，その他の場合は導管の頂部と路面との距離を1.8m以下としない 　②市街地以外の地域において 　　導管の頂部（防護構造物により導管を防護する場合には，防護構造物の頂部）と路面の距離を1.5m以下としない ・道路の路面下以外の場所に埋設する場合 　導管の頂部と路面との距離は1.2m以下としない。ただし，防護工または防護構造物により導管を防護する場合は，市街地では0.9m以下，市街地以外の地域では0.6m以下としないこと	○石油パイプライン事業法および石油パイプライン事業の事業用施設の技術上の基準を定める省令 ・道路の境界線から1.0m以上の水平距離を確保する ・市街地の場合，原則として防護工を設ける ・原則として，他の工作物から0.3m以上の距離を確保する ・電線，水道管，下水道管，ガス管等の上部には埋設しない ・路盤の最下部と埋設物との距離は0.5m以下としないこと

解表 9−2 浅層埋設が可能な管種の例

道路地下占用物件	管路等の種類（規格）	管径
地下電線 （電気事業）	鋼管（JIS G 3452）	250mm 以下のもの
	強化プラスチック複合管（JIS A 5350）	250mm 以下のもの
	耐衝撃性硬質塩化ビニル管（JIS K 6741）	300mm 以下のもの
	コンクリート多孔管 （管材曲げ引張強度 $53N/mm^2$ 以上）	φ125 × 9 条以下のもの
地下電線 （電気通信事業等）	硬質塩化ビニル管（JIS K 6741）	75mm 以下のもの
	鋼管（JIS G 3452）	75mm 以下のもの
水道管	鋼管（JIS G 3443）	300mm 以下のもの
	ダクタイル鋳鉄管（JIS G 5526）	300mm 以下のもの
	硬質塩化ビニル管（JIS K 6742）	300mm 以下のもの
	水道配水用ポリエチレン管 （引張降伏強度 $20N/mm^2$ 以上）	200mm 以下で 外径 / 厚さ =11 のもの
ガス管	鋼管（JIS G 3452）	300mm 以下のもの
	ダクタイル鋳鉄管（JIS G 5526）	300mm 以下のもの
	ポリエチレン管（JIS K 6774）	300mm 以下のもの
下水道管	ダクタイル鋳鉄管（JIS G 5526）	300mm 以下のもの
	ヒューム管（JIS A 5372）	300mm 以下のもの
	強化プラスチック複合管（JIS A 5350）	300mm 以下のもの
	硬質塩化ビニル管（JIS K 6741）	300mm 以下のもの
	陶管（JIS R 1201）	300mm 以下のもの

解表 9-3 管の設置位置

道路地下占用物件	埋設の深さ	
	車道に設ける場合	歩道に設ける場合
地下電線	道路の舗装の厚さ（路面から路盤の最下面までの距離をいう）に，0.3mを加えた値（当該値が0.6mに満たない場合には，0.6m）以下としないこと	0.5m以下としないこと
水道管，ガス管	道路の舗装の厚さ（路面から路盤の最下面までの距離をいう）に，0.3mを加えた値（当該値が0.6mに満たない場合には，0.6m）以下としないこと	本線以外の線を設ける場合，0.5m以下としないこと
下水道管	道路の舗装の厚さ（路面から路盤の最下面までの距離をいう）に，0.3mを加えた値（当該値が1mに満たない場合には，1m）以下としないこと（ただし本線以外の線の場合は0.6m以下としないこと）	本線以外の線を設ける場合，0.5m以下としないこと
	外圧1種ヒューム管を用いる場合には，1m以下としないこと	

(1) 平面位置

　道路法施行令11条の2，3，4，5条等では，埋設工事をする際の道路交通への影響や占用物件に対する車両荷重の影響を避けるため，占用物件は歩道がある道路では歩道下に配置することとし，歩道を有しない道路においては道路幅の2/3に相当する路面の中央部を避けて配置することとしている。（**解図9-1**）

　ただし，道路を横断して設ける場合や歩道下に適当な場所がなく，かつ，やむを得ない事情がある場合は，道路の管理上支障の少ないその他の場所を設置位置として示している。また，盛土のり面においては，道路構造の保全や関連事業計画等に対して慎重な検討が必要である。

(2) 離隔及び土かぶり

　道路法施行令では，占用物件は計画性を保ちつつ整然と埋設することとしてお

り，道路の構造や円滑な交通の確保に支障がない限り，相互に近接させ，かつ浅く埋設することとしている。しかし，占用物件が相互に接近し過ぎた場合や，埋設位置が浅過ぎた場合，道路路面や占用物件に悪影響を及ぼすおそれがある。

したがって，各占用物件の相互の影響については十分な検討を行い，適切な離隔及び土かぶりを保つよう設置する必要がある。

石油パイプラインにおいては，将来の維持管理や他工事による損傷の防止を考慮して，離隔距離は0.3m以上とされている。(**解表9－1**)。他の占用物件においても，この程度の離隔は必要である。

占用物件の土かぶりについては，道路法施行令において，交通支障や道路損傷の防止，並びに占用物件の防護を目的として，**解表9－3**に示すような土かぶりが規定されている。道路占用者は，埋設深度の決定に際し，土かぶりについて道路管理者と十分協議する必要がある。

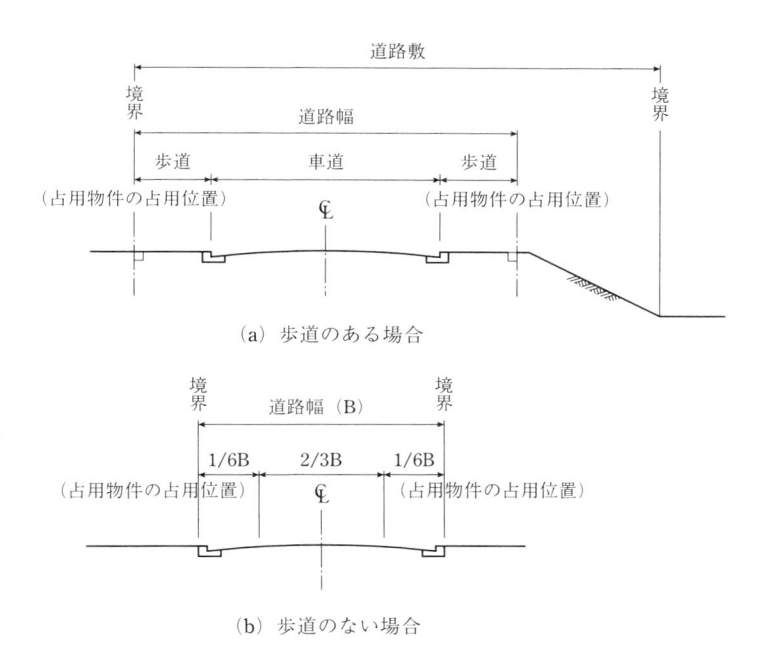

解図9－1 道路法に基づく占用物件の占用位置

9-3 施工

> 道路占用者は，占用物件を適切な方法を用いて埋設する必要がある。

(1) 開削工法
開削工法で占用物件を埋設する場合の留意事項を以下に示す。

1) 掘削及び土留め工

掘削及び土留め工の施工に際しては，周囲の地盤のゆるみ，沈下等に十分に注意し，当該工事や既存の埋設物，周辺構造物等に支障をきたさないよう十分な管理を行う。特に，既存の埋設物の周辺で掘削を行う場合には，①布掘りまたはつぼ掘りとし，えぐり掘りはしない，②埋設物のごく周辺では手掘りとする，③ガス管，石油管等引火性のある埋設物の付近では火気は厳禁とする，等の注意が必要である。また土留め材の変形，緊結部のゆるみ等について点検を行う。

2) 埋戻し

埋戻しに際しては，埋設物等に偏圧を与えないよう留意のうえ，道路管理者が指定する所定の土砂や改良土，締固め方法により確実に施工する。また，一層の仕上がり厚さは原則として，路体部では30cm以下，路床部では20cm以下とし，十分な締固めを行う必要がある。特に埋設物周りの埋戻しに当たっては，良質な砂や改良土等を用い，十分に締め固める必要がある。埋設物が輻輳すること等から十分な締固めができないような場合は，当事者間で協議のうえ，流動化処理土等による埋戻しを行うこともできる。

また，地震による埋戻し土の液状化についても配慮することが望ましい。下水道においては，地震によって下水の排除及び処理に支障が生じないよう，地震動レベルや施設の重要度に応じて，埋戻し土の締固め，砕石による埋戻し，埋戻し土の固化，可撓継手の設置等の措置を講ずることとなっている。

3) 路面の復旧

路面の復旧は原形復旧を原則とし，路面復旧の構造及び材料については，道路管理者の定める仕様に適合するものである必要がある。道路占用者及び施工者は，道路管理者への引渡しが終了するまで定期的に路面の巡回点検を行い，道路交通

の安全性に配慮し，支障をきたさないように努める必要がある。

通常は，埋戻し完了後に仮復旧を行い，沈下等が収まってから本復旧を行う。ただし，改良土や流動化処理土を埋戻しに用いれば，通常の土砂に比べて圧縮しにくく交通解放後の路面の沈下等も少ないので，協議のうえ，仮復旧を省略できる場合もある。

仮設に使用した杭や鋼矢板等は，埋戻し終了後撤去することが原則である。しかし，家屋や埋設物と近接した場所での施工においては，矢板の除去等が困難な事例も多く，撤去することによって周辺地盤のゆるみや沈下による被害が予想されることがある。砂を注入，また，地下水以下の場合はモルタルを充填しながら杭や矢板を引き抜くことで，ゆるみや沈下はある程度押さえられる。杭や矢板をやむを得ず残置する場合，道路占用者は事前に道路管理者の承認を得たうえで，所定の位置で切断するなどの処置を行うとともに，残置物の平面位置，深さ，長さ，材質，規格等の記録を提出する必要がある。

(2) 推進工法

各種の都市施設及び生活供給施設（上下水道・ガス・電話・電気等）の多くは，道路等の地下空間に管路として埋設されている。しかし，特に市街地の道路では，交通への影響，埋設物の輻輳化，騒音や振動等の周辺環境への配慮から，開削工法による管路の埋設が難しくなりつつある。道路を開削せずに管路を敷設することのできる方法として，シールド工法や推進工法が用いられる場合がある。ここでは推進工法の種類や特徴等について述べるが，本指針で記述していない詳細な事項については，「下水道推進工法の指針と解説」（（社）日本下水道協会）等を参照されたい。

また，推進工法の適用に当たって，道路管理者は，道路占用者に対して地表面の変位を適切に管理するよう指示するとともに，周辺に他の占用物件がないかの確認をする必要がある。

1) 工法の種類

推進工法は，発進・到達立坑間において，工場で製作された推進管の先端に掘進機・先導体または刃口を取り付け，ジャッキ推進力等によって管を地中に圧入

して管渠を埋設する方法である。推進工法は，**解図9-2**に示すように立坑，支圧壁，推進台，元押ジャッキ，押輪，ストラット，押角，推進管，掘進機（または刃口）から構成されており，長距離推進の場合は，さらに中押装置が設置される。

推進工法は**解図9-3**に示すように，呼び径800mm以上の大中口径管推進工法，呼び径700mm以下の小口径管推進工法，取付管推進工法及び改築推進工法に分類される。

大中口径管推進工法は，切羽が開放状態になっているか否かで開放型と密閉型に分類され，さらに密閉型では，切羽の安定方法，土砂の搬出方法等によって泥水式推進工法，土圧式推進工法及び泥濃式推進工法に分類される。

小口径管推進工法は，使用する推進管種により，高耐荷力方式，低耐荷力方式及び鋼製さや管方式に分類される。

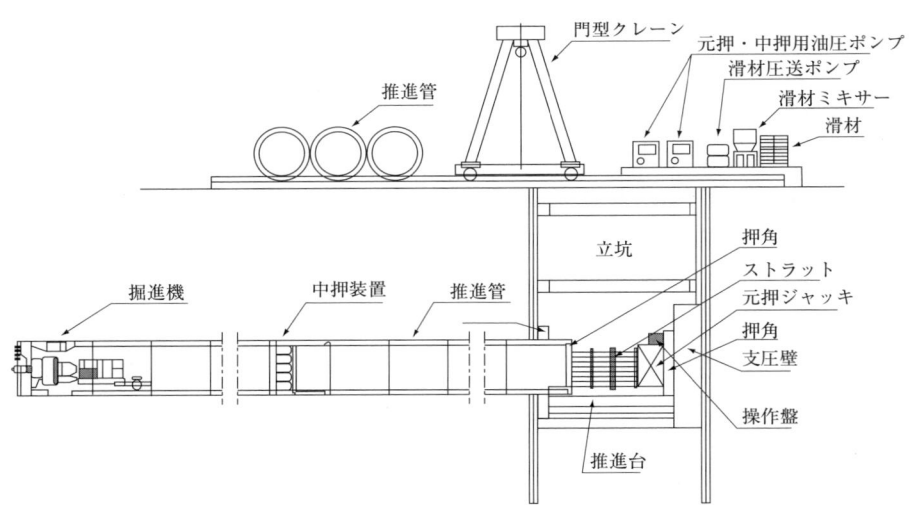

解図9-2 推進工法の仕組み[1]

```
推進工法 ─┬─ 大中口径管推進工法 ─┬─ 開 放 型 ── 刃口式推進工法
         │                    └─ 密 閉 型 ─┬─ 泥水式推進工法
         │                                ├─ 土圧式推進工法
         │                                └─ 泥濃式推進工法
         ├─ 小口径管推進工法 ─┬─ 高耐荷力方式
         │                  ├─ 低耐荷力方式
         │                  └─ 鋼製さや管方式
         ├─ 取付管推進工法
         └─ 改築推進工法
```

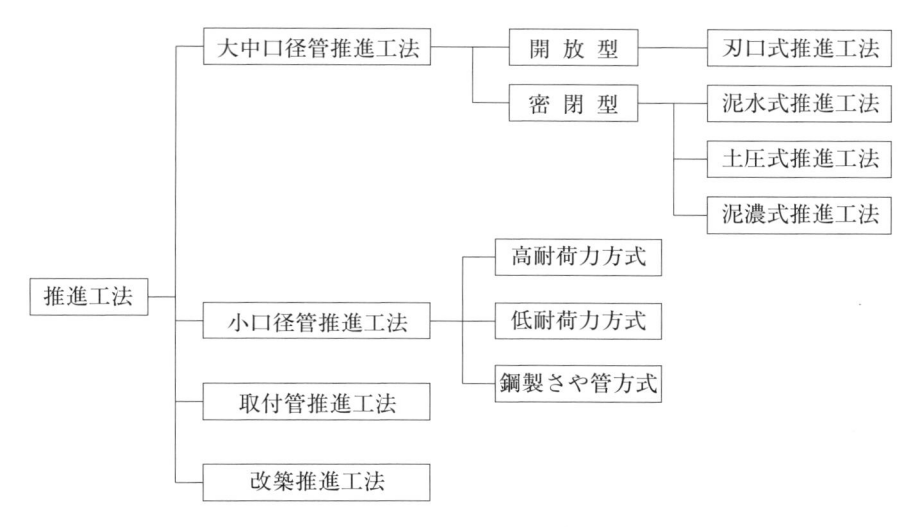

解図 9－3　推進工法の種類

2)　工法の特徴と選定
①　大中口径管推進工法
(ⅰ)　開放型

　開放型は刃口推進工法と呼称され，管の先端に刃口を装着し，開放状態の切羽を一般に人力で掘削する。したがって，切羽地山の自立が必要条件である。不安定な地盤には，地盤改良等の補助工法を必要とする場合もある。

　後述する密閉型に比べると設備が簡易であり，主として短距離の施工に適している。

　刃口推進工法で施工可能な最大径は，呼び径3000mm程度である。最小径については，推進工法のうち刃口元押し工法の場合は労働安全性，作業性から呼び径800mmまで，中押し推進工法では作業性から1000mm程度とすることが望ましい。

(ⅱ)　密閉型

　密閉型には泥水式，土圧式及び泥濃式推進工法があり，掘削時の切羽安定方法，土砂搬出方式等が異なっている。

　密閉型の各工法は，適用土質の範囲が広いが各々の最適な範囲が異なるため，

施工条件及び土質条件に応じた選択をする。

　各工法は，刃口推進工法に比べると推進設備の規模は大きいが，土砂搬出等の施工性に優れるため，長距離推進に適している。

② 小口径管推進工法

　小口径管推進工法は，小口径管先導体に小口径推進管または誘導管を接続し，発進立坑から遠隔操作により掘削，ずり出しまたは圧入しながら管を布設する工法である。

　この工法は，使用する推進管種により，高耐荷力方式，低耐荷力方式，鋼製さや管方式の3方式に大別され，さらに掘削及び排土方式，管の埋設方法により細分類される。

(i) 高耐荷力方式

　高耐荷力方式は，高耐荷力管に全ての推進力を伝達して推進する方式であり，適用土質の範囲が広く，比較的長い距離に適している。

(ii) 低耐荷力方式

　低耐荷力方式は，低耐荷力管を用い，先導体の推進に必要な推進力の先端抵抗力を推進力伝達ロッドに作用させ，低耐荷力管には土との周面抵抗力のみを負担させ推進する方式である。適用土質の範囲が限定され，比較的短い距離に適している。

(iii) 鋼製さや管方式

　鋼製さや管方式は，さや管として用いる鋼製管に全ての推進力を伝達して推進し，鋼製管内に硬質塩化ビニル管等の本管を埋設する方式である。適用土質の範囲が広いが，推進精度の関係から比較的短い距離に適している。

③ 取付管推進工法

　取付管推進工法は，地上または地上付近より鋼製さや管を既設下水道まで推進し，鋼製さや管内の土砂を取り除いた後，既設下水管をコア抜きして取付用の特殊支管を接続する方法である。取付管は呼び径100mm～250mmまでの硬質塩化ビニル管を基本とする。

④ 改築推進工法

　改築推進工法は，構造的または機能的に劣化した下水道管渠を推進工法により

破砕・排除しつつ，新管を埋設する工法である。

9-4 維持管理

> 道路占用者は，占用物件について適切な維持管理を行う。道路管理者は道路占用者に対し，占用物件の維持管理の充実に努めさせ，道路の保全を確保するよう適切な指導等を行う。

(1) 点検

　道路占用物件の維持管理は，定期的な巡回や点検が基本であり，道路占用者は，地下占用物件を埋設した後においても定期的に巡回及び点検整備を実施し，地下占用物件の維持管理の充実に努める必要がある。巡回や点検は，各々の占用物件の維持管理に関わる法令や指針等に従い，適切な方法，基準によって行う。特に，占用物件が埋設されている路面の点検は重要であり，道路管理者とも密接な連携を保ちつつ異常の早期発見に努めることが必要である。道路占用者は，巡回及び点検の結果，異常が発見された場合は，必要に応じて調査を行い，適切な措置を講じるとともに，道路管理者及び他の占用者に報告し，対応について協議する。補修が必要な場合は，「第8章　維持管理」等を参考に道路交通への影響等に配慮しつつ，補修方法を選定する。

　過去の道路陥没等の事例では，施工が完了した直後や暫定施工の箇所で，埋設管の接続管がはずれたり，継目がずれることにより事故が発生している例が見られる。このような箇所においては，密度の高い巡回，点検を行うことにより道路の安全性，防災性を確保する必要がある。

　ガス管を露出させる工事，あるいはガス管の周辺を掘削する工事においては，路面の本復旧が行われるまでの間または路面が安定するまでの間，路面の状況を監視し，必要に応じて道路管理者への通報，ガス事業者へのガス漏れ調査の依頼等の措置を講じることが必要である。

(2) 路面下空洞の調査

　占用物件として埋設管等を設置した箇所では，埋設管周囲の締固め不足や埋設管の破損による周辺土砂の流出により，路面下に空洞が生じ，道路陥没等が生じる場合がある。路面下の空洞を探査する手法の1つとして，地中レーダを用いて調査を行う方法がある。この手法によれば，比較的短時間のうちに広範囲の領域を調査することが可能である。以下にその方法を示す。

1) 一次調査

　車載式の地中レーダを用いて，大まかな空洞探査を行う。20km/h程度で走行しながら探査できるため，一般交通への影響が比較的小さく，広範囲の領域を短時間で調査することができる。

2) 二次調査

　一次調査によって異常部が見つかると，さらにきめ細かな二次調査を行う必要がある。二次調査は次の2つの調査によって構成される。

① 携帯型の地中レーダによる調査

　携帯型の地中レーダを使って抽出された異常部を細かく調べ，空洞の存在とその広がりを確認する。

② スコープ調査

　メッシュ調査によって確認した場所に直径40mm程度の孔を開け，小型スコープを挿入して空洞内部を画像として記録することにより，空洞の発生状況を正確に把握することができる。

参考文献

1) （社）日本下水道管渠推進技術協会：推進工法体系Ⅰ（推進工法技術編），2007

巻 末 資 料

資 料 - 1　標準設計の利用

資 料 - 2　コルゲートメタルカルバートの板厚の計算と粗度係数

資 料 - 3　道路横断排水カルバート内空断面の設計計算法

資　料−１　標準設計の利用

　従来型カルバートで，施工事例の多い形状・寸法の場合には，標準設計を利用することにより，設計の効率化を図ることができる。ここでは，参考として「国土交通省制定土木構造物標準設計第1巻（平成12年度版）」（(以下，標準設計と称す）の概要を示す。

1−1　集録形式

　標準設計には，パイプカルバート（90°固定基礎，180°固定基礎，360°固定基礎），場所打ち方式の一連ボックスカルバートが集録されている。ボックスカルバートの集録寸法は**資図1−1**のとおりで，最大内空寸法は幅6.0m×高さ5.0mである。

1−2　標準設計の構成

　標準設計は，使用方法や設計の考え方を取りまとめた解説書，各形式の標準図から構成されている。

1−3　使用上の留意事項

　標準設計の利用に際しては，現場の設計条件が標準設計の適用条件内であることを確認しなければならない。また，本指針等準拠する基準・指針類の改訂に応じて，標準設計も改訂されるため，最新のものを利用するよう留意しなければならない。

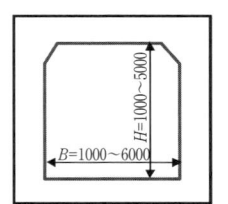

・適用土かぶり
　内空高 $H≦4.0$m：適用土かぶり $D=0.5〜6.0$m
　内空高 $H>4.0$m：適用土かぶり $D=0.5〜3.0$m

（図中寸法：$H=1000〜5000$，$B=1000〜6000$）

資図1−1　「国土交通省制定土木構造物標準設計第1巻」（平成12年度版）におけるボックスカルバートの集録寸法

資　料－2　コルゲートメタルカルバートの板厚の計算と粗度係数

2-1　板厚の計算
(1)　土圧分布
　H.L.Whiteは，たわみ性パイプに加わる土圧が曲率半径に反比例すると仮定し，この結果，円形，アーチおよびパイプアーチのいずれの形式の場合でも壁面には圧縮力のみが加わるとして設計する圧縮リング法を提唱した。

　この方法によると，**資図2-1**に示すように円形断面では一様に分布した土圧が作用し，パイプアーチ形では曲率半径の小さい部分に土圧が集中し，曲率半径の大きい部分の土圧は小さくなる。

　なお，この圧縮リング法が適用できる範囲は，水平方向の変形量を直径またはスパンの5％以内に抑える必要がある。

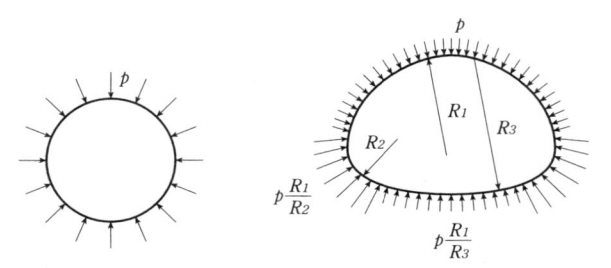

(a) 円形パイプに加わる土圧　　(b) パイプアーチ形に加わる土圧

資図2-1　土圧分布

(2)　検討項目
　コルゲートメタルカルバートの板厚を決定する四つの検討項目について，各項目別にその概要を説明する。
1)　施工中の断面剛性の検討
　コルゲートメタルカルバートは，組立て開始から裏込め完了までの各種の荷重，すなわち，死荷重，裏込め土圧，作業場の一時的な荷重等により施工性に悪影響

を与えるような大きなたわみを生じさせないよう十分な断面剛性を有しなければならない。そのためには以下の式を満足する必要がある。

$$FF = \frac{D^2}{E \cdot I} < FF_a \quad \cdots\cdots\cdots\cdots\cdots\cdots\cdots\cdots\cdots\cdots\cdots\cdots\cdots\cdots\cdots\cdots\cdots\cdots \text{(資2-1)}$$

ここに FF：Flexibility Factor（mm）
　　　　E：材料のヤング係数 $= 2.0 \times 10^5$ N/mm
　　　　I：断面二次モーメント（mm^4/mm）で，**資表2-1** 参照
　　　　D：コルゲートメタルカルバートの直径または最大スパン（mm）
　　　FF_a：FFの制限値　1形の場合 0.24mm/N
　　　　　　　　　　　　　　 2形の場合 0.11mm/N

資表2-1 コルゲートセクションの断面二次モーメント

(mm^4/mm)

波形＼板厚(mm)	1.6	2.0	2.7	3.2	4.0	4.5	5.3	6.0	7.0
1形	34.5	43.6	60.2	72.6	93.8	−	−	−	−
2形	−	−	881	1050	1320	1490	1770	2020	2380

2) 軸方向継手強さの検討（2形）

軸方向継手は，埋設されたコルゲートパイプに発生する周方向の圧縮力に対して十分安全でなければならない。そのためには，式（資2-2）を満足しなければならない。

$$F_s = \frac{\sigma_y}{P} \geq F_{sa} \quad \cdots\cdots\cdots\cdots\cdots\cdots\cdots\cdots\cdots\cdots\cdots\cdots\cdots\cdots\cdots\cdots\cdots\cdots \text{(資2-2)}$$

$$P = (q_d + q_l)\frac{D}{2} \quad \cdots\cdots\cdots\cdots\cdots\cdots\cdots\cdots\cdots\cdots\cdots\cdots\cdots\cdots\cdots\cdots\cdots\cdots \text{(資2-3)}$$

ここに　F_s：安全率
　　　　σ_y：軸方向継手強さ　**資表2-2 参照**
　　　　F_{sa}：許容安全率　**資表2-3 参照**
　　　　P：周方向圧縮力（kN/m）
　　　　q_d：鉛直土圧（kN/m^2）で，式（解6-11）により計算する
　　　　q_t：活荷重による鉛直荷重（kN/m^2）で，式（解6-5）により計算する

資表2-2　2形コルゲートパイプ継手強さ

(kN/m)

板厚（mm）	2.7	3.2	4.0	4.5	5.3	6.0	7.0
継手強さ	578	685	855	963	1,140	1,930	2,260

資表2-3　軸方向継手強さの検討に用いる安全率

土かぶり h	$h \leq 1.5$m	1.5m $< h \leq 3.0$m	3.0m $< h$
安全率	6.0	4.5	3.0

3)　コルゲートセクションの座屈強さの検討

　コルゲートパイプは，座屈に対しても十分に安全であるよう，式（資2-4）を満足しなければならない。

$$F_s = \frac{f_e \cdot A}{P} \geq F_{sa} \quad \cdots\cdots\cdots\cdots\cdots\cdots\cdots\cdots\cdots\cdots\cdots\cdots\cdots\cdots\text{（資2-4）}$$

ここに　F_s：安全率
　　　　P：周方向圧縮力（N/mm）
　　　　f_e：座屈応力（N/mm^2）

$$D \leq \frac{r}{K}\sqrt{\frac{24E}{f_u}} \text{ のとき }\quad f_e = f_u - \frac{f_u^2}{48E} \cdot \left(\frac{K \cdot D}{r}\right)^2 \quad \cdots\cdots\cdots\text{（資2-5）}$$

$$D > \frac{r}{K} \cdot \sqrt{\frac{24E}{f_u}} \text{ のとき } \quad f_e = \frac{12E}{\left(\dfrac{K \cdot D}{r}\right)^2} \quad \cdots\cdots\cdots\cdots\cdots\cdots\cdots\cdots\cdots \text{（資2-6）}$$

ここに f_u：鋼の引張強さ＝27N/mm^2

E：鋼のヤング係数＝2.0×10^5N/mm^2

r：コルゲートセクションの断面二次半径（mm）

D：コルゲートメタルカルバートの直径または最大スパン（mm）

K：土の剛性係数　**資表2-6**参照

A：セクションの断面積　**資表2-4**参照

F_{sa}：許容安全率　**資表2-5**参照

資表2-4　コルゲートセクションの断面積

(mm^2/mm)

板厚(mm) 波形	1.6	2.0	2.7	3.2	4.0	4.5	5.3	6.0	7.0
1形	1.733	2.167	2.926	3.469	4.338	—	—	—	—
2形	—	—	3.298	3.910	4.891	5.504	6.486	7.347	8.578

資表2-5　コルゲートパイプの座屈安全率

土かぶり h	$h \leq 1.5$m	1.5m $< h \leq 3.0$m	3.0m $< h$
安全率	4.0	3.0	2.0

4) コルゲートメタルカルバートのたわみの検討

コルゲートメタルカルバートは，Spangierの式によってたわみを求め，これが直径の5％以内になるようにしなければならない。

$$\eta < \eta_a \quad \cdots\cdots\cdots\cdots\cdots\cdots\cdots\cdots\cdots\cdots\cdots\cdots\cdots\cdots\cdots\cdots\cdots \text{（資2-7）}$$

$$\eta = F_d \cdot F_k \cdot \frac{Q \cdot r^3}{E \cdot I + 0.061 E' r^3} \quad \cdots\cdots\cdots\cdots\cdots\cdots\cdots\cdots\cdots\cdots\cdots\cdots\cdots\cdots \text{(資2-8)}$$

$$E' = \frac{E_s}{2(1-\mu^2)} \quad \cdots\cdots\cdots\cdots\cdots\cdots\cdots\cdots\cdots\cdots\cdots\cdots\cdots\cdots\cdots\cdots\cdots\cdots \text{(資2-9)}$$

ここに η_a：コルゲートメタルカルバートの
　　　　　許容たわみ量 $=0.05D$ （mm）
　　　η：水平方向のたわみ量（mm）
　　　F_d：土の経時変化（クリープ）係数　**資表2-6参照**
　　　F_k：据付角による定数（$=0.100$）
　　　r：コルゲートメタルカルバートの呼称径の1/2（mm）
　　　E：鋼のヤング係数（N/mm^2）
　　　I：コルゲートセクションの断面二次モーメント（mm^4/mm）
　　　Q：カルバート単位長さ当たりの鉛直荷重
　　　　　$= 2r\,(q_d + q_t)$（N/mm）
　　　q_d：鉛直土圧 $= \gamma \cdot h$（N/mm^2）で，式（解6-11）により計算する
　　　q_t：活荷重による鉛直荷重（N/mm^2）で，式（解6-5）により計算する
　　　E_s：土の変形係数（N/mm^2）　**資表2-6参照**
　　　μ：土のポアソン比（$=0.5$）

資表2-6　裏込めの種類と土の諸係数

裏込めの種類（注）	剛性係数 K	経時変化係数 F_d	変形係数 E_s（N/mm^2）
A	0.44	1.50	7.4
B	0.22	1.25	14.7
C	0.22	1.25	24.5

注）**解表6-18**による区分

2-2　コルゲートメタルカルバートの粗度係数

　　コルゲートメタルカルバート（1形波）　　　　0.024
　　コルゲートメタルカルバート（2形波）　　　　0.033
　　コルゲートメタルカルバート（ペービング箇所）　0.012

資料-3 道路横断排水カルバート内空断面の設計計算法

道路横断排水カルバートの断面の設計についての基本的な考え方については，本文「3-3-2 道路横断排水カルバートの計画上の留意事項」で述べた。

ここでは特に，道路横断排水カルバート内空断面の設計計算の方法及び計算例を具体的に示す。

本設計計算法は，米国地質調査所（USGS）のマニュアル[1]を参考にしているが，米国との道路・地形条件等の相違により直接応用できない部分もあり，修正を加えている。カルバートでの水理に関する調査・研究が少ないため，本設計計算法の信頼性については今後の検討を要する点もあるので，これを参考資料として記すこととした。

3-1 設計計算の手順

道路横断排水カルバート内空断面の設計計算法は次の2つの場合に大別して示すことができる。

(a) 水路の断面及び勾配が上下流に渡って一様であり，水路と同一幅のカルバートを設置する場合

(b) (a)以外の場合であり，特に山間部の沢，渓流等の不整形な水路と接続するような場合

以下に，各設計計算法を示す。

3-1-1 (a) の場合の設計計算

この場合は，カルバートの勾配S_0及び幅Bは水路に等しく取る。

カルバートの粗度係数nは水路に比べて一般に小さいが，カルバートの流れは上下流水路条件に強く支配されること，カルバート内に常時の土砂堆積が予想されることから，カルバート内空断面の設計には水路の粗度係数nを用いるのがよ

い。

流量Qは，式（資3-1）で現される。

$$Q = A \cdot v = \frac{A}{n} \cdot R^{2/3} \cdot S_0^{1/2}$$ ………………………………（資3-1）

ここに，Q：設計流量（m³/sec）
　　　　A：流水断面積（m²）
　　　　v：流速（m/sec）
　　　　n：上下流水路の粗度係数（sec/m$^{1/3}$）
　　　　　　（「道路土工要綱共通編　第2章　排水」参照）
　　　　R：径深（m）
　　　　S_0：勾配

これより，カルバート内の水深hを断面形状に応じて，次のように計算する。

(1) 矩形断面の場合

1) 式（資3-2）及び式（資3-3）により，流水断面積A（m²）と径深R（m）を求める。

$$A = B \cdot h$$ ……………………………………………………（資3-2）

$$R = \frac{A}{P} = \frac{B \cdot h}{B + 2h}$$ ……………………………………（資3-3）

ここに，B：カルバート幅（m）
　　　　P：潤辺（m）
　　　　　　（矩形断面の場合，$(B + 2h)$となる。）
　　　　h：水深（m）

2) 式（資3-2）及び式（資3-3）を式（資3-1）に代入すると，式（資3-4）が得られる。

$$Q = \frac{1}{n} \cdot (B \cdot h) \left(\frac{B \cdot h}{B + 2h} \right)^{2/3} \cdot S_0^{1/2}$$ ……………………（資3-4）

3) 式（資3-4）にhの値を仮定して代入し，繰返し計算を行うことによりhを求める。

4) カルバートの内空高さDを式（資3-5）により決定する。

$$D = (1 + \alpha_1 + \alpha_2) \cdot h \quad \text{（資3-5）}$$

ここに，α_1：通常の土砂堆積による通水断面の縮小を考慮した余裕であり，少なくとも20％程度を見込む。

α_2：豪雨の際に大量の土砂・流木等が流入するおそれのある場合に見込むのが望ましい。

(2) 円形断面の場合

1) まず，流量について式（資3-5）のα_1，α_2に相当する余裕を見込み，

$$\frac{Q}{Q_0} = \frac{1}{1 + \alpha_1 + \alpha_2} \quad \text{（資3-6）}$$

ここに，Q_0：満管流量

とする。

2) 式（資3-6）で求めた流量比に対するh/Dを**資図3-1**より読み取り，

$$(h/D) = (1 - \cos\phi)/2 \quad \text{（資3-7）}$$

に対応するϕを求め，

$$v = \frac{1}{n} \cdot R^{2/3} \cdot S_0^{1/2} \quad \text{（資3-8）}$$

に代入し，直径Dを求める。

なお，式（資3-8）で計算した結果得られる直径Dには，式（資3-6）により余裕が既に見込まれている。

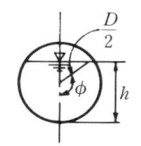

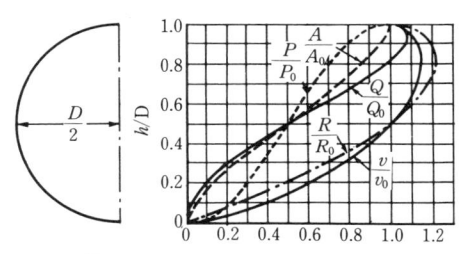

ここに、h：水深(m),　$h = \dfrac{D}{2}(1-\cos\phi)$

P：潤辺(m),　$P = \phi \cdot D$

A：流水断面積(m²),
$$A = \left(\dfrac{D}{2}\right)^2 \cdot \left(\phi - \dfrac{1}{2}\sin 2\phi\right)$$

R：径深(m),　$R = \dfrac{D}{2} \cdot \dfrac{2\phi - \sin 2\phi}{4\phi}$

v：流速(m/sec),　$v = \dfrac{1}{n} \cdot R^{2/3} \cdot S^{1/2}$

Q：流量(m³/sec),　$Q = A \cdot v$

添字0：満管を表わす（このとき $\phi = \pi$ となる。）。

資図3−1　円形水路の水理特性曲線

3−1−2　(b) の場合の設計計算

　この場合には、水路とカルバートの内空断面形状等が異なり、流れが複雑となる。

　カルバート内空断面の設計計算は**資図3−2**に示す手順で行う。記号については**資図3−3**を参照されたい。以下、**資図3−2**に従って説明を加える。

　ここで、各種記号と添え字の意味は次のとおりである。

h：水深または水頭

S：勾配

添え字0：等流水深

添え字c：限界水深

添え字f：摩擦損失水頭

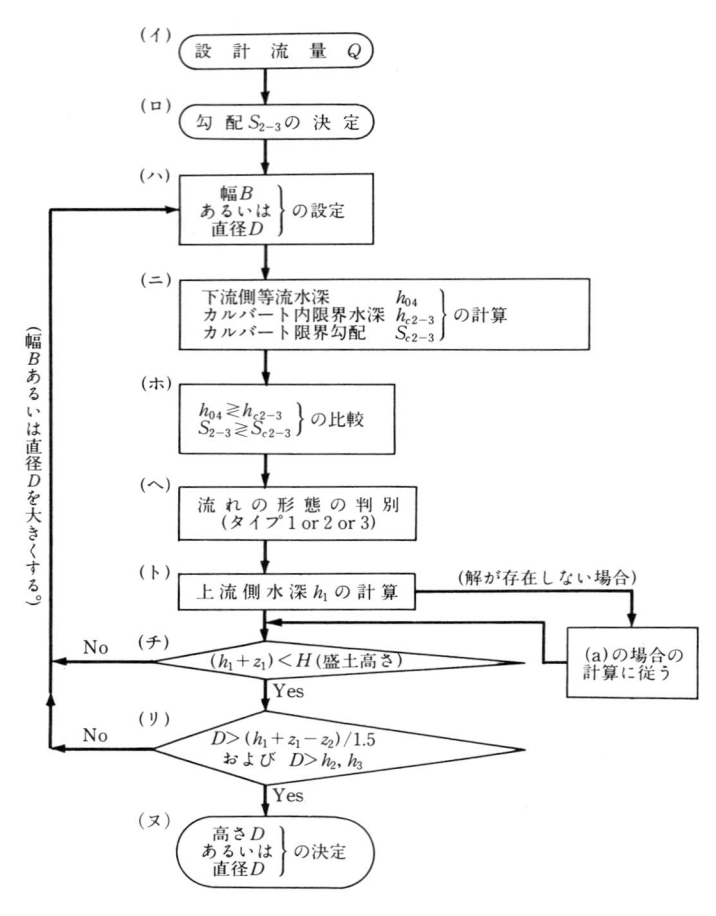

```
(イ)  ┌─────────────┐
      │  設 計 流 量 Q │
      └─────────────┘
(ロ)  ┌─────────────┐
      │ 勾配 $S_{2-3}$ の決定 │
      └─────────────┘
(ハ)  ┌─────────────┐
      │ 幅 $B$       │
      │ あるいは の設定 │
      │ 直径 $D$     │
      └─────────────┘
(ニ)  ┌──────────────────────────┐
      │ 下流側等流水深     $h_{04}$  │
      │ カルバート内限界水深 $h_{c2-3}$ の計算 │
      │ カルバート限界勾配   $S_{c2-3}$ │
      └──────────────────────────┘
(ホ)  ┌──────────────┐
      │ $h_{04} \gtreqless h_{c2-3}$ の比較 │
      │ $S_{2-3} \gtreqless S_{c2-3}$      │
      └──────────────┘
(ヘ)  ┌──────────────┐
      │ 流れの形態の判別 │
      │ (タイプ 1 or 2 or 3) │
      └──────────────┘
(ト)  ┌──────────────┐
      │ 上流側水深 $h_1$ の計算 │   (解が存在しない場合)
      └──────────────┘
(チ)  ◇ $(h_1+z_1) < H$(盛土高さ) ◇ ─── (a)の場合の計算に従う
(リ)  ◇ $D > (h_1+z_1-z_2)/1.5$ および $D > h_2, h_3$ ◇
(ヌ)  ┌─────────────┐
      │ 高さ $D$     │
      │ あるいは の決定 │
      │ 直径 $D$     │
      └─────────────┘
```

資図 3-2 道路横断排水カルバート内空断面の設計計算の手順

〔断面図〕

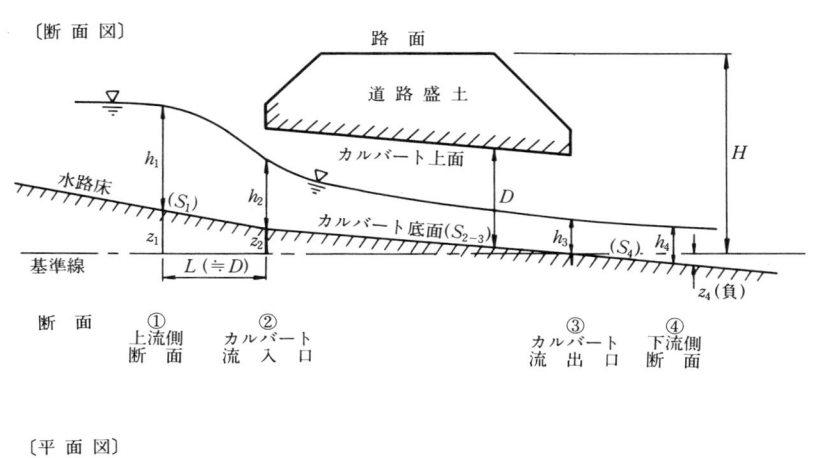

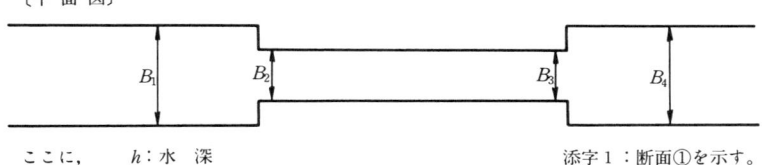

路面
道路盛土
カルバート上面
水路床
h_1
(S_1)
h_2
z_1 z_2
$L(\fallingdotseq D)$
カルバート底面 (S_{2-3})
D
H
h_3
(S_4) h_4
z_4(負)
基準線

| 断面 | ① 上流側断面 | ② カルバート流入口 | ③ カルバート流出口 | ④ 下流側断面 |

〔平面図〕

B_1 B_2 B_3 B_4

ここに、 h：水深
z：基準線から測った河床高さ
$h+z$：高度水頭(水位)
B：水路(あるいはカルバート)幅
D：カルバートの高さ(あるいは直径)
H：路面の高さ
S：水路(あるいはカルバート)の縦断勾配

添字 1：断面①を示す。
添字 2-3：断面②～③を示す。
添字 4：断面④を示す。

資図 3-3　カルバート部の流れの諸元

（イ）　設計流量 Q

「道路土工要綱共通編　第 2 章　排水」による。

（ロ）　勾配 S_{2-3} の決定

「道路土工要綱共通編　第 2 章　排水」による。

（ハ）　カルバート幅 B_{2-3}（矩形断面）または直径 D_{2-3}（円形断面）の設定

「道路土工要綱共通編　第 2 章　排水」による。

(二) 下流側等流水深，カルバート内限界水深及び限界勾配の計算

1) 下流側等流水深 h_{04} の計算

h_{04} は，下流側水路を矩形断面あるいは台形断面に置換え，以下に示す手順で**資図3－4**を用いて求めることができる。

① 式（資3-9）または式（資3-10）より，**資図3－4**の横軸の値を求める。

矩形断面の場合

$$A \cdot R^{2/3}/B^{8/3} = n_4 \cdot Q/(S_4^{1/2} \cdot B_4^{8/3}) \quad \cdots\cdots\cdots\cdots\cdots\cdots\cdots\cdots\cdots\cdots\cdots\cdots\text{（資3-9）}$$

円形断面の場合

$$A \cdot R^{2/3}/D^{8/3} = n_4 \cdot Q/(S_4^{1/2} \cdot D_4^{8/3}) \quad \cdots\cdots\cdots\cdots\cdots\cdots\cdots\cdots\cdots\cdots\cdots\text{（資3-10）}$$

② **資図3－4**より，①で求めた値と水路側壁の勾配に対応する h_0/B または h_0/D を読み取る。

③ 式（資3-11）または式（資3-12）より，h_{04} を求める。

矩形断面の場合

$$h_{04} = (h_0/B) \times B_4 \quad \cdots\cdots\cdots\cdots\cdots\cdots\cdots\cdots\cdots\cdots\cdots\cdots\cdots\cdots\cdots\cdots\cdots\cdots\text{（資3-11）}$$

円形断面の場合

$$h_{04} = (h_0/D) \times D_4 \quad \cdots\cdots\cdots\cdots\cdots\cdots\cdots\cdots\cdots\cdots\cdots\cdots\cdots\cdots\cdots\cdots\cdots\cdots\text{（資3-12）}$$

矩形断面の場合には，式（資3-13）から繰返し計算により h_{04} を求めることもできる。

$$h_{04} = \left(\frac{n_4 \cdot Q}{B_4 \cdot S_4^{1/2}}\right)^{3/5} \cdot \left(1 + \frac{2h_{04}}{B_4}\right)^{2/5} \quad \cdots\cdots\cdots\cdots\cdots\cdots\cdots\cdots\text{（資3-13）}$$

なお，水路がカルバート直下流で屈曲している場合には，下流側等流水深 h_{04} として上式で得られる値に適切に割り増した値を用いる。さらに，下流で合流する河川の水位に支配されることが予想される場合にはその水位を用いる。

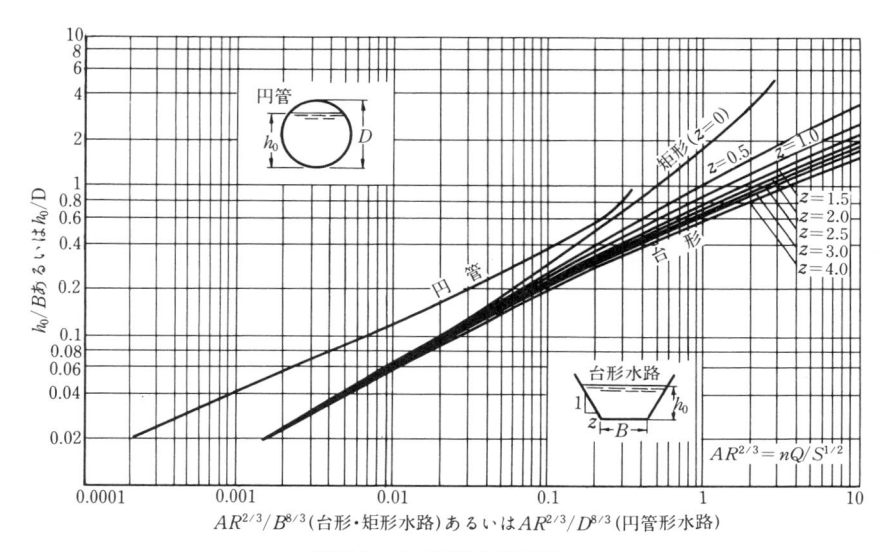

資図 3-4 等流水深算出図

2) カルバート内限界水深 $h_{c\,2\text{-}3}$ の計算

$h_{c\,2\text{-}3}$ は，以下に示す手順で**資図 3-5** を用いて求めることができる。

① 式（資 3-14）または式（資 3-15）より，**資図 3-5** の横軸の値を求める。

矩形断面の場合

$$Z/B^{5/2} = Q/(\sqrt{g} \cdot B^{5/2}) \quad \cdots\cdots\cdots\cdots\cdots\cdots\cdots\cdots\cdots\cdots\cdots\cdots\cdots\cdots\cdots\text{（資 3-14）}$$

円形断面の場合

$$Z/D^{5/2} = Q/(\sqrt{g} \cdot D^{5/2}) \quad \cdots\cdots\cdots\cdots\cdots\cdots\cdots\cdots\cdots\cdots\cdots\cdots\cdots\cdots\cdots\text{（資 3-15）}$$

② **資図 3-5** より，①で求めた値と水路側壁の勾配または円管に対応する h_c/B または h_c/D の値を読み取る。

③ 式（資 3-16）または式（資 3-17）より，$h_{c\,2\text{-}3}$ を求める。

矩形断面の場合

$$h_{c\,2\text{-}3} = (h_c/B) \times B_{2\text{-}3} \quad \cdots\cdots\cdots\cdots\cdots\cdots\cdots\cdots\cdots\cdots\cdots\cdots\cdots\cdots\cdots\text{（資 3-16）}$$

円形断面の場合

$$h_{c\,2\text{-}3} = (h_c/D) \times D_{2\text{-}3} \quad \cdots\cdots\cdots\cdots\cdots\cdots\cdots\cdots\cdots\cdots\cdots\cdots\cdots\cdots\cdots\text{（資 3-17）}$$

$h_{c\,2\text{-}3}$ は以下の計算で求めることもできる。

矩形断面の場合

$$h_{c2\text{-}3} = \left(\frac{\alpha \cdot Q^2}{g \cdot B^2_{2\text{-}3}}\right)^{1/3} \quad \cdots\cdots\cdots\cdots\cdots\cdots\cdots\cdots\cdots\cdots\cdots\cdots\cdots\cdots\cdots\cdots\cdots (資3-18)$$

ここに，α：エネルギー補正係数（≒1.0）
　　　　g：重力の加速度（=9.8m/sec^2）

円形断面の場合

$$\left.\begin{array}{l}\dfrac{Q}{\sqrt{g}\,(D_{2\text{-}3}/2)^{5/2}} = \sqrt{\dfrac{\left(\phi_c - \dfrac{1}{2}\sin 2\phi_c\right)^5 \sin\phi}{1-\cos 2\phi_c}} \\[2em] h_{c2\text{-}3} = \dfrac{D_{2\text{-}3}}{2}(1-\cos\phi_c)\end{array}\right\} \cdots\cdots\cdots (資3-19)$$

式（資3-18）及び式（資3-19）の記号は**資図3-1**を参照

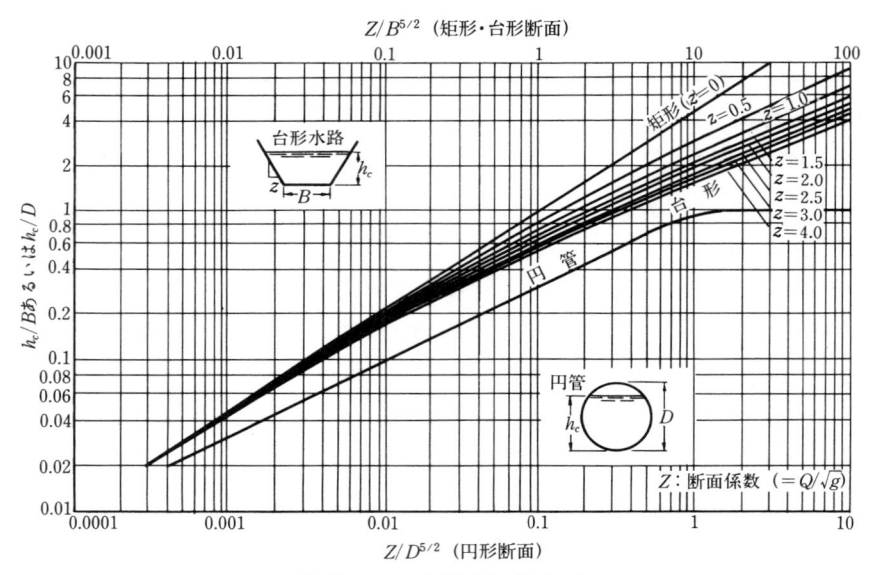

資図3-5　限界水深算出図

3) カルバート内限界勾配 $S_{c2\text{-}3}$ の計算

2）で得られた限界水深 $h_{c2\text{-}3}$ 等を用いて，式（資3-20）または式（資3-21）で計算する。

矩形断面の場合

$$S_{c2\text{-}3} = \frac{g \cdot n^2_{2\text{-}3} \cdot h_{c2\text{-}3}}{\left(\dfrac{h_{c2\text{-}3}}{1+2h_{c2\text{-}3}/B_{2\text{-}3}}\right)^{4/3}} \quad \cdots\cdots\cdots\cdots\cdots\cdots\cdots\cdots\cdots\cdots\cdots\cdots\text{（資3-20）}$$

円形断面の場合

$$S_{c2\text{-}3} = \left(\frac{n_{2\text{-}3} \cdot Q}{A \cdot R^{2/3}}\right)^2$$

$$= \left(\frac{n_{2\text{-}3} \cdot Q}{\dfrac{D^2_{2\text{-}3}}{4}\left(\phi_c - \dfrac{1}{2}\sin 2\phi_c\right)\left\{\dfrac{D_{2\text{-}3}}{4}\left(1-\dfrac{1}{2\phi_c}\sin 2\phi_c\right)\right\}^{2/3}}\right)^2 \quad \cdots \text{（資3-21）}$$

(ホ)・(ヘ) 水理条件による流れタイプの確認

本文「3-3-2 道路横断排水カルバートの計画上の留意事項」でも示したとおり，カルバートは流れの形態が**解図3-8**に示すタイプ1〜3のいずれかに相当する水理条件を満たすよう設計される必要がある。

水理条件と流れの形態の対応は**資表3-1**に示すとおりである。

資表3-1 流れのタイプと水理条件の対応

	$S_{2\text{-}3} > S_{c2\text{-}3}$	$S_{2\text{-}3} < S_{c2\text{-}3}$
h_{o4} または $h_{c4} < h_{c2\text{-}3}$	タイプ1	タイプ2
$h_{c4} > h_{c2\text{-}3}$	タイプ1	タイプ3

注1）この分類は厳密には正しくない点もあるが，実用性に配慮して多少簡略化している。
注2）タイプ1では，本文**解図3-8**に示すように流入口付近で限界水深が発生せず，上流側からカルバートを通じて射流となる場合もある。この場合には「3-1-1(a)の場合の設計計算」に従って設計を行うこととした。
注3）$S_{2\text{-}3} > S_{c2\text{-}3}$，$h_{c4} > h_{c2\text{-}3}$ の条件では正しくはタイプ1ではないが，タイプ1の計算に従えば安全側と考えてこのように分類している。

（ト）　上流側水深h_1の計算

　上流側水深h_1の計算はカルバート断面設計計算の中でも特に重要である。基本的に，その計算法は**資表3－1**に示した流れのタイプ別に異なるものであるが，ここでは多少の近似を用い，タイプ1～3を通して同じ計算式により算定することとした。すなわち，タイプ1の流れではカルバート流入口で限界水深h_cが発生する。タイプ2の流れではカルバート流出口で限界水深h_cが発生する。タイプ3では全体を通して常流である。

　一般に，流れの水面形の計算は支配断面（限界水深を生じる断面）を始点として行われる。これに従えば，タイプ1ではカルバート流入口，タイプ2ではカルバート流出口，タイプ3では下流側からそれぞれ不等流計算を行って上流側水深h_1を求めることになる。しかし，計算がやや複雑になるため，ここでは，**資図3－3**の断面①－②間でエネルギー式を立てて上流側水深h_1を求めることとした。この際，タイプ2，3については，断面②での水深と等流水深h_{02}が近似的に等しいとみなしている。

1) **資図3－3**の断面①－②間で式（資3－22）に示すエネルギー式が成り立つ。

$$h_1 = (1+\varepsilon)\frac{1}{2g}\left(\frac{Q}{A_2}\right)^2 + h_2 - \frac{\alpha_1}{2g}\left(\frac{Q}{A_1}\right)^2 + h_{f1-2} - (z_1 - z_2) \quad\cdots\cdots\cdots\cdots\cdots\text{（資3－22）}$$

ここに，h_1：上流側（断面①）における水深

　　　　h_2：カルバート流入口（断面②）における水深

　　　　　　タイプ1では$h_2 = h_{c2}$（断面②での限界水深），

　　　　　　タイプ2，3では$h_2 = h_{02}$（断面②での等流水深）とする。

　　　　ε：断面急縮によるエネルギー損失係数

　　　　　　断面②におけるフルード数F_{r2}を式（資3－23）により計算し，これと断面②と断面①の水路幅の比B_2/B_1に対応する値を**資図3－6**より読み取る。

$$F_{r2} = \frac{v_2}{\sqrt{gh_2}} = \frac{Q}{A_2\sqrt{gh_2}} \quad\cdots\cdots\cdots\cdots\cdots\cdots\cdots\cdots\cdots\cdots\text{（資3－23）}$$

　　　　　　（A_2：断面②における流水断面積）

　　　　　タイプ1では$F_{r2} = 1$，タイプ2，3では$F_{r2} < 1$である。

A_1, A_2：断面①，②での流水断面積

矩形断面の場合

$$A = B \cdot h \quad \cdots\cdots\cdots\cdots\cdots\cdots\cdots\cdots\cdots\cdots\cdots\cdots (資3-24)$$

円形断面の場合

$$A = \left(\frac{D}{2}\right)^2 \cdot \left(\phi - \frac{1}{2}\sin 2\phi\right) \cdots\cdots\cdots\cdots\cdots\cdots (資3-25)$$

なお，円形断面の場合には次のような方法で断面②の流水断面積を求めてもよい。

すなわち，満管で流れる場合の流量 Q_0 を式（資3-26）により計算する。

$$Q_0 = \frac{1}{n} \cdot \pi\left(\frac{D}{2}\right)^2 \cdot \left(\frac{D}{4}\right)^{2/3} \cdot S_{2-3}^{1/2} \cdots\cdots\cdots\cdots\cdots (資3-26)$$

次に，**資図3-1**を用いて Q/Q_0 に対応する h/D の値を読み取る。

ただし，ここで $Q/Q_0 > 1$ となった場合は，D を大きく設定し直して再度計算する。

さらに，**資図3-1**でこの h/D に対応する A/A_0 の値を読み取り，式（資3-27）により A_2 を求める。

$$A_2 = A_0 \cdot (A/A_0) = \pi\left(\frac{D}{2}\right)^2 \cdot (A/A_0) \cdots\cdots\cdots (資3-27)$$

α_1：エネルギー補正係数（通常 $\alpha_1 = 1.0$ とする。）

h_{f1-2}：断面①-②間における摩擦損失水頭（無視してよい。）

z_1, z_2：断面①，②における，基準線から測った河床高さ

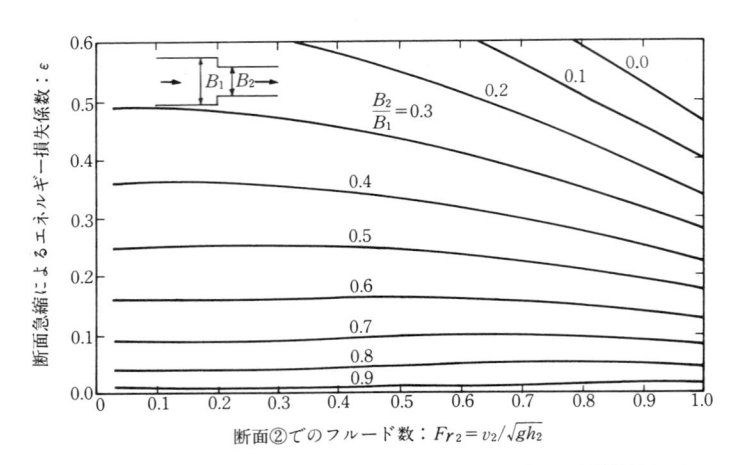

注) これは，本来矩形断面水路について求められたものである。円形断面のカルバートについては，このような研究成果がないので暫定としてこの場合にも本図を利用することとする。

資図 3-6 断面急縮によるエネルギー損失係数[2]

なお，式（資3-27）において，解が得られない場合には，「3-1-1(a)の場合」の設計計算を近似的に適用してよい。

(チ) カルバート上流側の水深が盛土高さを超えないことの照査

上流側でのせき上げによる水位が盛土を越水しないようにするため，本文「3-3-2 道路横断排水カルバートの計画上の留意事項」でも示したとおり，カルバート上流側の水深が盛土高さを超えないことを照査する必要がある。

照査は，式（資3-28）により行い，これを満足しない場合には，カルバートの幅Bあるいは直径Dを大きく設定し直して再度計算する。

$$h_1 + z_1 = < H \quad \text{……………………………………………（資 3-28）}$$

ここに，z_1：基準線から測った上流側河床高さ

H：盛土高さ

（リ） 水面がカルバートの上面に接しないこと及び上流側の水深がカルバート高さの1.5倍を超えないことの照査

　流れのタイプが1～3のいずれかになるためには，本文「3-3-2　道路横断排水カルバートの計画上の留意事項」でも示したとおり，水面がカルバートの上面に接しないこと及び上流側の水深がカルバート高さの1.5倍を超えないことを照査する必要がある。

　照査は，式（資3-29）及び式（資3-30）により行い，この条件を満足しない場合には，カルバートの幅Bあるいは直径Dを大きく設定し直して再度計算する。

　水面がカルバート上面に達しないことの照査
　$D > h_2$ ……………………………………………………………………（資3-29）
　上流側の水深がカルバート高さの1.5倍を超えないことの照査
　$D > (h_1 + z_1 - z_2)/1.5$ ………………………………………………（資3-30）
　ここに，D：カルバートの内空高さまたは内径
　　　　　z_1：基準線から測った上流側河床高さ
　　　　　z_2：基準線から測ったカルバート底面の高さ

（ヌ）　カルバートの内空高さまたは内径の決定

　以上の計算及び照査により設定したカルバートの内空高さDまたは内径Dに対し，カルバート内への土砂堆積や豪雨の際の大量の土砂・流木等の可能性を考慮し，式（資3-5）あるいは式（資3-6）に示す余裕を見込んだ寸法を設定し，計算終了となる。

3-2 計算例

3-2-1 計算例1 (「3-1-1 (a) の場合の設計計算」に該当する例)

資図3-7に示すように，平地部の在来水路が道路盛土を横断する場合のカルバート内空断面の設計を行う。

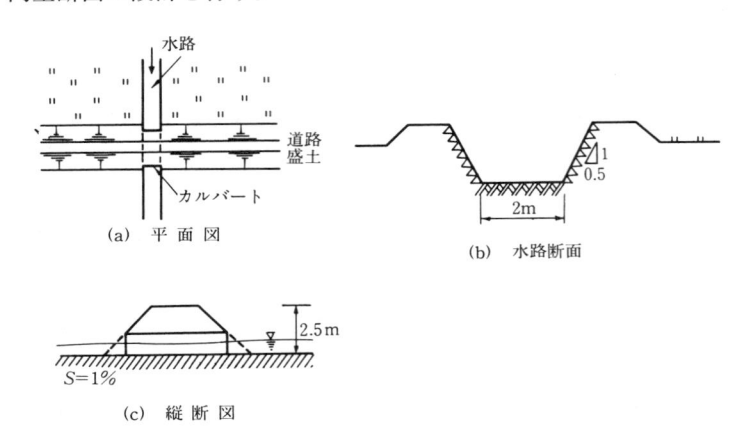

資図3-7 計算例1の現地条件

(1) 設計条件

1) 資図3-7(b)に示すような断面形状を有し，設計流量$Q = 7 \text{m}^3/\text{sec}$，河床勾配$S = 1\%$，河床の粗度係数$n = 0.022$とする。
2) この条件は，「3-1-1 (a) の場合の設計計算」（水路の断面及び勾配が上下流に渡って一様であり，水路と同一幅のカルバートを設置する場合）に該当する。
3) ボックスカルバートを設置することとする。（カルバート断面は矩形）
4) カルバートの勾配は河床勾配に合わせて$S_0 = 1\%$とする。
5) カルバートの幅は，河床幅に合わせて$B = 2 \text{m}$とする。
6) 水路の粗度係数は安全側を考慮し，河床の粗度係数と同じく$n = 0.022$とする。

(2) 設計計算

1) カルバート内水深の計算

式（資3-4）よりカルバート内水深hを計算する。

$$7 = \frac{2.0 \times h}{0.022} \times \left(\frac{2.0 \times h}{2.0 + 2 \times h}\right)^{2/3} \times 0.01^{1/2}$$

上式でhに数値を仮定して代入するのを繰り返した結果，解として$h = 1.17$mが得られる。

2) ボックスカルバートの内空高さDの計算

式（資3-5）よりボックスカルバートの高さDを計算する。豪雨の際の大量の土砂・流木等の流入のおそれがほとんどないものと想定し，通常の土砂堆積の可能性のみ想定する。このため，余裕率は$\alpha_1 = 0.2$，$\alpha_2 = 0.0$を見込み，

$$D = (1 + 0.2 + 0.0) \times 1.17 = 1.40 \text{m}$$

3) ボックスカルバート諸元の設定

以上の計算結果からボックスカルバートの諸元を，

・勾配$S_0 = 1$％
・幅$B = 2.0$m
・高さ$D = 1.40$m

と設定できる。

3−2−2　計算例2（「3−1−2　(b)の場合の設計計算」に該当する例）

資図3−8に示すように，沢が道路盛土を横断する場合のカルバート内空断面の設計を行う。

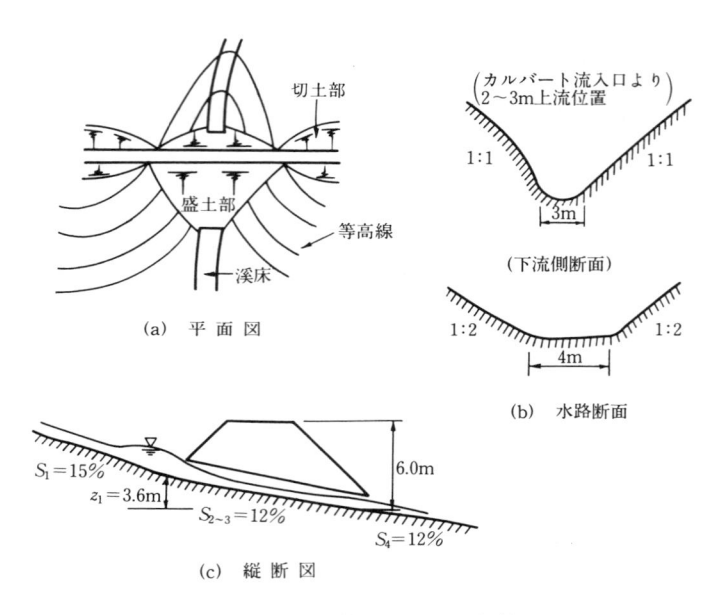

資図3−8　計算例2の現地条件

(1)　設計条件

1) 資図3−8に示すような現地条件で，設計流量$Q = 15\text{m}^3/\text{sec}$，河床の粗度係数$n = 0.03$とする。
2) この地点は「3−1−2　(b)の場合」（水路の断面及び勾配が上下流に渡って一様であり，水路と同一幅のカルバートを設置する場合以外）に該当する。
3) ボックスカルバートを設置することとする。（カルバート断面は矩形）
4) カルバートの勾配は，河床勾配が資図3−8(c)に示すとおり一様でないので，下流側の河床勾配に合わせて$S_{2-3} = 12\%$とする。
5) カルバート幅Bは，沢の断面形状の制約から3mと設定する。
6) カルバート内の粗度係数は$n_{2-3} = 0.015$とする。

— 344 —

(2) 設計計算

1) 下流側等流水深 h_{04} の計算

式（資3-9）より，

$$\frac{A \cdot R^{2/3}}{B^{8/3}} = \frac{n_4 \cdot Q}{S_4^{1/2} \cdot B_4^{8/3}} = \frac{0.03 \times 15}{0.12^{1/2} \times 4^{8/3}} = 0.032$$

また，水路側壁の勾配から $z=2$ に相当し，**資図3-4** よりこれに対応する h_{04}/B は0.13と読み取れる。

よって，下流側での等流水深は式（資3-11）より，

$h_{04} = (h_{04}/B) \times B_4 = 0.13 \times 4 = 0.52\mathrm{m}$ となる。

2) 限界水深 $h_{c2\text{-}3}$ の計算

カルバート内の限界水深 $h_{c2\text{-}3}$ は，式（資3-18）より，

$$h_{c2\text{-}3} = \left(\frac{\alpha \cdot Q^2}{g \cdot B^2_{2\text{-}3}}\right)^{1/3} = \left(\frac{1.0 \times 15^2}{9.8 \times 3.0^2}\right)^{1/3} = 1.37\mathrm{m}$$

3) 限界勾配 $S_{c2\text{-}3}$ の計算

カルバート内の限界勾配 $S_{c2\text{-}3}$ は，式（資3-20）より，

$$S_{c2\text{-}3} = \frac{g \cdot n^2_{2\text{-}3} \cdot h_{c2\text{-}3}}{\left(\dfrac{h_{c2\text{-}3}}{1+2h_{c2\text{-}3}/B_{2\text{-}3}}\right)^{4/3}} = \frac{9.8 \times 0.015^2 \times 1.37}{\left(\dfrac{1.37}{1+2 \times 1.37/3.0}\right)^{4/3}} = 0.0047$$

4) 流れのタイプの確認

$S_{2\text{-}3}(=0.12) > S_{c2\text{-}3}(=0.0047)$，

$h_{04}(=0.52) < h_{c2\text{-}3}(=1.37)$

より，流れの形態はタイプ1となる。

5) 上流側水深 h_1 の計算

流れがタイプ1であることから，

$h_2 = h_{c2\text{-}3} = 1.37\mathrm{m}$

$F_{r2} = 1.0$

ここに，h_2：カルバート流入口の水深

F_{r2}：カルバート流入口のフルード数

$A_1 = h_1 \cdot (3 + h_1)$

$B_1 = 3 + 2h_1$

上流側からカルバート流入口までの距離は**資図3－8**より2～3m程度であるから，この間の高低差（$z_1 - z_2$）は，$(z_1 - z_2) \fallingdotseq 2 \times 0.15 = 0.30\mathrm{m}$とする。

ここで，カルバート流入口におけるフルード数は，$F_{r2}=1.0$であり，上流側の沢の流水幅B_1は，上流側の水深をh_1とすると，$B_1 = 3 + 2h_1$となる。カルバートの幅B_2を3mと想定しているので，$B_2/B_1 = 3/(3+2h_1)$となる。

以上を式（資3－22）に代入すると，

$$h_1 = (1+\varepsilon)\frac{1}{2\times 9.8}\left(\frac{15}{3\times 1.37}\right)^2 + 1.37 - \frac{1}{2\times 9.8}\left(\frac{15}{h_1(3+h_1)}\right)^2 - 0.30$$

上式は繰返し計算により解く。

$h_1 = 1.5$mと仮定した場合，

$B_2/B_1 = 3/(3+2\times 1.5) = 0.5$で，

資図3－6より，断面急縮によるエネルギー損失係数は，フルード数$F_{r2}=1.0$において$\varepsilon = 0.17$と読み取れる。

これらを右辺に代入して計算すると，1.61mとなる。

同様に，$h_1 = 2.0$mと仮定した場合，

$B_2/B_1 = 0.43$で，**資図3－6**より$\varepsilon = 0.21$となり，右辺＝1.78m

$h_1 = 1.7$mと仮定した場合，

$B_2/B_1 = 0.47$で，**資図3－6**より$\varepsilon = 0.19$となり，右辺＝1.70m

（ここでは，初期値として$h_1 = 1.5$m及び2.0mを仮定し，はさみうちにより収束解を求めた。このようにすると繰返し計算の回数を少なくできる。）

6) カルバート上流側の水深が盛土高さを超えないことの照査

以下の通り，式（資3－28）を満足し，カルバート上流側の水位が盛土高さを越えないことが確認できる。

$h_1 + z_1 = 1.70 + 3.6 = 5.30\mathrm{m} < $盛土高$H = 6.0\mathrm{m}$

7) 水面がカルバートの上面に接しないこと及び上流側の水深がカルバート高さの1.5倍を超えないことの照査

以下の通り，式（資3－29）及び式（資3－30）を満足し，水面がカルバート

の上面に接しないこと及び上流側の水深がカルバート高さの1.5倍を超えないことが確認できる。

タイプ1で，$h_2 = h_{c2-3} > h_3$ となるため，
$D > h_2 = h_{c2-3} = 1.37\text{m}$
$(h_1 + z_1 - z_2)/1.5 = (1.70 + 0.30)/1.5 = 1.33\text{m} < D$

8) カルバートの内空高さまたは内径の決定

式（資3-5）で集水地の状況を考慮して，通常の土砂堆積による通水断面の縮小に対して$\alpha_1 = 0.20$，豪雨時の大量の土砂・流木等の流入の可能性を想定して，$\alpha_2 = 0.20$の余裕を見込み，カルバートの設計高さを以下のように求める。

$D = (1 + 0.20 + 0.20) \times 1.37 = 1.92 \fallingdotseq 2.0\text{m}$

よって，ボックスカルバートの諸元は，
・勾配　　$S = 12\%$
・幅　　　$B = 3.0\text{m}$
・高さ　　$D = 2.0\text{m}$

と設定できる。

参考文献

1) Bodhaine G.L："Measurement of Peak Discharge at Culverts by Indirenct Methods"，Techniques of Water Resources Investigations of the United States Geological Survey，Book3，Chapter A3，U.S. Geological Survey，Washington，1976．

2) 石原・志方：開水路急縮部の水理学的性状に関する研究，土木学会論文集第138号，pp.30〜38，1967．

執　筆　者 （五十音順）

市　村　靖　光	谷　口　泰　雄	辺　見　和　俊
稲　垣　由紀子	堤　　　浩　志	桝　谷　有　吾
岩　城　賢　治	問　屋　淳　二	室　田　好　治
大　下　武　志	戸　本　悟　史	森　濱　和　正
桑　野　玲　子	苗　村　正　三	矢　野　博　彦
古　賀　泰　之	長　尾　和　之	湯　原　幸市郎
小　橋　秀　俊	中　村　洋　丈	横　田　聖　哉
小　山　信　夫	西　田　礼二郎	横　塚　泰　弘
佐々木　哲　也	西　堀　洋　史	吉　田　康　雄
清　水　和　久	浜　崎　智　洋	吉　田　　　靖
杉　田　秀　樹	日　向　宣　雄	吉　村　雅　宏
炭　山　宜　英	古　本　一　司	渡　辺　博　志

道路土工－カルバート工指針（平成21年度版）

昭和52年１月31日　　初　版第１刷発行
昭和62年５月30日　　改訂版第１刷発行
平成11年３月10日　　改訂版第１刷発行
平成22年３月31日　　改訂版第１刷発行
令和６年８月10日　　　　　第13刷発行

編　集
発行所　　公益社団法人　日　本　道　路　協　会
　　　　　　　　東京都千代田区霞が関３－３－１
印刷所　　有限会社　セ　キ　グ　チ
発売所　　丸　善　出　版　株　式　会　社
　　　　　　　　東京都千代田区神田神保町２－17

本書の無断転載を禁じます。

ISBN 978-4-88950-416-3　C2051

日本道路協会出版図書案内

図　書　名	ページ	定価(円)	発行年
交通工学			
クロソイドポケットブック（改訂版）	369	3,300	S49. 8
自転車道等の設計基準解説	73	1,320	S49.10
立体横断施設技術基準・同解説	98	2,090	S54. 1
道路照明施設設置基準・同解説（改訂版）	240	5,500	H19.10
附属物（標識・照明）点検必携 ～標識・照明施設の点検に関する参考資料～	212	2,200	H29. 7
視線誘導標設置基準・同解説	74	2,310	S59.10
道路緑化技術基準・同解説	82	6,600	H28. 3
道路の交通容量	169	2,970	S59. 9
道路反射鏡設置指針	74	1,650	S55.12
視覚障害者誘導用ブロック設置指針・同解説	48	1,100	S60. 9
駐車場設計・施工指針同解説	289	8,470	H 4.11
道路構造令の解説と運用（改訂版）	742	9,350	R 3. 3
防護柵の設置基準・同解説（改訂版） 　　　　ボラードの設置便覧	246	3,850	R 3. 3
車両用防護柵標準仕様・同解説（改訂版）	164	2,200	H16. 3
路上自転車・自動二輪車等駐車場設置指針 同解説	74	1,320	H19. 1
自転車利用環境整備のためのキーポイント	140	3,080	H25. 6
道路政策の変遷	668	2,200	H30. 3
地域ニーズに応じた道路構造基準等の取組事例集（増補改訂版）	214	3,300	H29. 3
道路標識設置基準・同解説（令和2年6月版）	413	7,150	R 2. 6
道路標識構造便覧（令和2年6月版）	389	7,150	R 2. 6
橋　梁			
道路橋示方書・同解説（Ⅰ共通編）（平成29年版）	196	2,200	H29.11
〃（Ⅱ鋼橋・鋼部材編）（平成29年版）	700	6,600	H29.11
〃（Ⅲコンクリート橋・コンクリート部材編）（平成29年版）	404	4,400	H29.11
〃（Ⅳ下部構造編）（平成29年版）	572	5,500	H29.11
〃（Ⅴ耐震設計編）（平成29年版）	302	3,300	H29.11
平成29年道路橋示方書に基づく道路橋の設計計算例	564	2,200	H30. 6
道路橋支承便覧（平成30年版）	592	9,350	H31. 2
プレキャストブロック工法によるプレストレスト コンクリートTげた道路橋設計施工指針	81	2,090	H 4.10
小規模吊橋指針・同解説	161	4,620	S59. 4
道路橋耐風設計便覧（平成19年改訂版）	300	7,700	H20. 1

日本道路協会出版図書案内

図書名	ページ	定価(円)	発行年
鋼道路橋設計便覧	652	7,700	R 2.10
鋼道路橋疲労設計便覧	330	3,850	R 2. 9
鋼道路橋施工便覧	694	8,250	R 2. 9
コンクリート道路橋設計便覧	496	8,800	R 2. 9
コンクリート道路橋施工便覧	522	8,800	R 2. 9
杭基礎設計便覧（令和2年度改訂版）	489	7,700	R 2. 9
杭基礎施工便覧（令和2年度改訂版）	348	6,600	R 2. 9
道路橋の耐震設計に関する資料	472	2,200	H 9. 3
既設道路橋の耐震補強に関する参考資料	199	2,200	H 9. 9
鋼管矢板基礎設計施工便覧（令和4年度改訂版）	407	8,580	R 5. 2
道路橋の耐震設計に関する資料（PCラーメン橋・RCアーチ橋・PC斜張橋等の耐震設計計算例）	440	3,300	H10. 1
既設道路橋基礎の補強に関する参考資料	248	3,300	H12. 2
鋼道路橋塗装・防食便覧資料集	132	3,080	H22. 9
道路橋床版防水便覧	240	5,500	H19. 3
道路橋補修・補強事例集（2012年版）	296	5,500	H24. 3
斜面上の深礎基礎設計施工便覧	336	6,050	R 3.10
鋼道路橋防食便覧	592	8,250	H26. 3
道路橋点検必携～橋梁点検に関する参考資料～	480	2,750	H27. 4
道路橋示方書・同解説Ⅴ耐震設計編に関する参考資料	305	4,950	H27. 4
道路橋ケーブル構造便覧	462	7,700	R 3.11
道路橋示方書講習会資料集	404	8,140	R 5. 3
舗装			
アスファルト舗装工事共通仕様書解説（改訂版）	216	4,180	H 4.12
アスファルト混合所便覧（平成8年版）	162	2,860	H 8.10
舗装の構造に関する技術基準・同解説	104	3,300	H13. 9
舗装再生便覧（令和6年版）	342	6,270	R 6. 3
舗装性能評価法(平成25年版)―必須および主要な性能指標編―	130	3,080	H25. 4
舗装性能評価法別冊―必要に応じ定める性能指標の評価法編―	188	3,850	H20. 3
舗装設計施工指針（平成18年版）	345	5,500	H18. 2
舗装施工便覧（平成18年版）	374	5,500	H18. 2
舗装設計便覧	316	5,500	H18. 2
透水性舗装ガイドブック2007	76	1,650	H19. 3
コンクリート舗装に関する技術資料	70	1,650	H21. 8

日本道路協会出版図書案内

図書名	ページ	定価(円)	発行年
マンホールふたのガイドブック2016	348	6,600	H28.3
舗装の維持修繕ガイドブック2013	250	5,500	H25.11
舗装の弾性係数設定に関するガイドブック	150	3,300	H26.1
舗装 点検 必携	228	2,750	H29.4
舗装点検要領に基づくアスファルト舗装の…	166	4,400	H30.9
舗装調査・試験法便覧（全4分冊）（平成31年版）	1,929	27,500	H31.3
舗装の長期性能評価に関するガイドブック	100	3,300	R3.3
アスファルト混合物の配合設計・性能評価便覧	250	6,490	R5.3

舗装工

図書名	ページ	定価(円)	発行年
舗装工 構造物接続部舗装・補修 回解説	100	4,400	H29.3
舗装工 構造物汚損防止編（令和5年度版）	243	3,300	R6.3
舗装工 薄層舗装（平成21年度版）	450	7,700	H21.6
舗装工 句工上・斜面舗装工事例（平成21年度版）	570	8,250	H21.6
舗装工 オーバーレイ工事例（平成21年度版）	350	6,050	H22.3
舗装工 一般工工事例（平成22年度版）	328	5,500	H22.4
舗装工 維持工事例（平成24年度版）	350	5,500	H24.7
舗装工 軽務地震対策工事例（平成24年度版）	400	7,150	H24.8
舗装工 一応急構造物工事例	378	6,380	H11.3
舗装 石対策 便覧	414	6,600	H29.12
共同溝設計指針	196	3,520	S61.3
路床 路盤 便覧	383	10,670	H2.5
舗装対策便覧 子間として考案されるアスファルトレーン舗装のタイプ	448	6,380	H14.4
舗装工の舗装技術議と最新技術（令和5年度版）	208	4,400	R6.3

トンネル

図書名	ページ	定価(円)	発行年
舗装トンネル観測・計測指針（平成21年改訂版）	290	6,600	H21.2
舗装トンネル維持修繕便覧【本体工編】（令和2年版）	520	7,700	R2.8
舗装トンネル維持修繕便覧【付属施設編】	338	7,700	H28.11
舗装トンネル技術基準（構造編）・回解説（平成20年改訂版）	280	6,600	H20.10
舗装トンネル技術基準（構造編）・回解説	322	6,270	H15.11
舗装トンネル技術基準・施工 事例	426	7,700	H21.2
舗装トンネル非常用換気装置設置基準・回解説	140	5,500	R1.9

舗装震災対策

図書名	ページ	定価(円)	発行年
舗装震災対策便覧（震災対策編）（平成18年度版）	388	6,380	H18.9

日本道路協会出版図書案内

図書名	ページ	定価(円)	発行年
道路災害対策便覧（震災復旧編）（令和4年度改訂版）	545	9,570	R5.3
道路災害対策便覧（震災危機管理編）（令和元年7月版）	326	5,500	R1.8
道路維持管理編			
道路の維持管理	104	2,750	H30.3
英語版			
道路橋示方書（Ⅰ 共通編）[2012年版]（英語版）	160	3,300	H27.1
道路橋示方書（Ⅱ 鋼橋編）[2012年版]（英語版）	436	7,700	H29.1
道路橋示方書（Ⅲ コンクリート橋編）[2012年版]（英語版）	340	6,600	H26.12
道路橋示方書（Ⅳ 下部構造編）[2012年版]（英語版）	586	8,800	H29.7
道路橋示方書（Ⅴ 耐震設計編）[2012年版]（英語版）	378	7,700	H28.11
鋼道路橋の維持管理ガイドブック2013（英語版）	306	7,150	H29.4
アスファルト舗装工事共通仕様書（英語版）	232	7,150	H31.3

※消費税10%を含みます。

発行所（公社）日本道路協会 ☎(03)3581-2211
発売所 丸善出版株式会社 ☎(03)3512-3256

丸善雄松堂株式会社 学術情報ソリューション事業部
法人営業統括部 カスタマーグループ
TEL：03-6367-6094　FAX：03-6367-6192　Email：6gtokyo@maruzen.co.jp